PCB设计项目教程

徐凯　王威　主编

北京理工大学出版社
BEIJING INSTITUTE OF TECHNOLOGY PRESS

内容简介

本书的编写旨在帮助学生摆脱 PCB 课程“枯燥、难懂”的恐惧心理，为学生营造一种“易学、有趣、方便、实用”的轻松学习氛围。

本书以 Protel 99 SE 软件为依托，介绍 PCB 设计的基本方法和使用技巧。采用“项目导向、任务驱动”教学模式编写，实现了“教、学、做”一体化教学，改变了以往“理论教学、实验、课程设计”三段式教学方式。全书精心设计了三个教学项目，每个项目由多个任务组成。在项目的学习中体现了真实、完整的 PCB 设计过程，充分体现了“工学结合”的全新教学理念。

本书适合作为高等院校的教材，也可以作为电路设计人员的参考用书。

图书在版编目（CIP）数据

PCB 设计项目教程 / 徐凯，王威主编. —北京：北京理工大学出版社，2017.4
ISBN 978－7－5682－3848－9

Ⅰ. ①P…　Ⅱ. ①徐… ②王…　Ⅲ. ①印刷电路－计算机辅助设计－教材　Ⅳ. ①TN410.2

中国版本图书馆 CIP 数据核字（2017）第 057682 号

出版发行 / 北京理工大学出版社有限责任公司
社　　址 / 北京市海淀区中关村南大街 5 号
邮　　编 / 100081
电　　话 /（010）68914775（总编室）
（010）82562903（教材售后服务热线）
（010）68948351（其他图书服务热线）
网　　址 / http://www.bitpress.com.cn
经　　销 / 全国各地新华书店
印　　刷 / 三河市华骏印务包装有限公司
开　　本 / 787 毫米×1092 毫米　1/16
印　　张 / 15
字　　数 / 353 千字
版　　次 / 2017 年 4 月第 1 版　2017 年 4 月第 1 次印刷
定　　价 / 55.00 元

责任编辑 / 陈莉华
文案编辑 / 陈莉华
责任校对 / 周瑞红
责任印制 / 李志强

图书出现印装质量问题，请拨打售后服务热线，本社负责调换

前言

PCB又称印制电路板，是电子元器件电气连接的提供者。它的发展已有100多年的历史了；它的设计主要是板图设计。采用印制电路板的主要优点是大大减少布线和装配的差错，提高了自动化水平和劳动生产率。本书以项目为导向介绍了利用Protel 99 SE进行PCB设计的基本方法和使用技巧，致力于如何使学生爱学、易学、学懂该课程，是本书编写的主导思想。

本书的编写具有以下特点：

(1) 以产品为课程载体，采取“项目导向、任务驱动”教学模式编写，将教学内容分为若干个相对独立的实训项目，每个项目由若干个任务组成，能在教学过程中充分发挥学生的主动性、积极性，课内学习与课外自学相结合。

(2) “做、学”结合贯穿于整个教学过程中。每个教学内容都需经过实践去实现，改变以往“理论教学、实验、课程设计”的教学模式。能在教学过程中完整体现实际产品开发工作过程。

(3) 加强教学内容的先进性与实用性。本书尽可能选择学生熟悉的真实案例，如单片机应用系统，使学生对学习内容不感到陌生，更易于接受新知识；通过展示各种元器件模型，使教学内容更接近实际，真正做到“工学结合”。

本书由徐凯、王威担任主编。编写分工为：徐凯编写项目一、项目二，王威编写项目三、附录。马彪教授担任主审，对全书进行了审校。孙艳霞教授为本书编写提供了许多宝贵意见及资料。本书编写过程中参考了其他相关教材的一些内容（详见本书后的“参考文献”），在此向这些教材的作者和为本书出版提供帮助的各位朋友表示感谢。本书可以作为高等院校电子、自动化等相关专业的教材，也适合作为电路设计人员的参考用书。

由于时间仓促，加之水平有限，书中难免存在疏漏和不足之处，恳请读者批评指正。

编 者

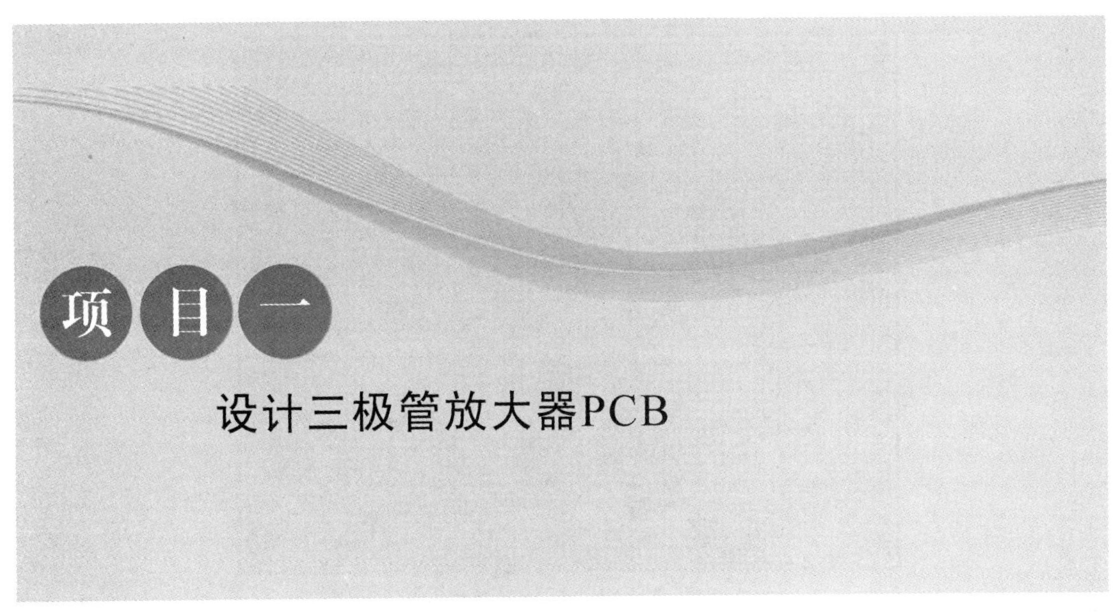

项目一 设计三极管放大器PCB

三极管放大器是电类专业学生很熟悉的内容。选择三极管放大器作为 PCB 设计教学载体，项目小、内容简单，易于学生快速掌握 PCB 设计基本流程，并熟练使用 PCB 设计软件 Protel 99 SE。本项目完成内容如图 1－1、图 1－2 所示。

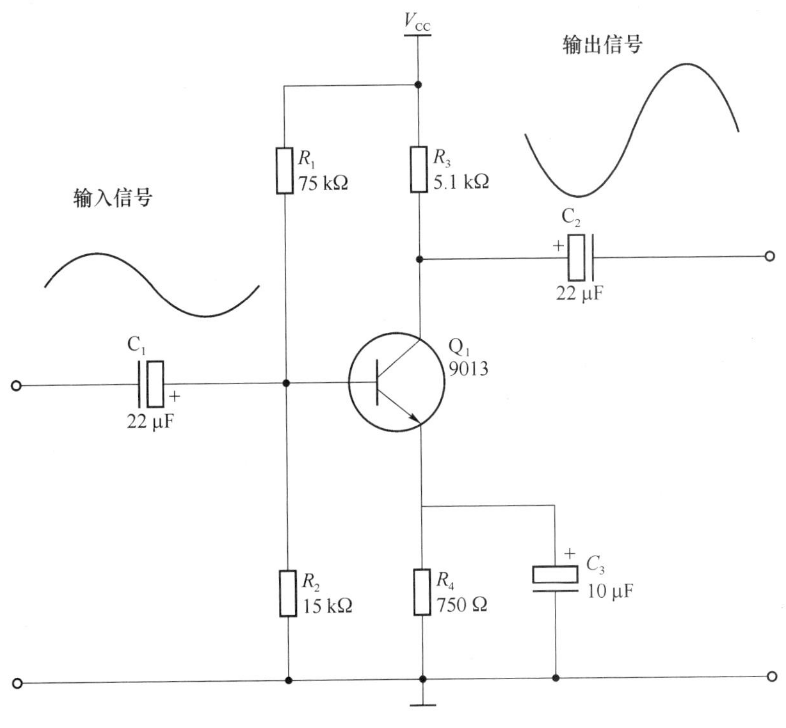

图 1－1　三极管放大器电路图

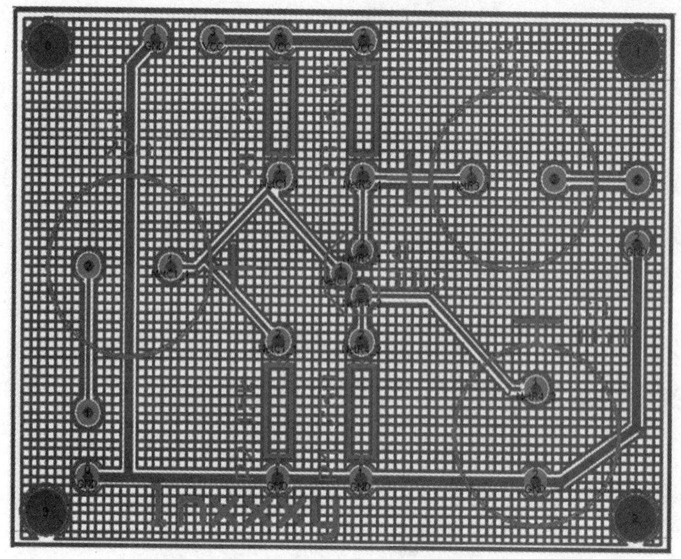

图 1－2　三极管放大器 PCB

一、教学目标

(1) 掌握 Protel 99 SE 软件的基本操作方法，能绘制简单电路图。
(2) 掌握单面 PCB 设计方法，能够完成单面 PCB 的布局布线。
(3) 能够查找并解决绘制电路图及设计 PCB 过程中出现的简单错误。

二、教学重点

(1) 以项目为载体，设计 Protel 99 SE 软件操作内容。
(2) 绘制电路图。
(3) PCB 布局布线规则及设置。

三、教学难点

PCB 加载网络表纠错。

四、教学建议

(1) 采取“学、做、说”教学模式，学做一体，充分发挥学生的学习主动性。
(2) 多采用启发式教学，教学中多设置问题引导学生思考。

子项目一　绘制三极管放大器电路图

任务一　认识 Protel 99 SE

一、任务介绍

通过完成该任务，学生能够了解 Protel 软件的功能，明确本门课的学习目标，能够安装软件，掌握软件的基本操作方法。

二、任务分析

兴趣是学习的基础。本任务重点是让学生了解本课程学什么、有什么用，所以教师应根据实际教学条件，为学生实物介绍 PCB，加强学生对本课程的认识。

三、相关知识

1. Protel 99 SE 的发展

电子技术的高速发展使人们进入了日新月异、丰富多彩的信息化时代。现代电子技术正向微型化、高速化、集成化发展。IC 设计、电子线路设计和印制电路板设计等各项工作均要高度依赖计算机才能实现。本书主要介绍利用 Protel 99 SE 软件进行电子产品制造中的印制电路板设计。

1988 年，美国 ACCEL Technologies Inc 推出了第一个电子线路设计软件包——TANGO，该软件第一次实现了电子设计自动化（EDA）。由于软件简单实用，因此得到了广泛普及。

澳大利亚 Protel Technology 公司以其强大的研发能力推出了 Protel For Dos 作为 TANGO 的升级版本，从此 Protel 独霸电子线路设计领域。

20 世纪 80 年代末期，Protel 公司相继推出了 Protel For Windows 1.0、Protel For Windows 1.5 等版本。这些版本的可视化功能给用户设计电子线路提供了更大的方便。

20 世纪 90 年代中期，Protel 公司推出了基于 Win 95 的 3. X 版本。该版本软件是 16 位和 32 位的混合型软件，自动布线方面表现一般。

1998 年，Protel 公司推出了令人耳目一新的 Protel 98。Protel 98 以其出众的自动布线能力获得了业内人士的一致好评。

1999 年，Protel 公司推出 Protel 99 ，该软件为用户提供了比较先进的电子线路仿真技术。

2000 年，Protel 公司推出了更加先进、完善的 Protel 99 SE，该软件是现在社会应用最为普及的主流产品。

2001 年，Protel 公司更名为 Altium，公司实力及业务范围得到进一步发展。

2002 年，Altium 公司推出了最新版本 Protel DXP，该版本主要在仿真与布线方面有了较大的提高。

2004 年，Altium 公司推出 Protel DXP 2004 陆续升级至 SP4 ，资源库更加丰富和完善，并全面支持 FPGA 设计技术。

2006 年，Altium 公司推出新品 Altium Designer 6。

鉴于 Protel 99 SE 应用普及，且功能足够强大，完全满足学生毕业后从事电子线路板设计工作，因此本书仍以 Protel 99 SE 软件介绍印制电路板设计技术。

2. Protel 99 SE 的功能

Protel 99 SE 主要包括电路原理图设计、印制电路板图设计、电路信号仿真、PLD 逻辑器件设计 4 个功能模块。

1）电路原理图设计（Advanced Schematic 99 SE）

该模块是电路设计的基础，主要用于绘制电路原理图，绘制各种电子元件并生成各种原理图报表，以用于后续功能的实现等。

2）印制电路板图设计（Advanced PCB 99 SE）

该模块利用电路原理图信息，形成印制电路板电路。软件提供了自动布局、自动布线、在线式 DRC、元件库设计与管理、打印输出等多种功能。

3）电路信号仿真（Advanced SIM 99 SE）

该模块提供了能力强大的数/模混合信号电路仿真器，可实现模拟信号与数字信号仿真，为用户提供了一个完整的从设计到验证的仿真设计环境。

4）PLD 逻辑器件设计（Advanced PLD 99 SE）

该模块提供一个集成的 PLD 开发设计环境，并全面支持各种不同厂商（如 Altera、Xilinx 等）的 PLD 器件设计。

本书主要介绍 Protel 99 SE 软件中的电路原理图设计、印制电路板图设计两个模块。

四、任务实施

1. 安装 Protel 99 SE 软件

安装 Protel 99 SE 软件，计算机需满足如下配置要求：

CPU：Pentium Ⅱ 1G 以上；内存：128 MB 以上；硬盘：5 GB 以上可用的硬盘空间；操作系统：Windows 98 版本以上；显示器：17 英寸（1 英寸 =2.54 厘米）SVGA；显示分辨率：1 024 × 768 像素以上。

Protel 99 SE 软件的安装步骤如下：

（1）将 Protel 99 SE 软件光盘放入计算机光盘驱动器中。

（2）放入 Protel 99 SE 系统光盘后，系统将自动执行文件，屏幕出现如图 1 - 3 所示的欢迎信息。也可打开光盘，双击光盘中的“setup. exe”文件进行安装。

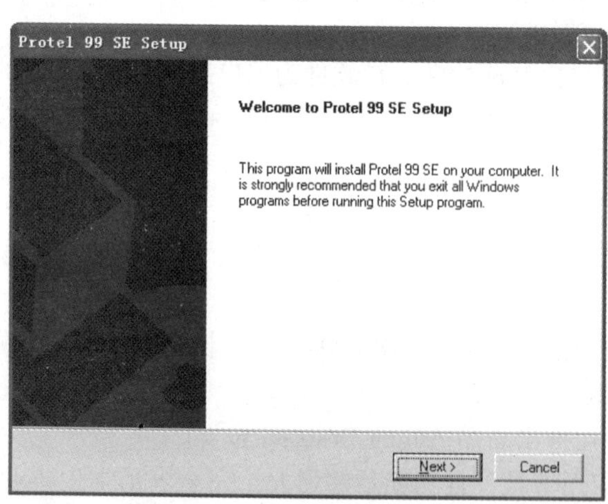

图 1 - 3　欢迎安装 Protel 99 SE

（3）单击“Next”按钮，屏幕弹出用户注册对话框，提示输入序列号及用户信息，输入注册信息后，如图 1 - 4 所示，单击“Next”按钮进入下一步。

（4）单击“Next”按钮后，屏幕提示选择安装路径，如图 1 - 5 所示，单击“Browse”按钮可进行修改，通常默认即可。

（5）单击“Next”按钮，选择安装模式，一般选择典型安装（Typical）模式，如图 1 - 6 所示。

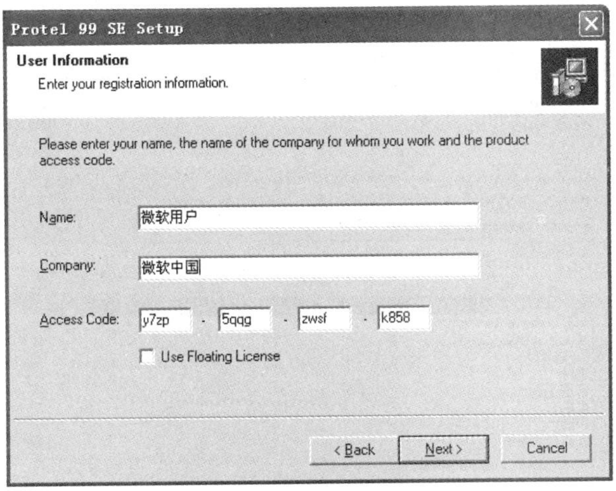

Protel 99 SE Setup

User Information

Enter your registration information.

Please enter your name, the name of the company for whom you work and the product access code.

Name: 微软用户

Company: 微软中国

Access Code: y7zp - 5qqg - zwsf - k858

Use Floating License

< Back　Next >　Cancel

图 1－4　注册信息序列号

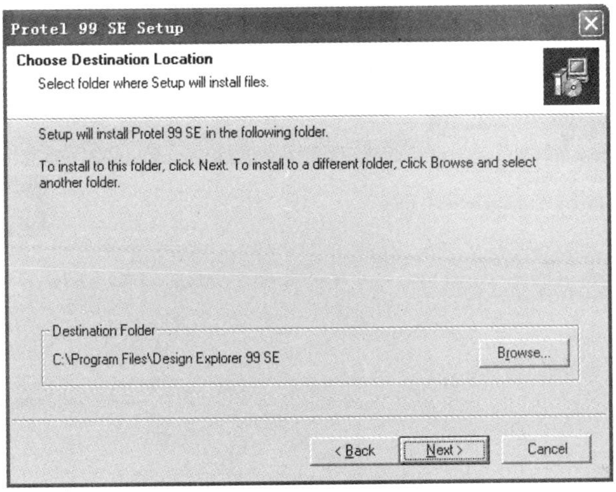

Protel 99 SE Setup

Choose Destination Location

Select folder where Setup will install files.

Setup will install Protel 99 SE in the following folder.

To install to this folder, click Next. To install to a different folder, click Browse and select another folder.

Destination Folder

C:\Program Files\Design Explorer 99 SE　Browse...

< Back　Next >　Cancel

图 1－5　提示安装路径

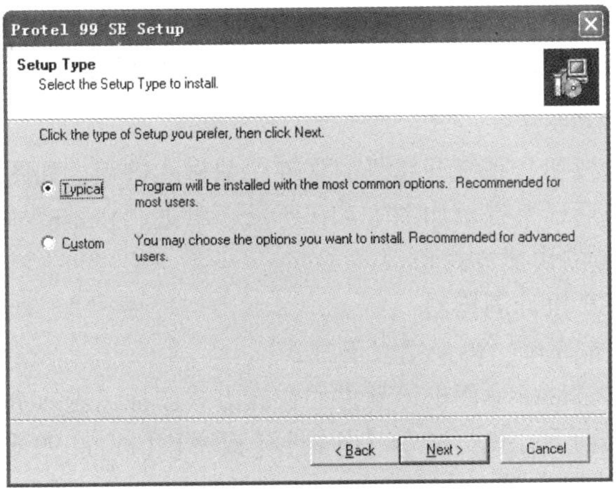

Protel 99 SE Setup

Setup Type

Select the Setup Type to install.

Click the type of Setup you prefer, then click Next.

Typical　Program will be installed with the most common options. Recommended for most users.

Custom　You may choose the options you want to install. Recommended for advanced users.

< Back　Next >　Cancel

图 1－6　选择安装模式

（6）单击“Next”按钮，屏幕提示指定存放图标文件的程序组位置，如图 1－7 所示。

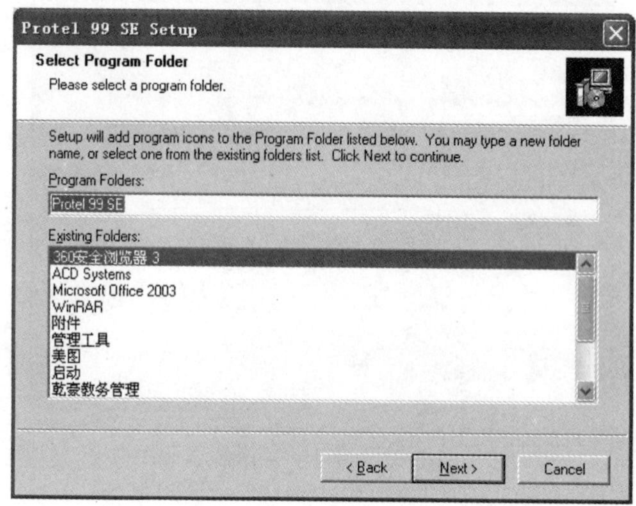

图 1－7　提示存放图标文件的程序组位置

（7）单击“Next”按钮，提示是否满意前面的设置，如图 1－8 所示。

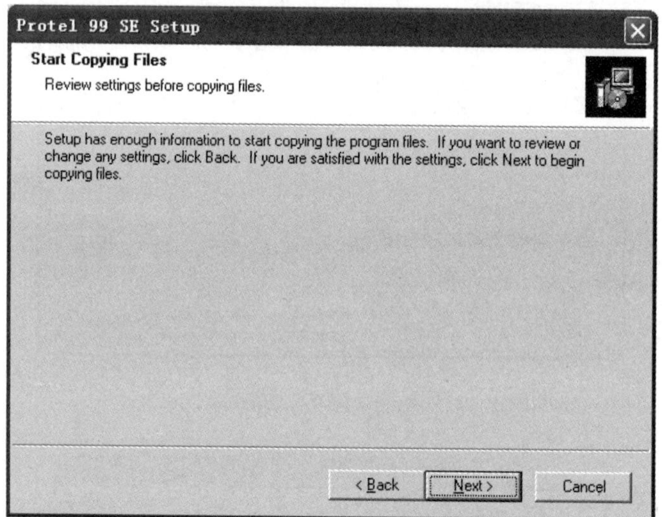

图 1－8　确认设置信息

（8）单击“Next”按钮，系统开始复制文件，并显示进程，如图 1－9 所示。

（9）系统安装完成后屏幕提示如图 1－10 所示。单击“Finish”按钮结束安装，系统将在桌面产生 Protel 99 SE 的快捷方式。

2. 启动 Protel 99 SE 设计浏览器

该软件启动方式非常简单，可采用以下方式：

（1）用鼠标双击 Windows 桌面上该软件的快捷方式图标，进入 Protel 99 SE 界面。

（2）在 Windows 桌面上，执行命令【开始】/【程序】/【Protel 99 SE】/【Protel 99 SE】，即可启动 Protel 99 SE 设计浏览器。

图 1－11 为 Protel 99 SE 启动后的主窗口。

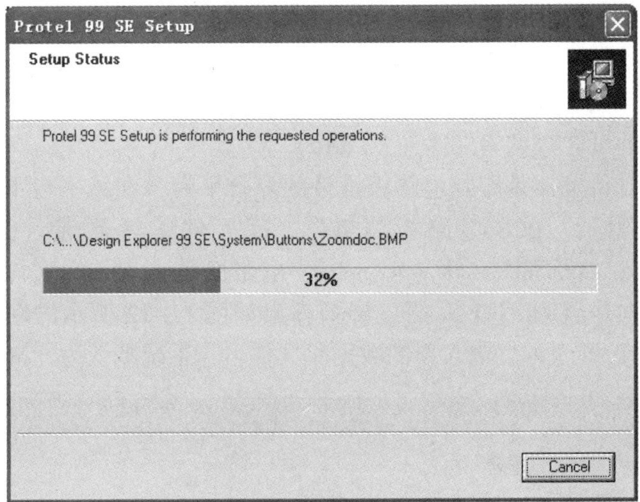

图 1－9 系统复制文件

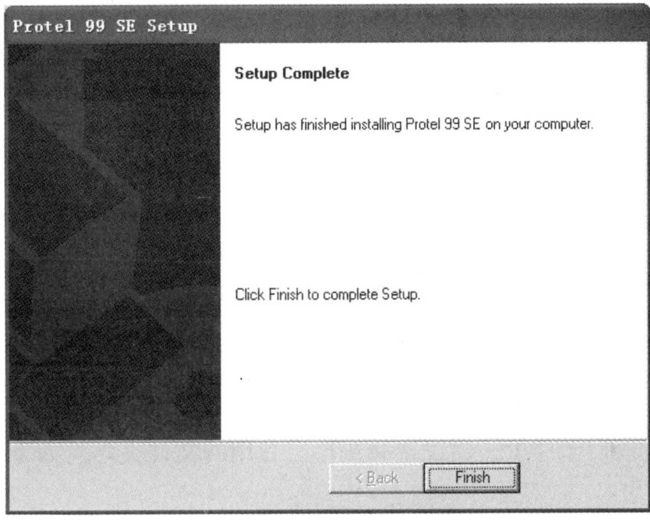

图 1－10 系统安装完成

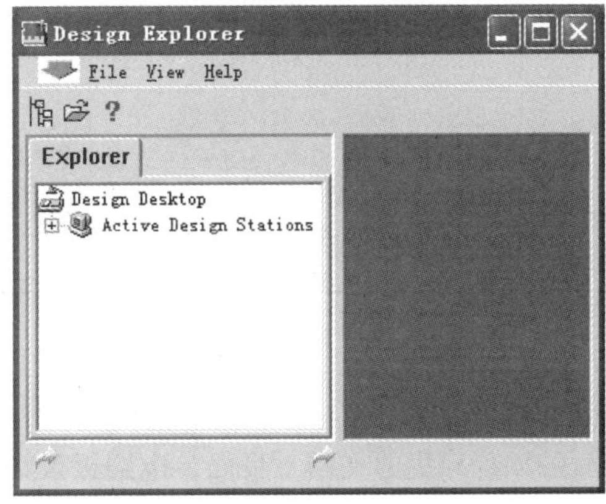

图 1－11 Protel 99 SE 主窗口

3. 退出 Protel 99 SE 设计浏览器

在 Protel 99 SE 浏览器中，执行菜单命令【File】（文件）/【Exit】（退出），即可退出 Protel 99 SE 设计浏览器。

4. 创建一个新的设计数据库文件（*.ddb）

Protel 99 SE 设计浏览器是印制电路板设计的综合平台，在该平台下，可运行多个应用程序，如原理图编辑器、PCB 电路板编辑器、库元件编辑器等。在一个数据库文件（*.ddb）下，可以存放原理图文件（*.Sch）、电路板（*.PCB）文件等。

（1）执行菜单命令【File】/【New】，屏幕弹出如图 1－12 所示的新建文件对话框，在“Database File Name”框中可以输入新的数据库文件名，系统默认为“MyDesign.ddb”。

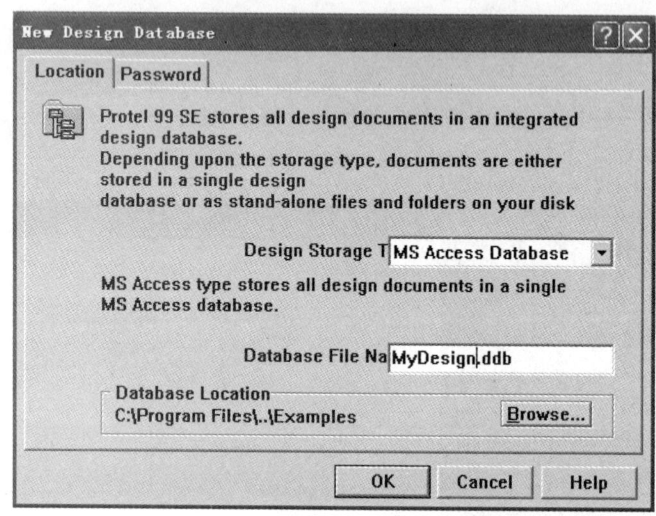

图 1－12　创建新的设计数据库文件

（2）单击“Browse”按钮，弹出文件保存对话框。在此可输入新的文件名，如“稳压电源”，并选择文件的存储位置，建议选择在自己专用的文件夹下，如事先已建立的文件夹“电路板设计”，如图 1－13 所示。

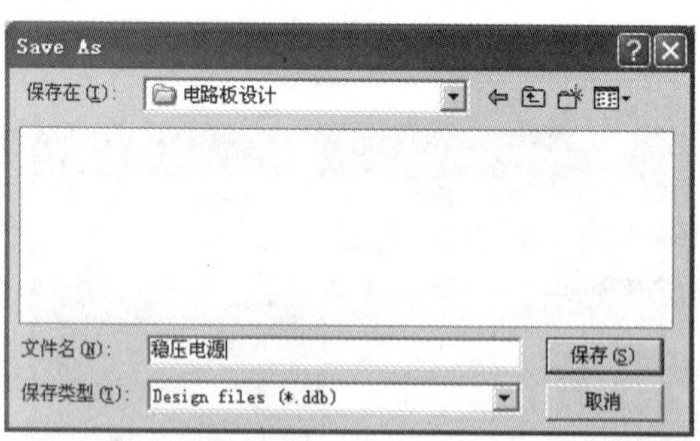

图 1－13　文件保存对话框

（3）单击“保存”按钮，弹出如图 1－14 所示对话框。图中显示了新建文件名“稳压电源.ddb”，及文件存放路径“D:\ 我的文档\ 桌面\ 电路板设计”。

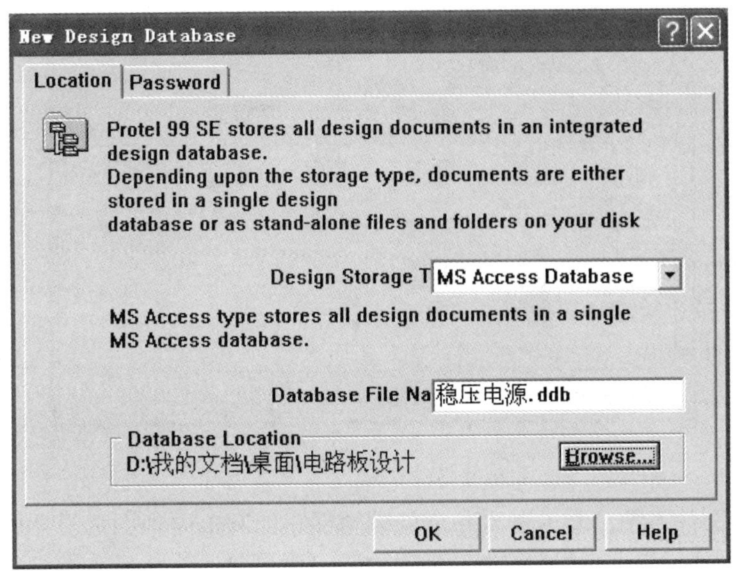

图 1－14　新建文件名及保存路径

(4) 单击“OK”按钮，创建了一个新的设计数据库文件，如图 1－15 所示。

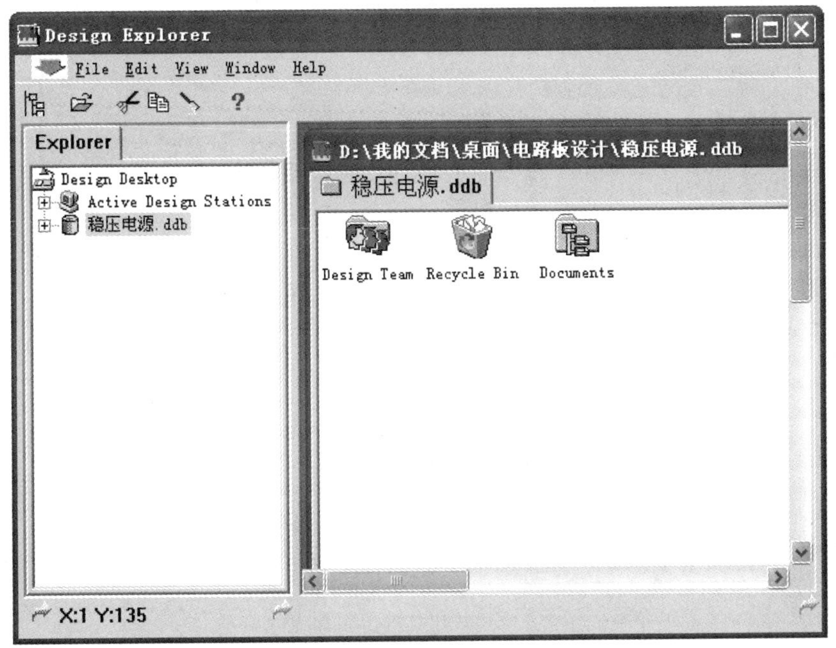

图 1－15　新建数据库文件

5. 进入 Protel 99 SE 编辑器

在图 1－15 窗口下，双击“Documents”图标确定文件存放位置，然后执行菜单命令【File】/【New】，屏幕弹出“New Document”对话框，如图 1－16 所示，图中各图标代表不同功能的编辑器，常用的有电路图编辑器、印制电路板编辑器、电路原理图库文件编辑器、印制电路板库文件编辑器。这些将在后续的学习中逐渐介绍。

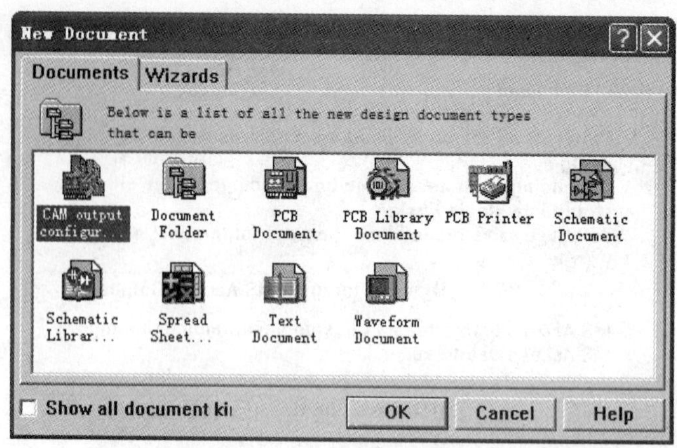

图 1-16　新建文件对话框

双击所需的文件类型，即可进入相应的编辑器。如双击原理图编辑器图标“Schematic Document”，则创建一原理图编辑文件，默认文件名为“Sheet1. Sch”，将鼠标放在该文件图标上，单击右键，弹出对话框后执行【Rename】命令，即可进行文件名更改，如更改为“串联稳压电源 . Sch”，如图 1-17 所示。

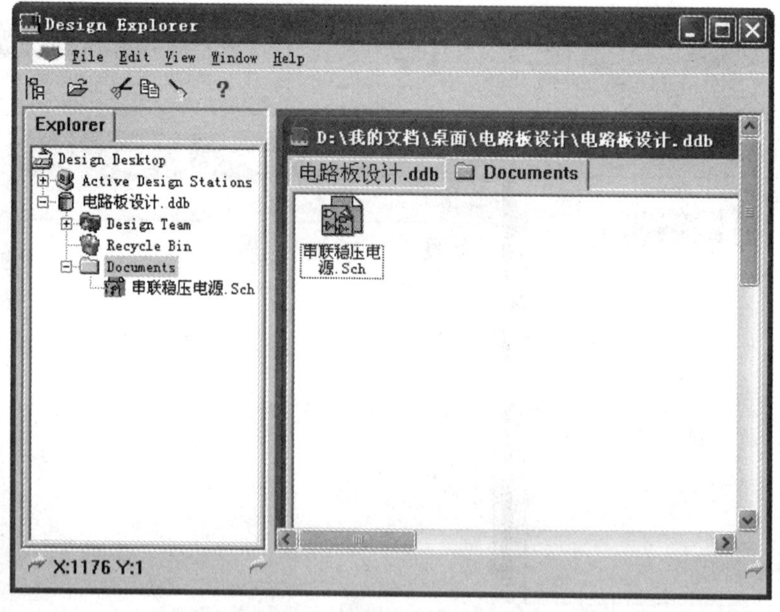

图 1-17　新建某种编辑器文件

6. 打开一示例文件

Protel 99 SE 软件本身自带很多示例文件，存放在“Examples”文件夹中。通过观看示例文件，对该软件功能及软件操作有一初步认识。

（1）在图 1-15 中（或其他状态下，见图 1-17），执行菜单命令【File】（文件）/【Open】（打开），或单击工具栏按钮 ，弹出查找文件对话框，可选定图示示例文件，该文件为 *. ddb 文件，如图 1-18 所示。

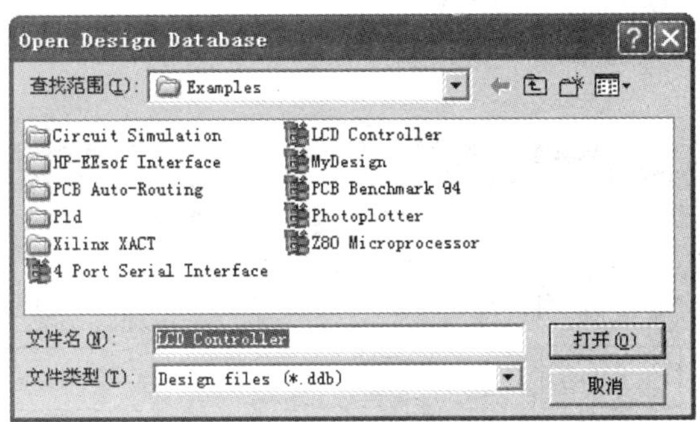

图 1－18　文件查找对话框

（2）单击“打开”按钮，弹出如图 1－19 所示对话框。

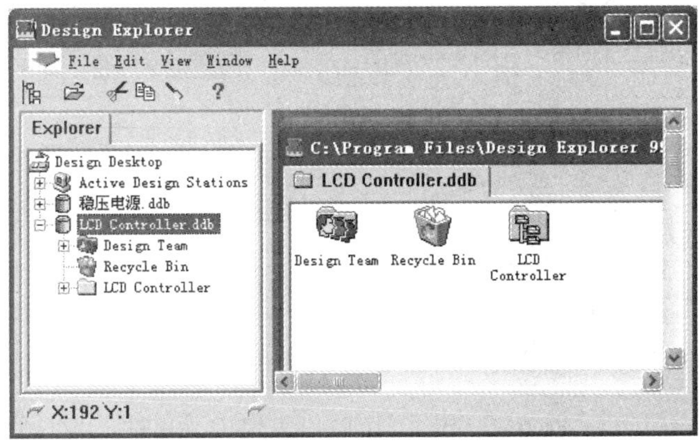

图 1－19　打开选定文件

（3）双击窗口中的“LCD Controller”示例文件，进入图 1－20。由图中可见，该文件中包含很多不同类型的图标，每个图标代表一个文件。

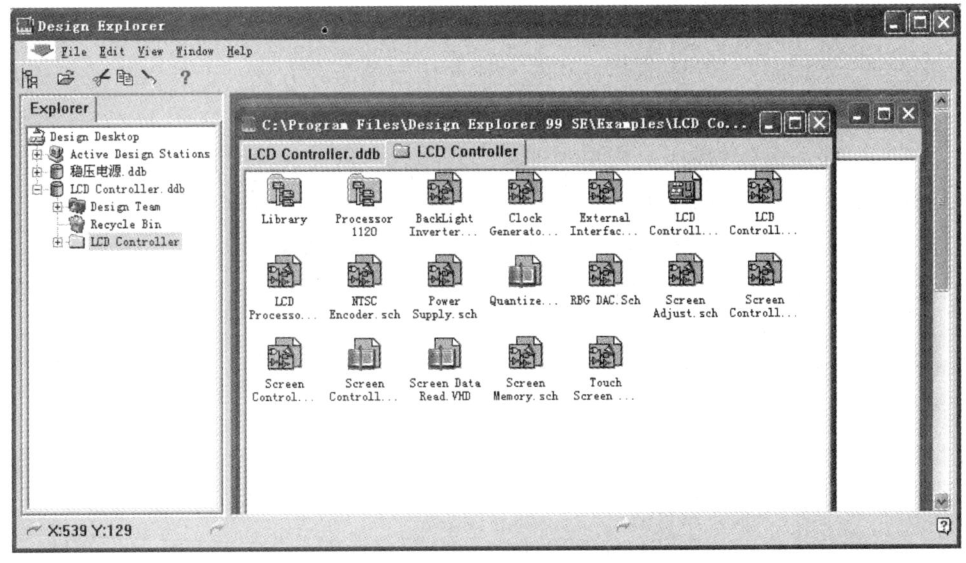

图 1－20　“LCD Controller”文件打开图

（4）打开一任意原理图文件。双击扩展名为“.Sch”的某一文件即可，打开后某一原理图如图1－21所示。

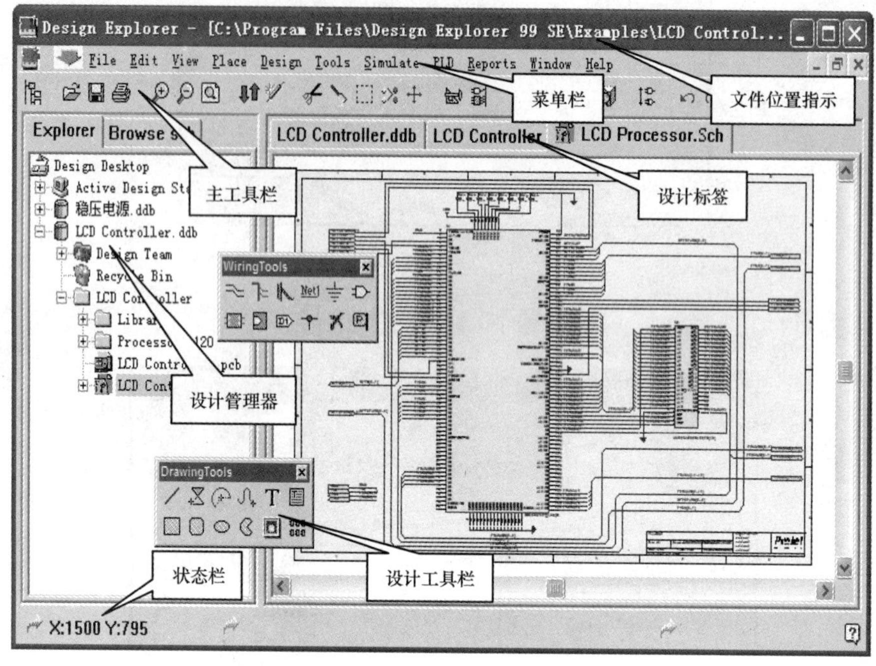

图1－21　Protel 99 SE工作窗口

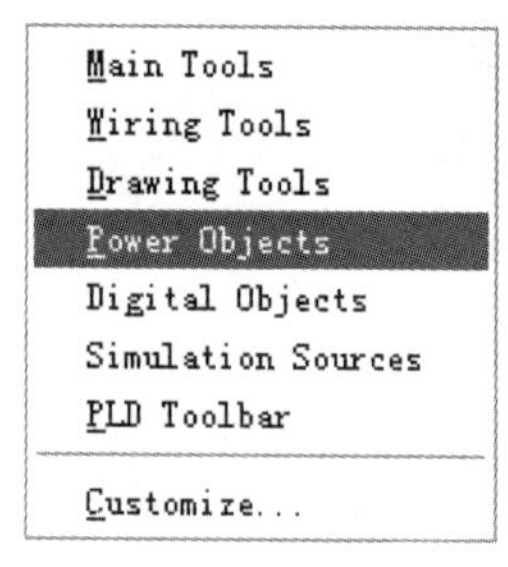

图1－22　工具栏列表

Protel 99 SE工作窗口主要由菜单栏、设计管理器、工具栏、状态栏、设计标签、设计窗口、文件位置指示等组成。

设计管理器以树状列表形式显示当前设计平台上的设计数据库情况，方便设计人员进行设计管理工作。设计管理器的打开与关闭可以通过执行菜单命令【View】/【Design Manager】实现，也可单击工具栏图标进行打开与关闭操作。

工具栏操作起来比使用菜单命令方便。工具栏的打开与关闭可通过执行菜单命令【View】/【Toolbars】，进入图1－22，再选择需要的工具栏单击即可。具体内容将在后续课程中介绍。

状态栏提示系统目前的工作状态，如图1－21中状态栏指示鼠标当前位置。状态栏的打开与关闭可通过进入菜单【View】，选中或取消选中“Status bar”即可。

五、拓展提高——系统设置

1. Protel 99 SE系统参数设置

对系统参数进行合适的设置可以为设计者提供操作上的便利。

用鼠标单击系统主菜单栏中按钮，屏幕弹出如图1－23所示的菜单；用鼠标单击【Preferences】命令，屏幕出现图1－24所示的系统参数设置对话框。

（1）自动备份文件。选中“Create Backup Files”复选框，系统将自动备份文件。

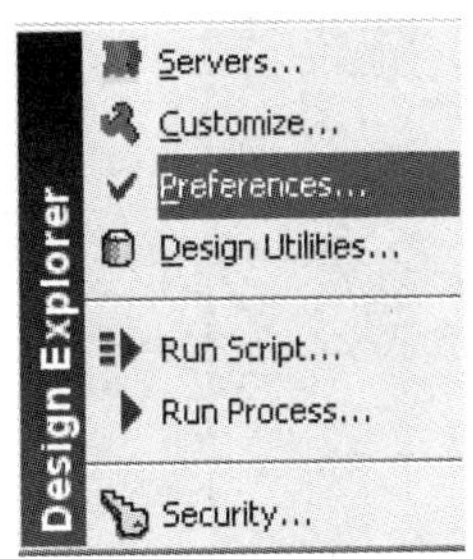

图 1-23 菜单选项对话框

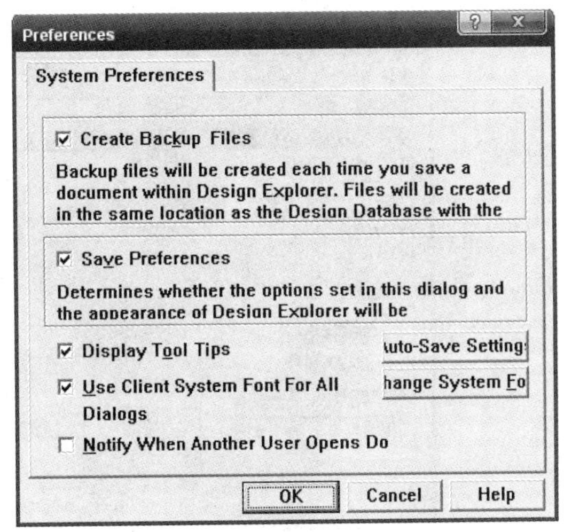

图 1-24 系统参数设置对话框

(2) 保存设置。选中 “Save Preferences” 复选框，则保存对话框中设置的选项和电路图设计软件的外观。

(3) 显示工具栏。选中 “Display Tool Tips” 复选框，则电路中可以显示工具栏。

(4) 自动保存文件设置。单击图 1-24 中的 “Auto-Save Settings” 按钮，屏幕弹出如图 1-25 所示的自动保存文件设置对话框，其中 “Number” 框中设置一个文件的备份数；“Time Interval” 框中设置自动保存文件的时间间隔，单位为分钟；单击 “Browse” 按钮可以指定保存备份文件的文件夹。

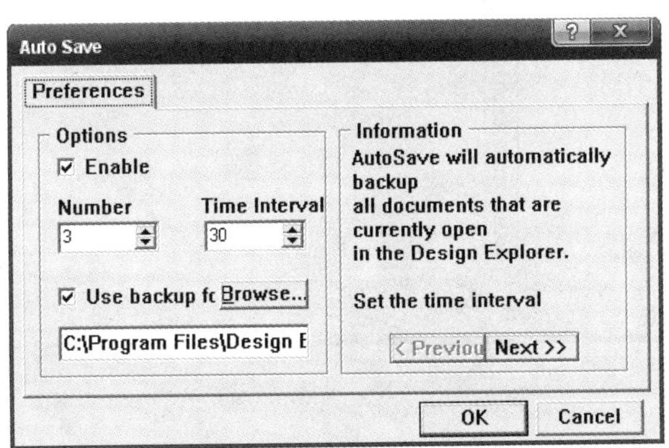

图 1-25 自动保存文件设置对话框

(5) 字体设置。单击图 1-24 中的 “Change System Font” 按钮，屏幕弹出如图 1-26 所示的字体设置对话框，可以进行字体、字体式样、字号大小、字体颜色等设置。设置完毕后，应选中图 1-24 中的 “Use Client System Font For All Dialogs” 复选框。

2. 设计组管理

Protel 99 SE 是以 Design Database（设计数据库）的形式管理库中的所有信息，包括设计时生成的各个项目文件和文件夹。在每个数据库中，默认都带有设计工作组（Design Team），包括 “Members” “Permissions” 和 “Sessions” 三个部分，如图 1-27 所示。

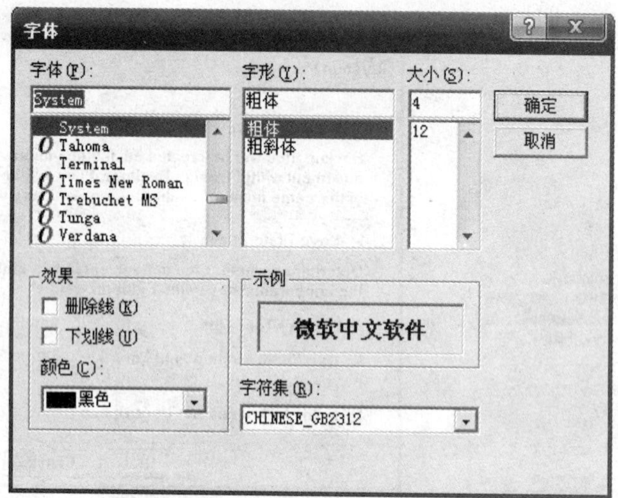

图 1－26　字体设置对话框

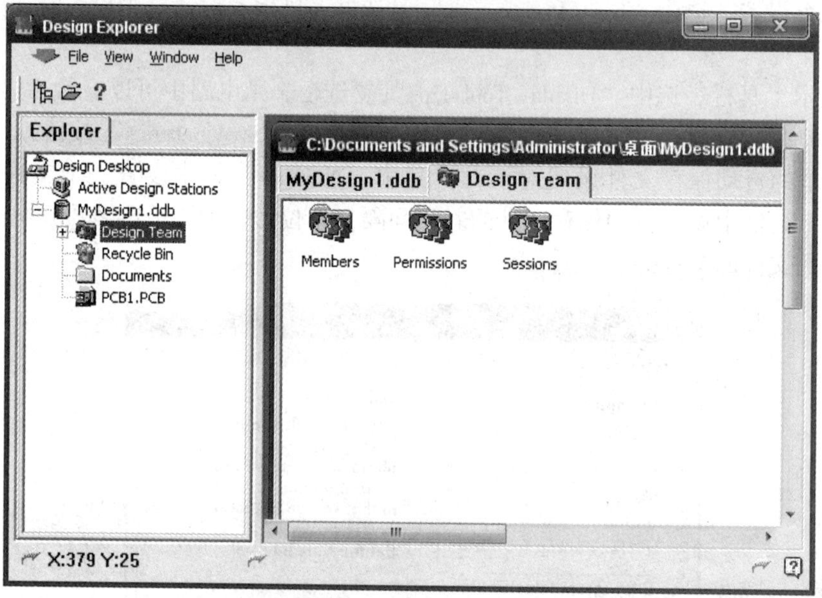

图 1－27　设计工作组

Members 自带两个成员：系统管理员（Admin）和客户（Guest）。当新建一个项目数据库时，建库者即为该项目的管理员，他可以设置密码、创建设计组成员和设置成员的工作权限。

3. 系统管理员操作

1）设置系统管理员密码

双击图 1－27 中的“Members”图标，屏幕弹出如图 1－28 所示的设计组成员对话框，显示当前已存在的设计组成员，双击对话框中的“Admin”图标，屏幕弹出系统管理员密码设置对话框，如图 1－29 所示。在“Password”栏中输入密码，并在“Confirm Password”栏中再次输入相同密码，单击“OK”按钮完成密码设置。

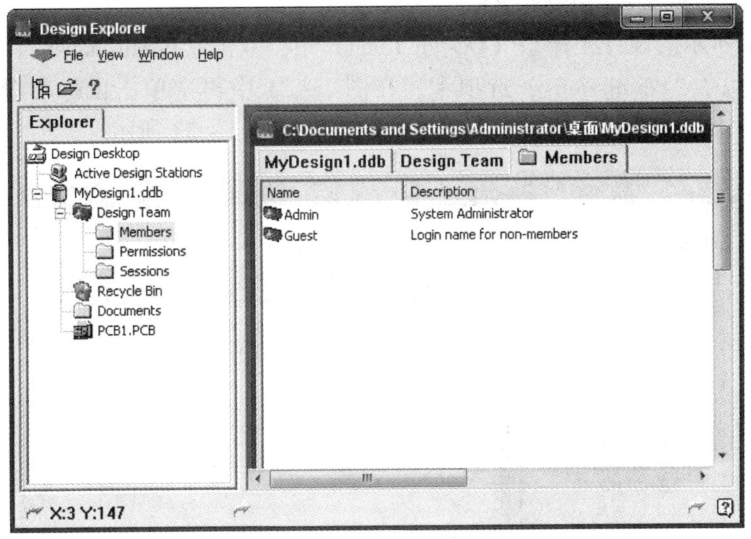

图 1－28　设计组成员对话框

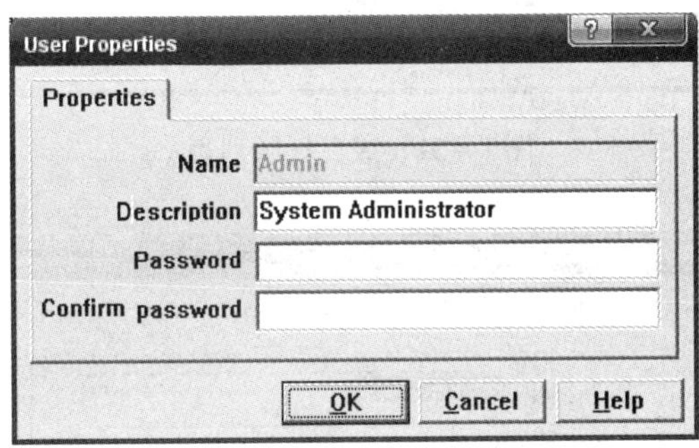

图 1－29　系统管理员密码设置对话框

2）创建设计组成员

在图 1－28 右边框“Members”文档面板上，单击鼠标右键弹出“New Member”菜单，单击该菜单，屏幕弹出创建设计组成员对话框，如图 1－30 所示，此时可以自行创建设计组成员及属性，并设置密码。

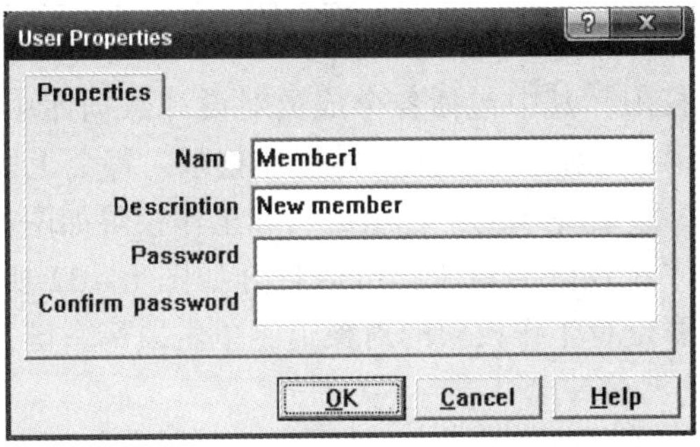

图 1－30　创建设计组成员对话框

3）设置工作组成员工作权限

在图 1－27 所示的设计工作组（Design Team）中，双击“Permissions”图标，屏幕弹出如图 1－31 所示的“Permissions”选项卡，在图 1－31 中再次单击鼠标右键，弹出“New Rule”菜单，选中后屏幕弹出工作权限设置对话框，如图 1－32 所示。

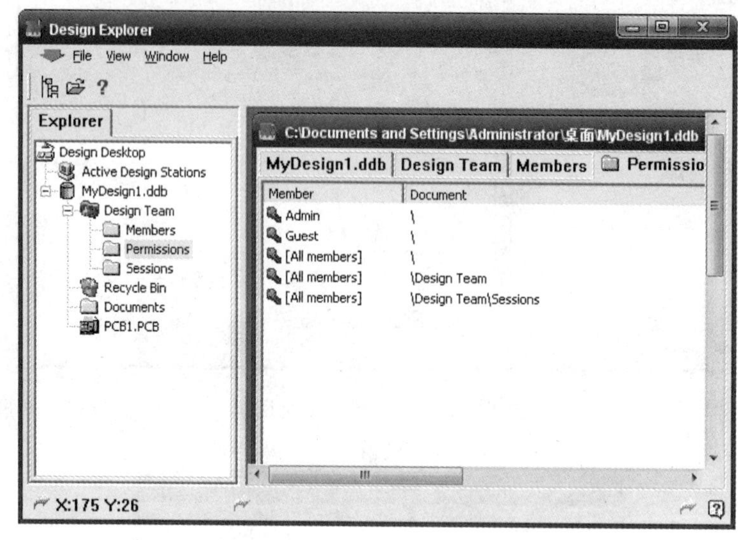

图 1－31　成员权限列表

Permission Rule Properties
Properties
User Scope [All members]
Cument Scope \
Permissions
Read　Write　Delete　Create
Ok　Cancel　Help

图 1－32　设置工作权限

在图 1－32 中，“User Scope”下拉列表框用于选择设计组成员，可以选择需要设置的对象，包括“Admin”“Guest”等；“Cument Scope”用于设置用户工作目录；“Permissions”用于设置当前成员的工作权限，其中包括各个成员对设计数据库中的文件进行读（Read）、写（Write）、删除（Delete）和创建（Creat）等操作权限。每个工作组成员可以设置不同的权限，访问不同的文件夹。设置完毕的工作组成员和工作权限如图 1－33 所示。

用鼠标双击需要设置工作权限的对象，可以打开如图 1－32 所示的权限属性设置对话框；也可以将鼠标移至需要设置工作权限的对象上，单击鼠标右键，屏幕弹出一个菜单，如图 1－34 所示。

选择“New Rule”可以重新设置权限；

选择“Delete”可以删除当前成员；

选择“Properties”可以设置当前成员的工作属性。

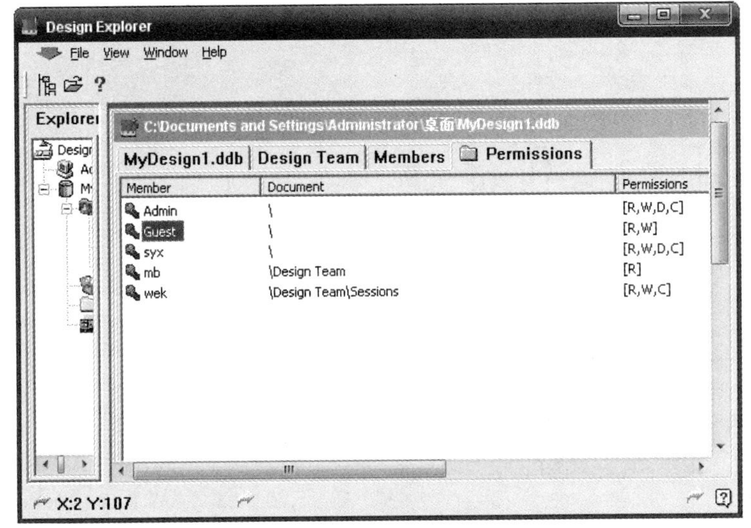

图 1－33 成员权限列表

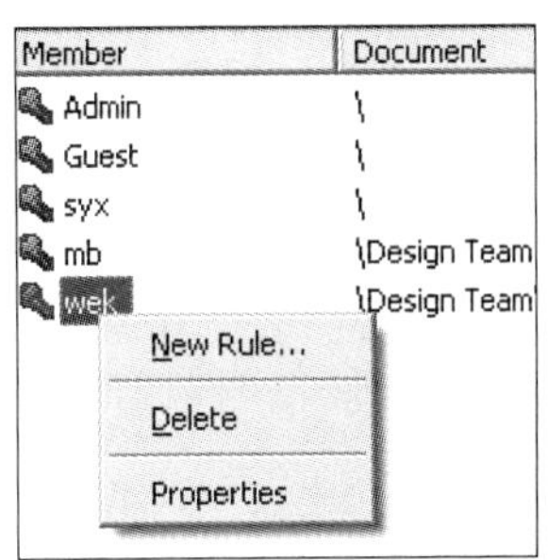

图 1－34 成员设置菜单

一旦将设计数据库设计成项目工作组模式，每次启动设计数据库时，每个工作组成员就只能根据各自的用户名和密码在各自分配的权限范围内进行设计工作。

六、思考与练习

1. Protel 99 SE 功能有哪些？
2. 在 Protel 99 SE 中创建一个设计数据库文件“MY. ddb”并保存在 E 盘下。
3. 什么是设计管理器？如何打开和关闭它？
4. 在 Protel 99 SE 中怎样设置自动存盘时间？

任务二 绘制简单三极管放大器电路图

一、任务介绍

设计三极管放大器 PCB，首先需要绘制三极管放大器电路图。Protel 99 SE 的基本功能之一是绘制电路原理图。绘制电路原理图是设计印制电路板图的基础，通过绘制电路原理图可为印制电路板图设计提供各种电路信息，以实现印制电路板图设计的自动布局、自动布线等工作。图 1－35 是本任务的完成目标。在 Protel 绘图软件中找出图中所需的所有元件，并进行元件参数设置，然后利用导线将各元件按图示连接起来。

二、任务分析

这是一个大家很熟悉的三极管放大器电路图，在前期的专业课学习时都曾手绘过。本任务主要完成以下工作：准备绘图的图纸，在软件里找到绘图所需的元件，将元件放置在合适的位置上，利用导线把这些元件按规定位置连接起来。

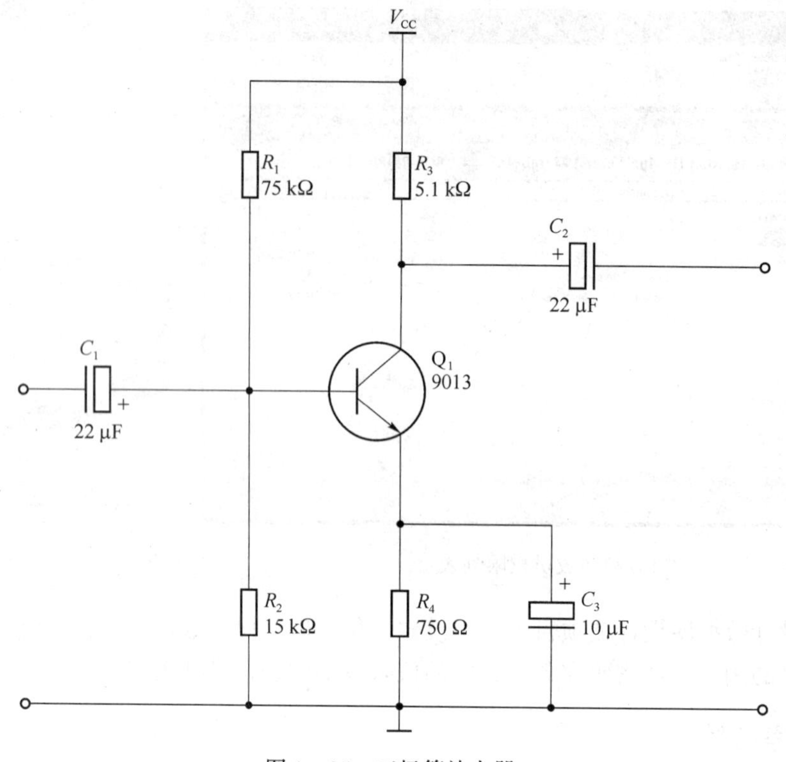

图 1-35　三极管放大器

三、任务实施

1. 新建一张原理图图纸

（1）利用前面介绍的知识新建一原理图文件，并修改名称为“三极管放大器.Sch”，如图 1-36 所示。

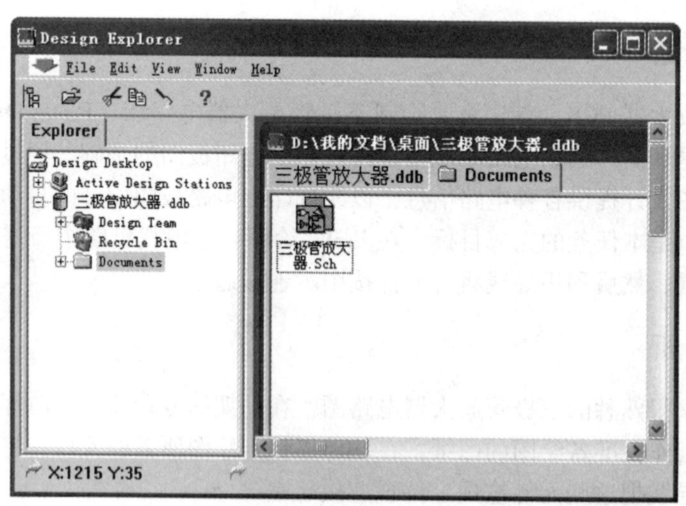

图 1-36　新建一原理图设计文件

（2）双击“三极管放大器.Sch”图标进入原理图编辑器，如图1－37所示。

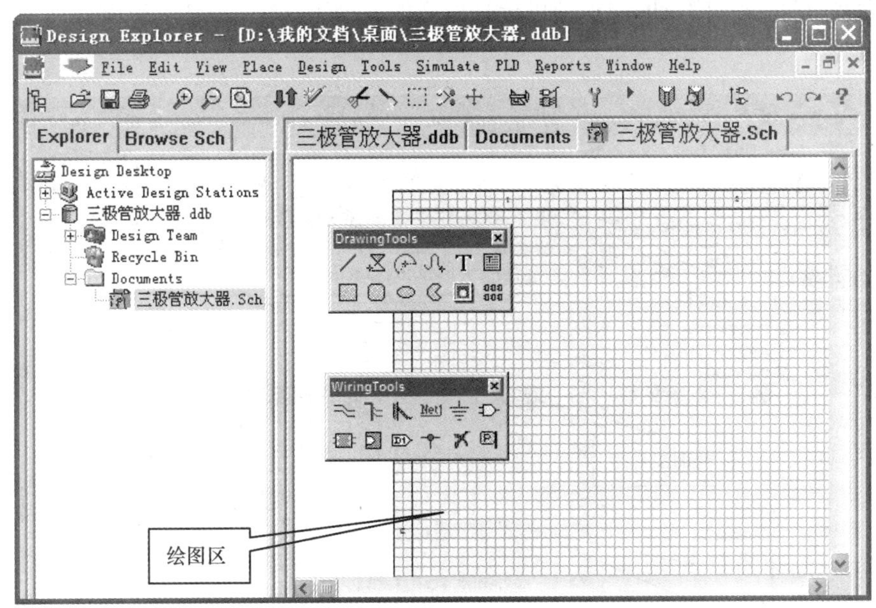

图1－37　原理图编辑器

（3）利用“PageUp”“PageDown”按键以鼠标所在区域为中心对图纸进行放大与缩小显示，如图1－38所示。

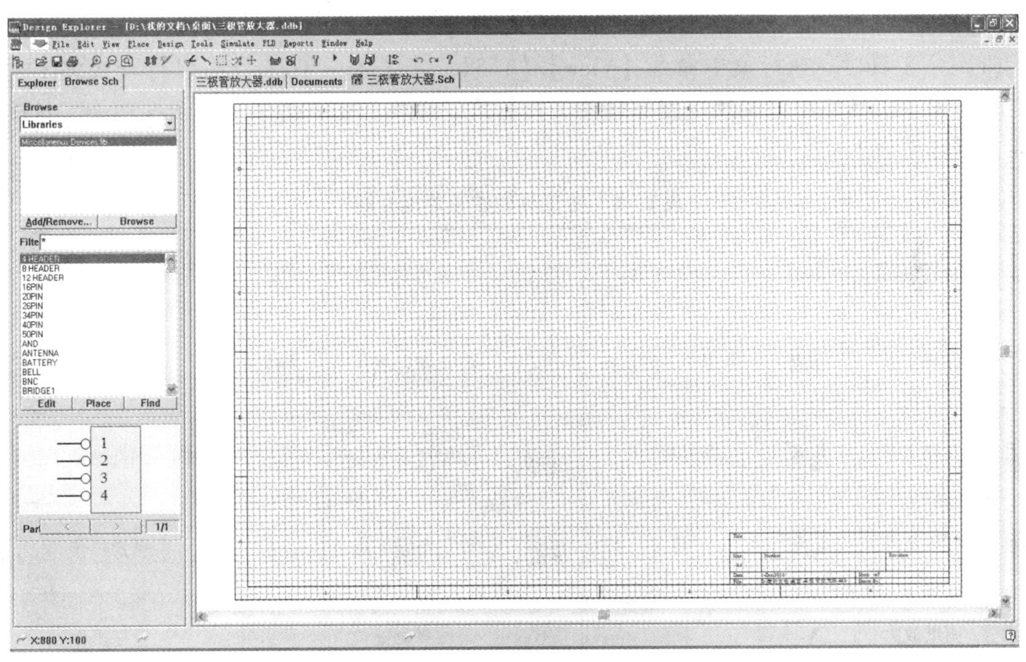

图1－38　新建电路原理图编辑器

2. 认识原理图工作环境

Protel 99 SE提供了绘制电路原理图的各种工具栏。工具栏按钮功能与“Place”菜单下的相应命令功能相同，但使用工具栏操作会为设计者提供很多便利。在任务一已经介绍过，执行菜单命令【View】/【Toolbars】即可选择所需的各种工具栏。图 1－39 显示了绘制电路图常用的工具栏。

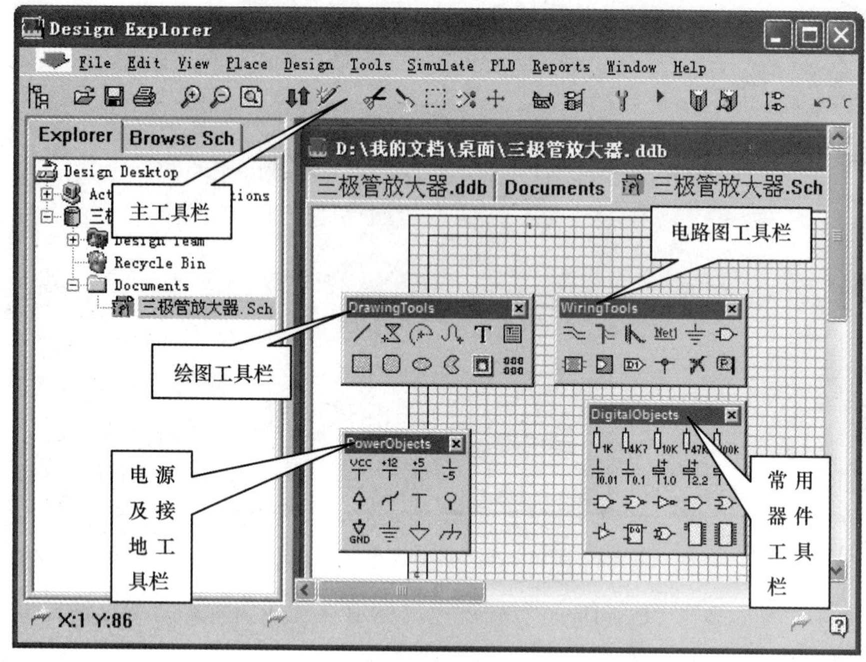

图 1－39　绘制电路原理图的常用工具栏

（1）主工具栏。执行菜单命令【View】/【Toolbars】/【Main Tools】可以打开或关闭主工具栏。利用主工具栏可以实现电路原理图文件管理、编辑、仿真等多种综合性功能，各按钮功能介绍详见表 1－1。

表 1－1　主工具栏按钮功能介绍

	项目管理器		全图显示		解除选取状态		修改元件库设置
	打开文件		主图、子图切换		移动被选图件		浏览元件库
	保存文件		设置测试点		绘图工具		修改同一元件的某功能单元
	打印文件		剪切		绘制电路工具		撤销操作
	图纸放大		粘贴		仿真设置		重复操作
	图纸缩小		框选图件		仿真操作		打开帮助文件

(2) 电路图工具栏。执行菜单命令【View】/【Toolbars】/【Wiring Tools】，或单击主工具栏中的按钮可以打开或关闭电路图工具栏。电路图工具栏用于放置、连接具有电气性能的图件，这些功能按钮在“Place”菜单中均有对应的操作命令。各按钮功能详见表1-2。

表1-2　电路图工具栏按钮功能介绍

	画导线	Net1	放置网络标号		放置层次电路原理图		放置线路节点
	画总线		放置电源或接地符号		放置层次电路原理图输入、输出端口		设置忽略 ERC 检查点
	放总线分支		放置元件	D1	放置电路输入输出端口		放置 PCB 布线指示

(3) 绘图工具栏。执行菜单命令【View】/【Toolbars】/【Drawing Tools】，或单击主工具栏中的按钮可以打开或关闭绘图工具栏。绘图工具栏用于放置不具有电气性能的图形、连线、文本等，起到对电路图进行说明的作用，如说明性文字、波形示意图等，各按钮功能介绍详见表1-3。

表1-3　绘图工具栏按钮功能介绍

	画直线		画曲线		画矩形		画圆饼图
	画多边形	T	放置单行文字		画圆角矩形		放置图片
	画椭圆弧线		放置多行文字		画椭圆		阵列式粘贴

(4) 电源及接地工具栏。执行菜单命令【View】/【Toolbars】/【Power Objects】可以打开或关闭该工具栏。利用该工具栏可以放置各种形式的电源或接地符号。

(5) 常用器件工具栏。执行菜单命令【View】/【Toolbars】/【Digital Objects】可以打开或关闭常用器件工具栏。利用该工具栏可以节省放置常用器件的查找时间。

3. 放置元件

拉动元件浏览器滚动条，在元件库浏览器中查找、选中电阻元件 RES2，双击鼠标左键（或用鼠标左键单击“Place”按钮），该电阻元件以虚线框的形式粘在光标上，接着移动鼠标至图纸上适当位置，单击左键即可将该元件放到图纸上。每单击左键一次，即可再放置一个该电阻。单击鼠标右键，则取消电阻放置状态。

采用同样的方法可将3个电解电容 ELECTRO1 和1个三极管元件 NPN 放到图纸上，如图1-40所示。

4. 放置电源与地线符号

(1) 执行命令【Place】/【Power Port】，或单击按钮，放置电源符号。按“Tab”键，屏幕出现图1-41所示设置对话框，说明如下：

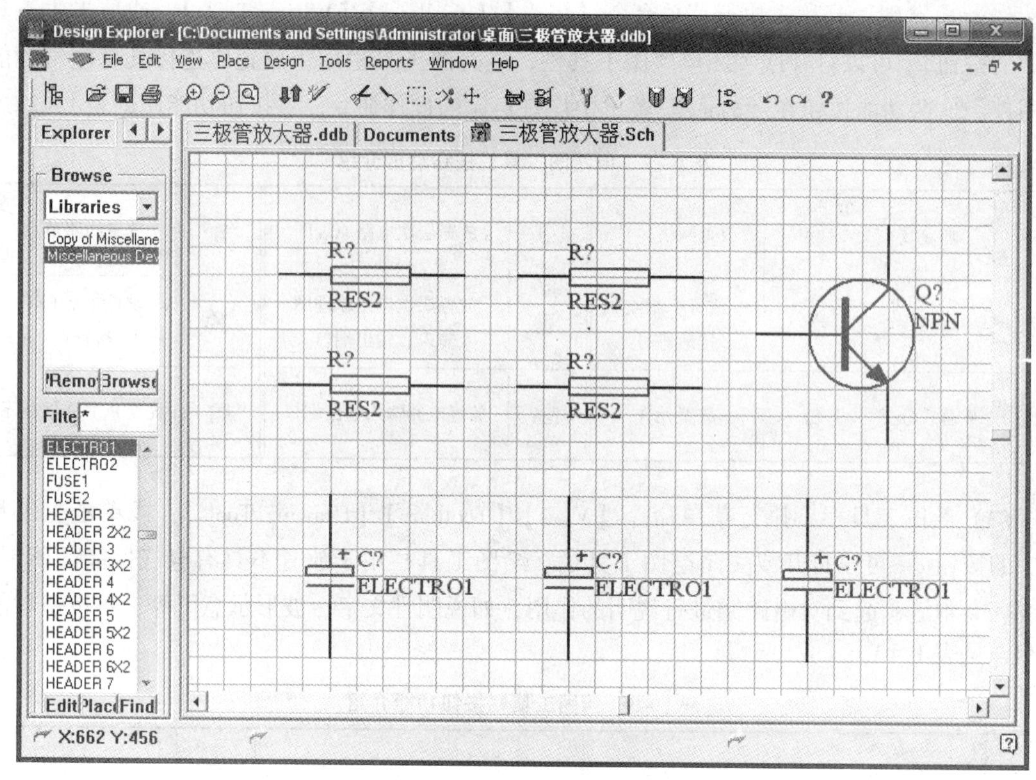

图 1－40　放置元件

Net：设置电源和接地符号的网络名，通常电源符号设为“VCC”，接地符号设为“GND”。

“Style”下拉列表框：包括 4 种电源符号，3 种接地符号，如图 1－42 所示。各电源与接地符号形状如图 1－43 所示，在使用时根据实际情况选择一种符号接入电路。

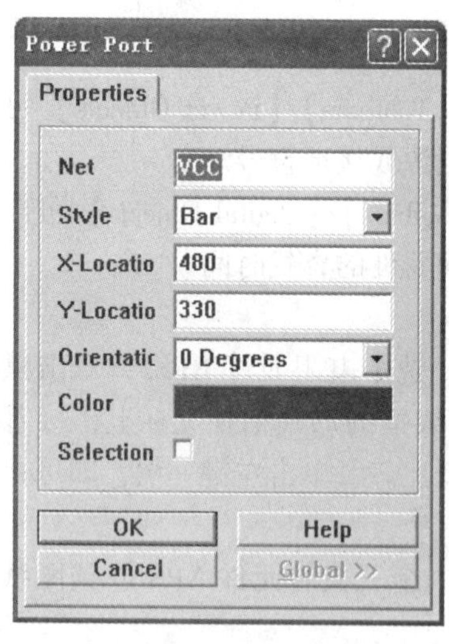

图 1－41　电源端口对话框

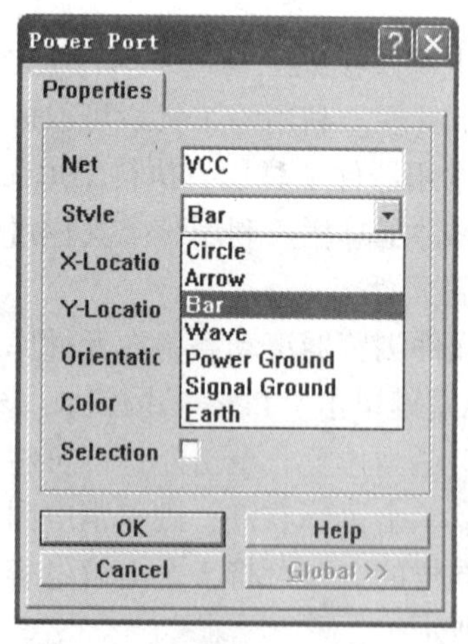

图 1－42　电源端口符号类型对话框

（2）执行菜单命令【View】/【Toolbars】/【Power Objects】，得到图 1－44 所示的电源与接地工具栏，选择合适的电源及接地符号并按“Tab”键按需要重新设置即可。

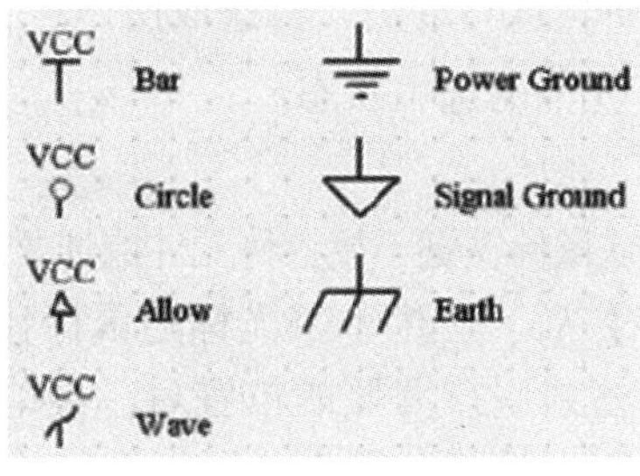

图1-43　电源类型

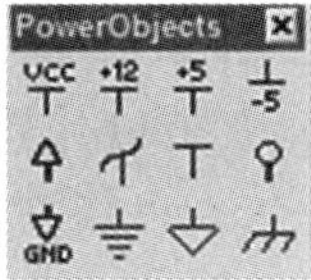

图1-44　电源工具栏

5. 元件布局

元件放置后，应根据需要对元件进行合理布局，便于电路连线。相关操作介绍如下。

1）选中元件操作

对元件进行各种操作，首先要选中元件，被选中元件周围会产生黄色框选标识。选中元件的方法有以下几种：

（1）执行菜单命令【Edit】/【Select】后，系统显示图1-45所示的相关命令。具体内容操作如下：

“Inside Area”用于选择区域内的元件；

“Outside Area”用于选择区域外的元件；

“All”用于选择图纸上所有元件；

“Net”用于选择指定网络；

“Connection”用于选取指定导线。

（2）通过菜单命令【Edit】/【Toggle Selection】进行元件选取操作。执行该命令后，光标变成十字状，在某一元件上单击鼠标，如果该元件以前被选中，则元件的选中状态被取消；如果该元件以前没有被选中，则该元件被选中。

（3）利用工具栏按钮选中元件。单击主工具栏上的按钮，产生十字光标随鼠标移动。单击一次鼠标左键，移动鼠标形成框选区选中所需元件后，再单击一次鼠标左键即可完成元件选中操作。

2）取消元件选中操作

在对选中元件执行完所需的操作后，必须取消元件的选中状态。取消元件选中状态的方法有以下3种：

（1）执行菜单命令【Edit】/【DeSelect】后，系统显示图1-46所示的相关命令，具体内容与选中操作对应内容相反。

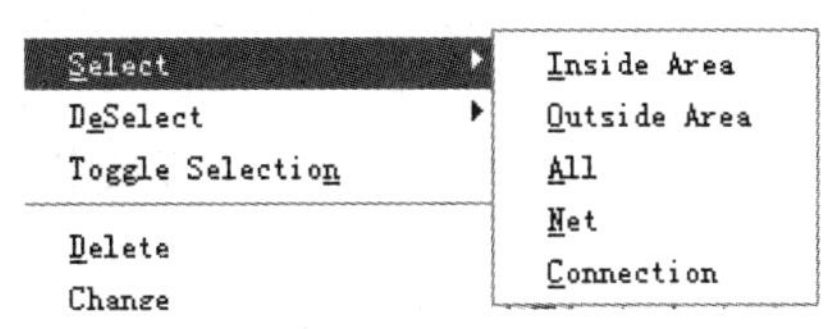

图1-45　“Edit”菜单中的元件选中命令

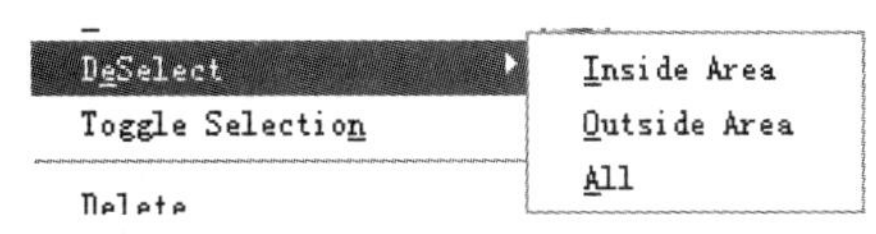

图1-46　“Edit”菜单中的取消元件选中命令

（2）通过菜单命令【Edit】/【Toggle Selection】进行取消元件选取操作。

（3）单击主工具栏上的按钮，取消所有元件的选中状态。

3）移动元件

（1）利用鼠标左键点中要移动的元件后，按住鼠标左键不放，将元件拖到要放置的位置。

（2）执行菜单命令【Edit】/【Move】/【Move】后，产生十字光标随鼠标移动。利用鼠标左键单击待移动元件一次，再移动鼠标将元件移到用户需要的位置后，再单击鼠标左键一次，即完成本次元件移动操作。此时鼠标仍处于元件移动状态，可以继续进行元件移动操作，如果不再移动元件，单击一次鼠标右键即可。

（3）执行菜单命令【Edit】/【Move】/【Drag】，操作方法与【Move】命令相同，但元件与连线一起被拖动。

（4）利用前面介绍的选中元件操作，选中多个元件，再用鼠标左键单击选中元件中的任意一个元件不放，待十字光标出现即可移动被选择的元件组到适当的位置，然后松开鼠标左键，便完成本次移动操作。亦可选中元件后，执行菜单命令【Edit】/【Move】/【Move Selection】或执行菜单命令【Edit】/【Move】/【Move Drag】进行元件移动。

4）元件的旋转

利用元件旋转操作可以改变元件的放置方向，具体操作时需用鼠标左键点住要旋转的元件不放，再按相应的旋转控制键。

"Space"键（空格键）：每按一次，被选中的元件逆时针旋转90°；

"X"键：水平方向翻转，使元件左右对调；

"Y"键：垂直方向翻转，使元件上下对调。

5）元件的删除

（1）利用鼠标左键单击要删除的元件，按"Delete"键删除该元件。

（2）执行菜单命令【Edit】/【Delete】后，产生十字光标随鼠标移动，鼠标左键单击元件进行删除，单击一次鼠标右键可结束删除工作状态。

（3）选中所要删除的多个元件，执行菜单命令【Edit】/【Clear】即可完成删除操作。

（4）选中所要删除的多个元件，执行菜单命令【Edit】/【Cut】或单击工具栏按钮后，产生十字光标随鼠标移动，鼠标左键单击元件进行删除。

采用以上方法进行合理布局后的元件位置如图1－47所示。

6. 连接电路

（1）进入连接导线状态。单击画电气连线按钮，或单击右键，在弹出的菜单中选择"Place Wire"，或执行菜单命令【Place】/【Wire】，此时光标变为十字状，系统处于画导线状态。

（2）连接导线。先将光标移至所需位置，当光标接近元件引脚时，出现一个圆点，这个圆点代表电气连接的意义，此时单击左键，定义导线起点，将光标移至下一位置，再次单击鼠标左键，完成两点间的连线，单击鼠标右键，结束此条连线。这时仍处于连线状态，可继续进行线路连接，若单击鼠标右键，则退出画线状态。

（3）删除导线。对于错连导线或连接不理想导线可以将导线删除。只需单击鼠标左键选中待删除导线，按"Delete"键即可完成删除操作（或用删除命令）。

图1－48为连接导线后的电路图。

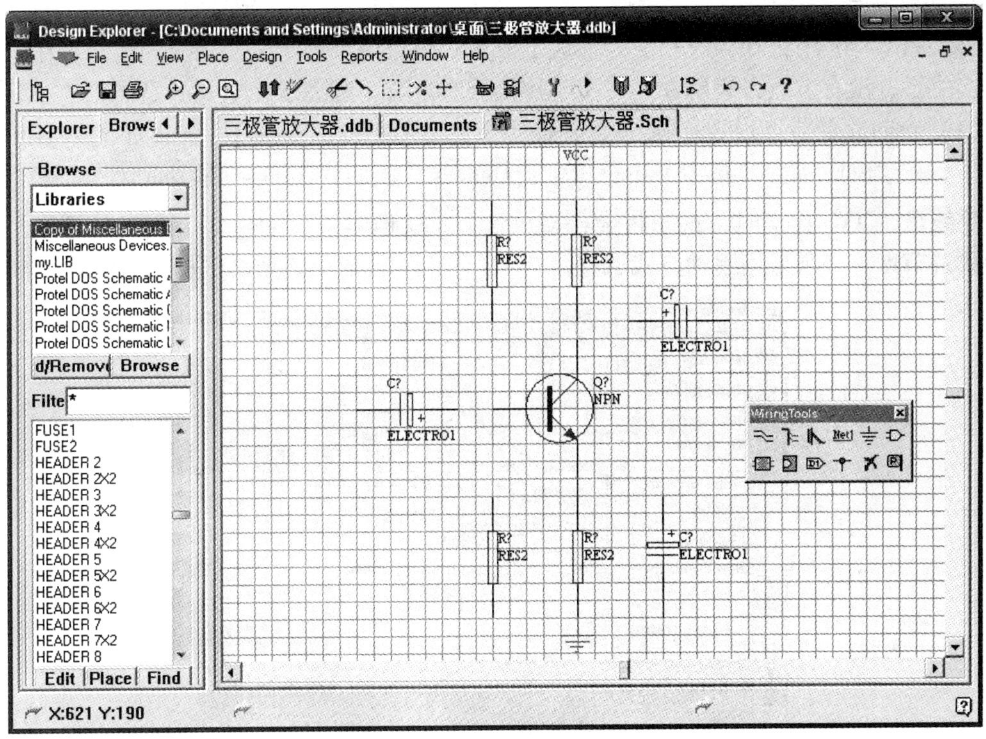

图 1－47　元件布局图

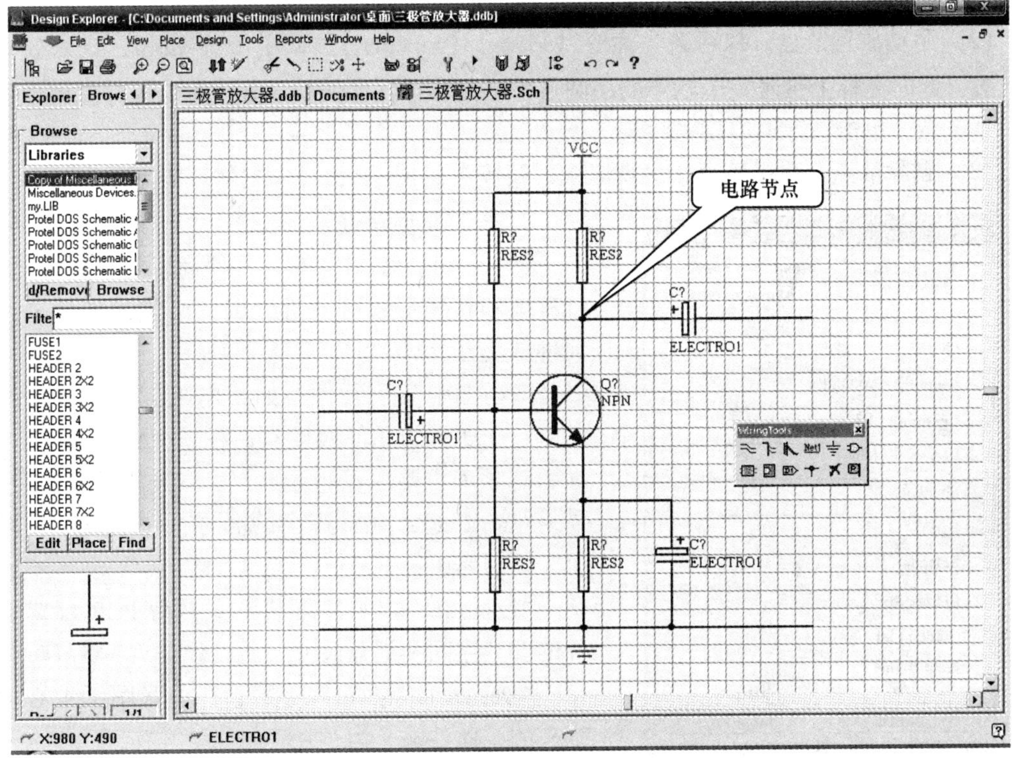

图 1－48　连接导线后的电路图

7. 放置节点

自动图 1－48 中，在导线相交处形成了节点。节点用来表示两条相交导线是否在电气上有连接关系。没有节点，表示在电气上不连接，有节点，则表示在电气上是连接的。

（1）自动放置节点设置。执行菜单命令【Tools】/【Preferences】，弹出如图 1－49 所示对话框。在“Schematic”选项卡中，选中“Options”区的“Auto－Junction”复选框，则当两条导线呈“┬”相交时，系统将会自动放置节点，但对于呈“┼”字交叉的导线，不会自动放置节点，必须采用手动方式放置。

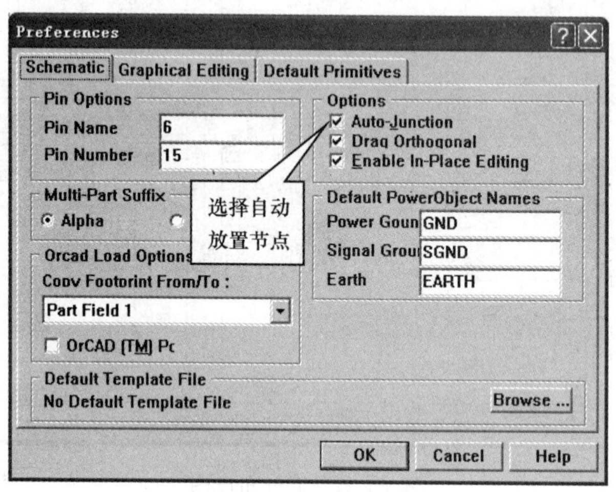

图 1－49 “Preferences”对话框

（2）手动放置节点。执行菜单命令【Place】/【Junction】，或单击按钮，进入放置节点状态，此时光标上带着一个悬浮的小圆点，将光标移到导线交叉处，单击鼠标左键即可放下一个节点，单击右键退出放置状态。

（3）删除节点。单击节点，出现虚线框后按“Delete”键可以删除该节点。

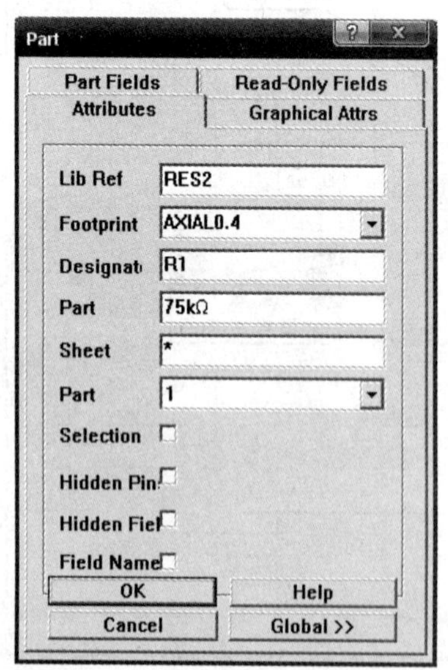

图 1－50 修改元件属性对话框

8. 修改元件属性

图 1－48 电路图中的各元件尚未定义元件标号、标称值和封装形式等属性，因此必须重新逐个设置元件的属性。

双击图中某一元件，如某电阻元件，屏幕出现图 1－50 所示的元件属性对话框。“Attributes”（属性）选项卡主要内容如下：

“Lib Ref”：元件库中的名称，它不显示在图纸上，无须修改；

“Footprint”：元件封装形式，为 PCB 设置了元件的安装空间和焊盘尺寸，此处设为“AXIAL0. 4”；

“Designator”：元件标号，在一张图纸中必须是唯一的，此处输入为“R1”；

“Part”：第一个“Part”栏表示元件型号或标称

值，缺省值与“Lib Ref”中的元件名称一致，此处输入为75 kΩ；

第二个“Part”栏是元件的功能单元，表示带子件的元件的第几个子件，这里默认。

单击“OK”按钮，完成该元件属性修改。以此类推，完成全部元件的属性修改。最终完成的电路如图1－51所示。

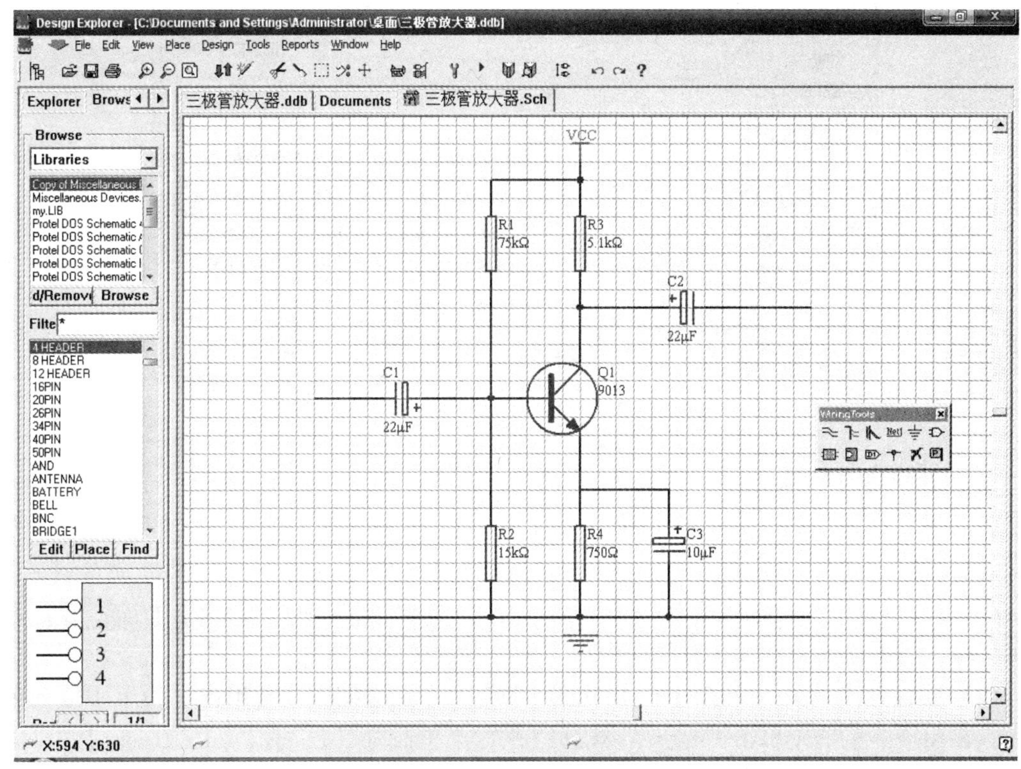

图1－51 三极管放大器

【操作技巧】利用全局修改功能修改同种元件封装形式。如果电路中含有大量同种元件，若要逐个设置元件封装，费时费力，且易造成遗漏。利用Protel 99 SE提供的全局修改功能，可以统一修改元件封装形式，下面以电容为例介绍统一修改元件封装形式的方法。

双击电容，屏幕弹出元件属性对话框，单击“Global > >”按钮，出现如图1－52所示的全局修改对话框。

“Attributes To Match By”栏：源属性栏，即匹配条件，用于设置要进行全局修改的源属性；

“Copy Attributes”栏：目标属性栏，即复制内容，用于设置需要复制的属性内容；

“Change Scope（修改范围）”下拉列表框：设置修改的范围。

图中元件的名称为“ELECTRO1”，元件的封装形式为“RB.2/.4”，在“Attributes To Match By”栏中的“Lib Ref”项中填入“ELECTRO1”；在“Copy Attributes”栏中的“Footprint”项中填入“RB.2/.4”；在“Change Scope”下拉列表框中选择“Change Matching Items In Current Document”（修改当前电路中的匹配目标），并单击“OK”按钮，则原理图中所有库元件名为“ELECTRO1”（电容）的封装形式全部定义为“RB.2/.4”。

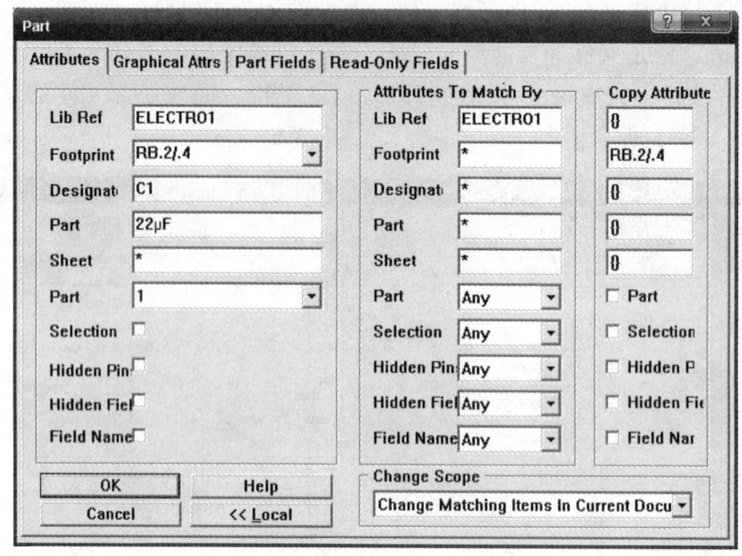

图1－52　元件属性全局修改对话框

9. 文件存盘与退出

（1）文件保存。执行菜单命令【File】/【Save】，或单击主工具栏上的图标，自动按原文件名保存，同时覆盖原先的文件；如果同时打开数个文件，执行菜单命令【File】/【Save All】，可以一次性地将所有打开的文件存盘；执行菜单命令【File】/【Save As】可以更名保存，不覆盖原文件，在对话框中指定新的存盘文件名即可。

（2）文件退出。执行菜单命令【File】/【Close】，或用鼠标右键单击选项卡中原理图文件名，在出现的菜单中单击“Close”按钮；执行菜单命令【File】/【Close Design】，可以关闭设计数据库（.ddb 文件）；执行菜单命令【File】/【Exit】，或单击系统关闭按钮即可退出 Protel 99 SE。

四、拓展提高

在绘制三极管放大器电路图时，我们没有更多提到元件库的问题，只是从系统默认元件库直接查找到元件并放置到图纸上。

Protel 99 SE 为设计者提供了大量电子元件模型并将它们分类存放在不同的元件库中。在绘制电路图前，必须先将需要的元件所在的元件库载入内存才可以使用。如果一次载入过多的元件库，将影响软件的工作效率，所以，只需将绘图必需的元件库载入即可。

（1）在图1－39中，选择“Browse Sch”选项卡，屏幕会显示元件浏览器，如图1－53所示。

图1－53元件库列表中已有一元件库“Miscellaneous Devices. lib”，并显示出当前选定元件。

（2）单击“Add/Remove”按钮添加元件库，屏幕出现图1－54所示的“Change Library File List”（改变库元件列表）对话框。也可执行菜单命令【Design】/【Add/Remove Library】进行元件库的添加或删除操作。

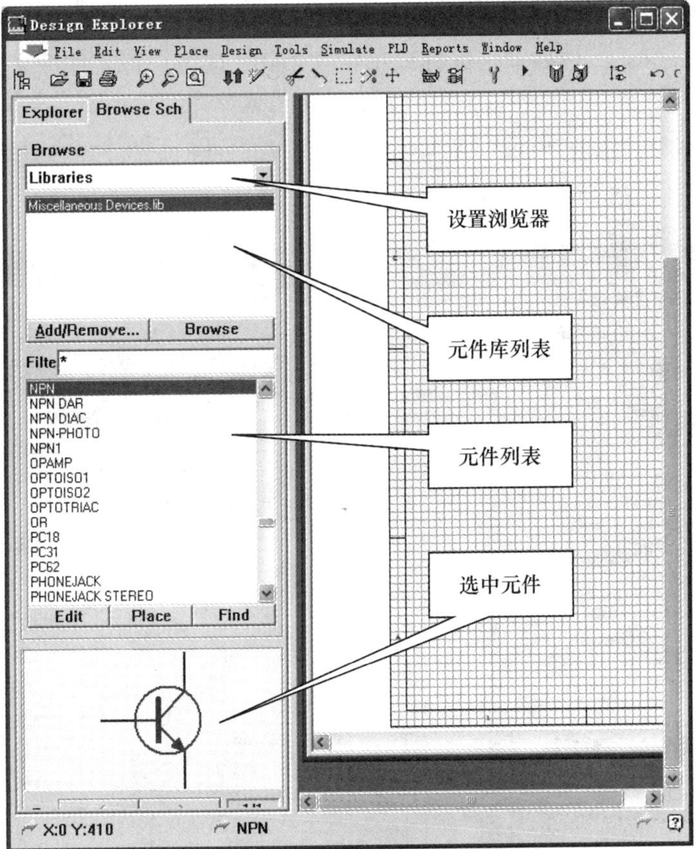

图 1－53　元件浏览器

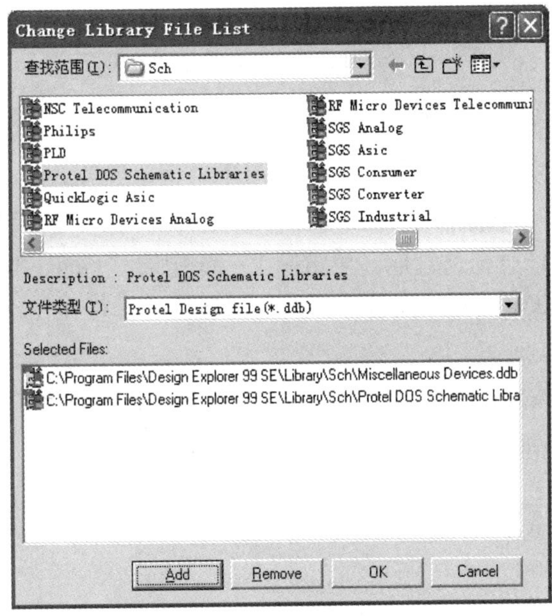

图 1－54　改变库文件列表对话框

（3）在“Design Explorer 99 SE \ Library \ Sch”文件夹下选中元件库文件，如“Protel DOS Schematic Libraries”，然后双击鼠标或单击“Add”按钮，将元件库文件添加到库列表中，如图1－54所示。

（4）添加元件库后单击“OK”按钮结束添加工作，此时元件库的详细信息将显示在设计管理器中，如图1－55所示。

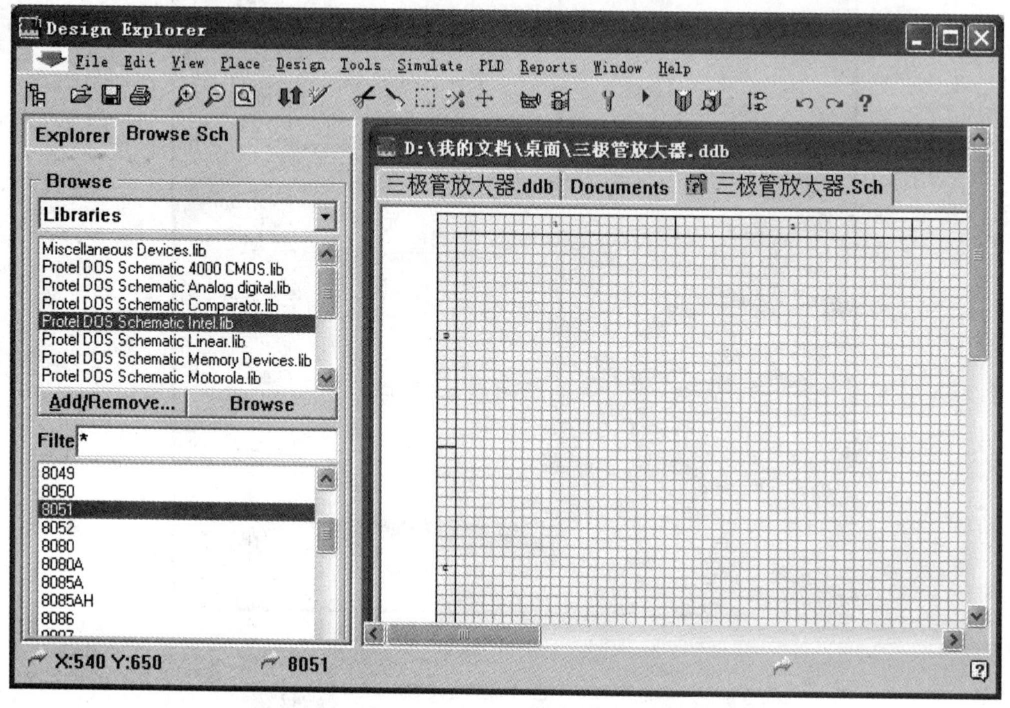

图1－55　添加元件库后的原理图编辑器

（5）如果要删除设置的元件库，可在图1－54中的“Selected Files”框中选中元件库，然后单击“Remove”按钮移去元件库，再单击“OK”按钮即可。

（6）查找元件库。实际绘图时，如果不知道元件在哪个元件库中，可以使用Protel 99 SE的搜索功能，查找元件所在元件库。单击图1－53中的“Find”按钮，打开图1－56所示的查找元件对话框。填入所查元件名称，如“74LS138”，可在元件名称前后加上通配符“*”。

单击“Find Now”按钮，开始查找所需元件库，结果查到后如图1－57所示。单击“Add To Library List”按钮将该元件库添加到设计管理器中，或单击“Place”按钮，将该元件放在设计图纸上。单击“Close”按钮关闭对话框。

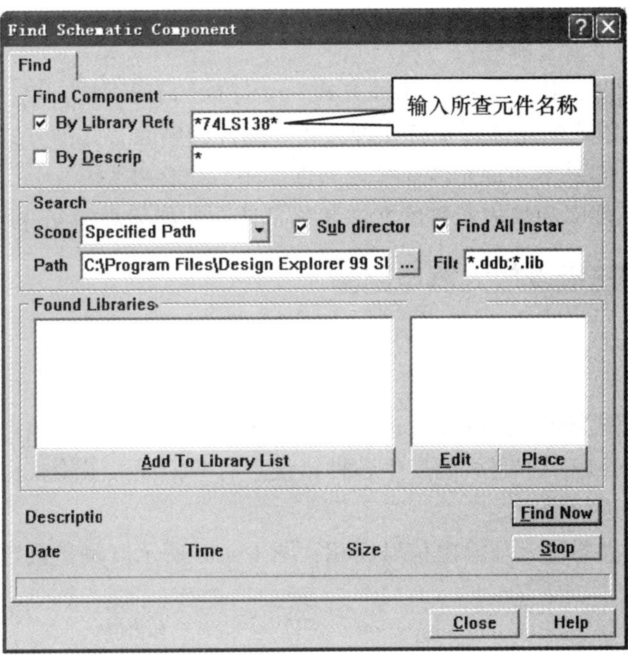

图 1－56　查找元件对话框

图 1－57　元件查找结束

五、思考与练习

1. 绘制原理图的步骤有哪些？

2. 在绘制原理图时，移动元件有几种方式？元件旋转有几种方式？修改元件的属性有几种方式？选中和撤销选中元件分别有几种方式？元件的删除有几种方式？

3. 实际绘图时，如果不知道元件在哪个元件库中，怎么办？

4. 常用的分立元件库和集成元件库文件名称是什么？如何添加元件库？

任务三　完善三极管放大器电路图

一、任务介绍

一个完整的电路图为便于阅读需要进行文字或图形等标注，如图 1－58 所示。在绘制电路图时由于粗心或软件应用不当可能产生各种错误。有些错误人工检查比较困难，需要借助软件提供的专用工具进行检查。

共射极三极管放大器输入与输出信号反相，图 1－58 所示电路是最普通的电路形式。

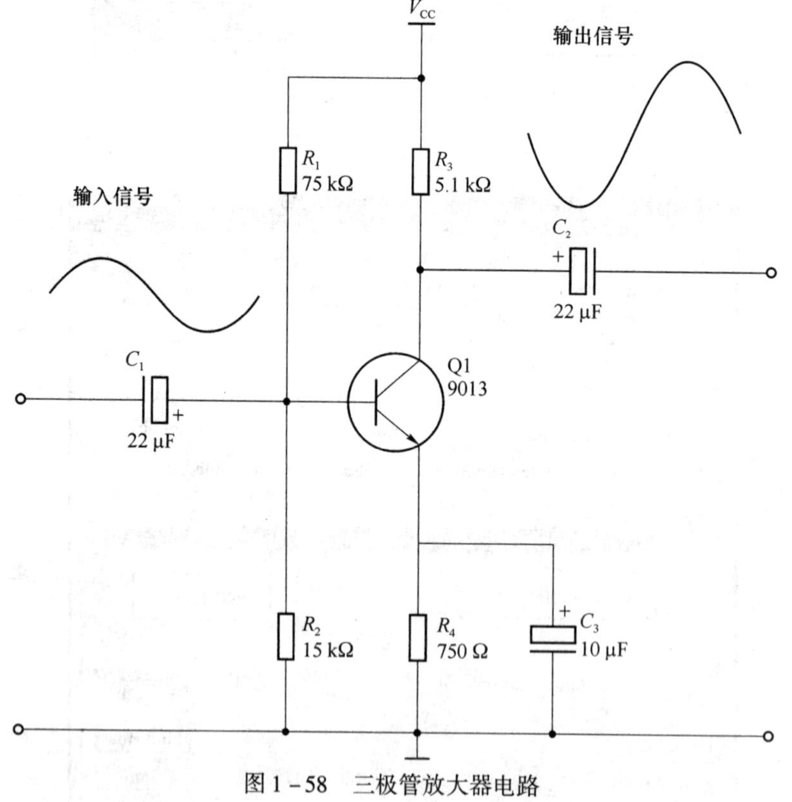

图 1－58　三极管放大器电路

二、任务分析

电路标注只为说明电路功能等，可利用软件相关标注工具完成；电路查错不但需要利用软件的专门查错工具 ERC（电气规则检查 ）完成，同时还要求操作者理解电路的电气性能。

三、任务实施

1. 电路标注

通常根据需要可以在绘制电路图时，利用文字、波形等形式对电路图进行标注，以对电路进行说明。

（1）文字标注。执行菜单命令【Place】/【Annotation】，或单击绘图工具栏按钮，按下“Tab”键，调出标注文字属性对话框，如图1－59所示，在“Text”栏中填入文字说明“输入信号”；在“Font”栏中，单击“Change”按钮，设置字体及字号，如图1－60所示，单击“确定”按钮，再单击“OK”按钮结束设置。将光标移到需要放置标注文字的位置，单击鼠标左键放置文字，单击鼠标右键退出放置状态。单击鼠标左键选中文字标注后，按“Delete”键可以删除该标注。

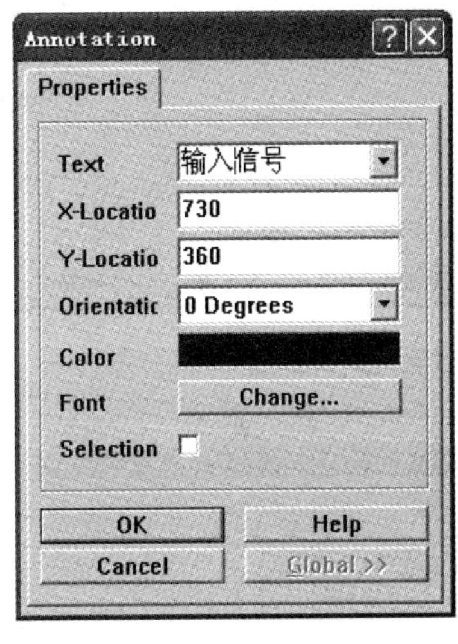

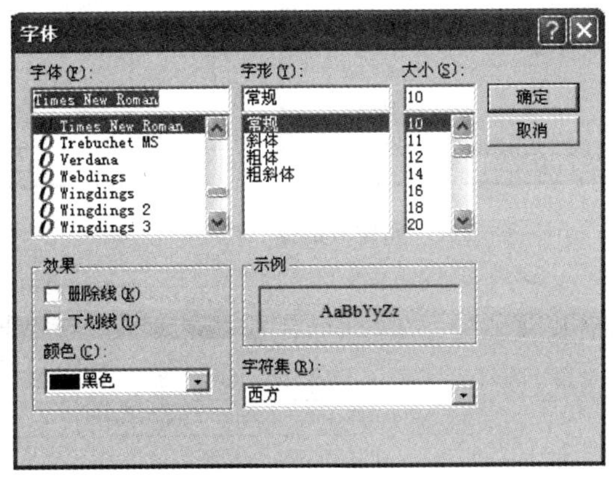

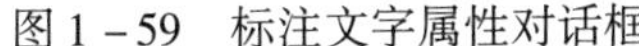

图1－59　标注文字属性对话框

图1－60　字体字号设置对话框

（2）文本标注。文字标注只能放置一行，当所用文字较多时，可以采用文本框方式进行标注。执行菜单命令【Place】/【Text Frame】，或单击绘图工具栏按钮，进入放置文本框状态，按下“Tab”键，调出标注文本属性对话框，如图1－61所示。选择“Text”右边的“Change”按钮，屏幕出现一文本编辑区，在其中输入相应文字“共射极三极管放大器输入与输出信号反相，本电路是最普通的电路形式”，如图1－62所示。完成输入后，单击“OK”按钮退出文本输入。将光标移到需要放置标注文本的位置，单击鼠标左键确定文本框初始位置，拉动文本框到合适大小，再次单击鼠标左键确定文本框终点位置，单击鼠标右键退出放置状态。

（3）图形标注。利用图形标注可以对电路图进行更直观的说明。如利用绘图工具栏画曲线按钮，可以画出正弦波输入输出信号。

图1－63为最终绘制的三极管放大器电路图。

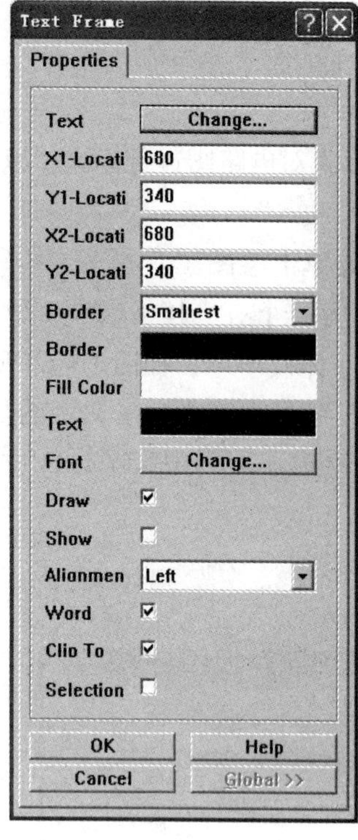

图 1－61　标注文本属性对话框

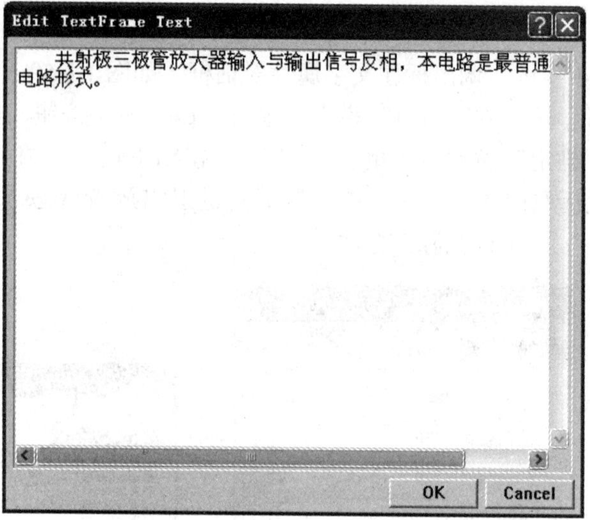

图 1－62　编辑文本框

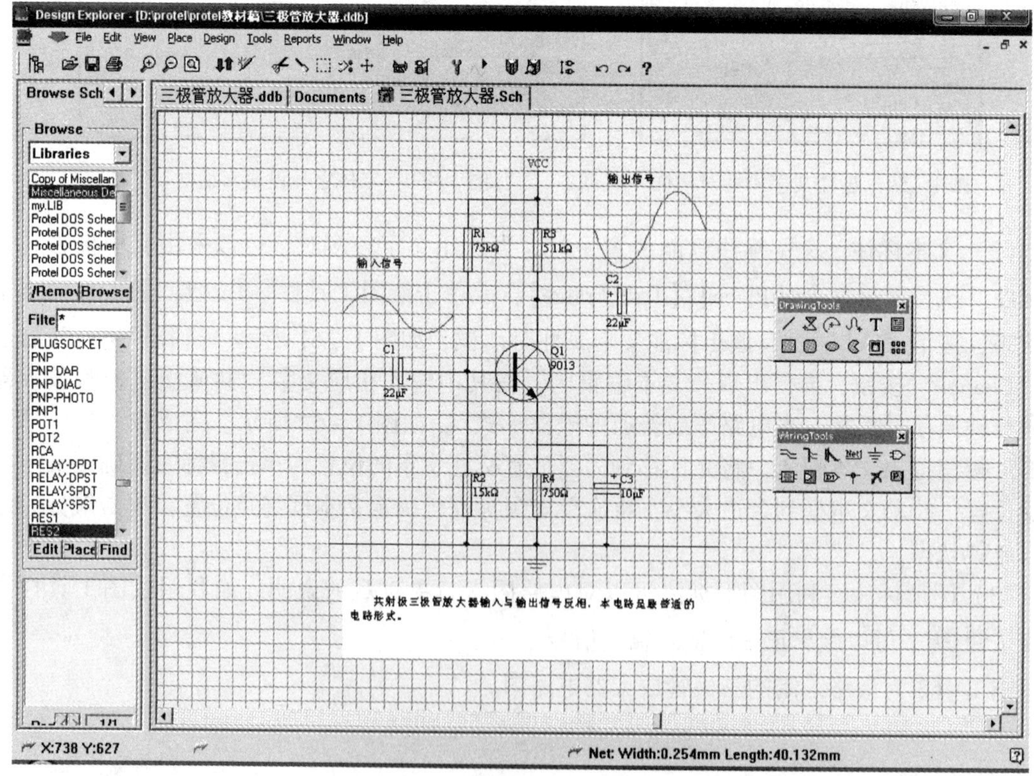

图 1－63　三极管放大器电路图

2. 电气规则检查

电气规则检查（ERC）是按照一定的电气规则，检查电路图中是否有违反电气规则的错误。ERC 检查报告以错误（Error）或警告（Warning）来提示。

进行电气规则检查后，系统会自动生成检测报告，并在电路图中有错误的地方放上红色的标记。

打开一电路图文件，如“三极管放大器 . Sch”，执行菜单命令【Tools】/【ERC】，打开如图 1－64 所示的电气规则检查设置对话框。

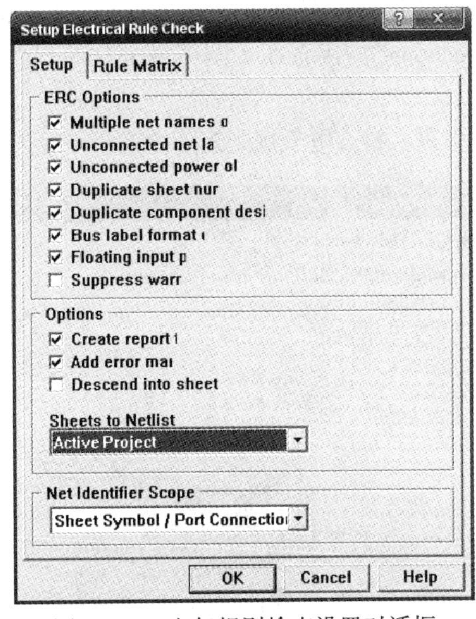

图 1－64　电气规则检查设置对话框

1）“ERC Options” 区复选框

“Multiple net names on net”：检测是否在同一网络上存在多个网络标号；

“Unconnected net labels”：对存在未实际连接的网络标号，给出错误报告；

“Unconnected power objects”：对存在未连接的电源或接地符号，给出错误报告；

“Duplicate sheet number”：对电路图中出现图纸编号相同的情况，给出错误报告；

“Duplicate component designator”：对电路中元件标号重复的情况给出错误报告；

“Bus label format errors”：对电路图中存在总线标号格式错误的情况给出错误报告；正确的 Bus 格式，如 D［0..7］代表单独的网络标号 D0～D7；

“Floating input pins”：该项对电路中存在输入引脚悬空的情况给出错误报告；

“Suppress warning”：选中此复选框，则进行 ERC 检测时将跳过所有的警告型错误。

2）“Options” 区复选框

“Create report file”：选中此复选框，则进行 ERC 检测后，将给出检测报告 *. ERC；

“Add error marks”：选中此复选框，则进行 ERC 检测后，将在电路图上有错的地方放上红色错误标记。

“Descend into sheet parts”：选中此复选框，设定检查范围是否深入到元件内部电路。

3）“Sheets to Netlist” 下拉列表框

“Sheets to Netlist” 下拉列表框用于选择检查的范围。

“Active Sheets”：当前电路图；

“Active Project”：当前项目文件；

“Active Sheet Plus Sub Sheets”：当前的电路图与子图。

4）“Net Identifier Scope”下拉列表框

“Net Identifier Scope”下拉列表框用来设置进行 ERC 检测时，各图件的作用范围。

“Net Labels and Ports Global”：代表网络标号和电路 I/O 端口在整个项目文件中的所有电路图中都有效；

“Only Ports Global”：代表只有 I/O 端口在整个项目文件中有效；

“Sheet Symbol/Port Connections”：代表在子图符号 I/O 端口与下一层的电路 I/O 端口同名时，二者在电气上相通。

单击“Rule Matrix”选项卡进入检查电气规则矩阵设置，一般选择默认，如图 1-65 所示。

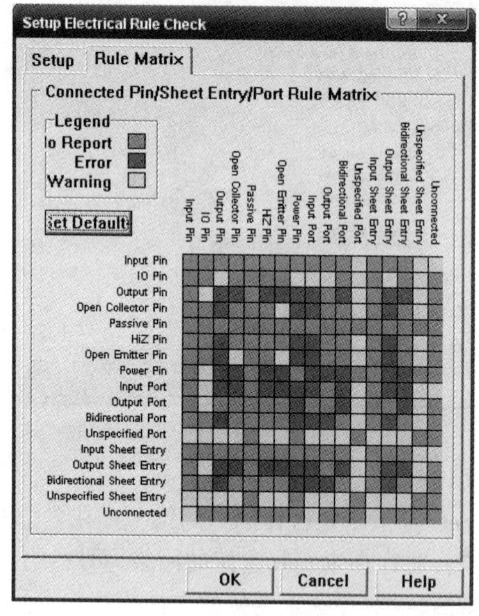

图 1-65　电气规则检查设置矩阵

单击“OK”按钮，系统将产生“三极管放大器 . ERC”报告，如图 1-66 所示。

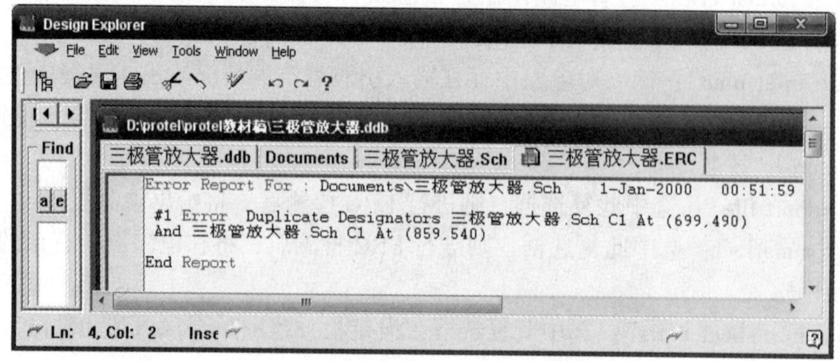

图 1-66　电路不符合电气规则的检测报告

图 1－66 的报告中显示电路图有一个不符合电气规则的错误，坐标（699，490）的 C_1 与坐标（859，540）的 C_1 具有重复的标号。电路图中在重复的标号 C_1 上放置错误标记，提示出错，如图 1－67 所示。

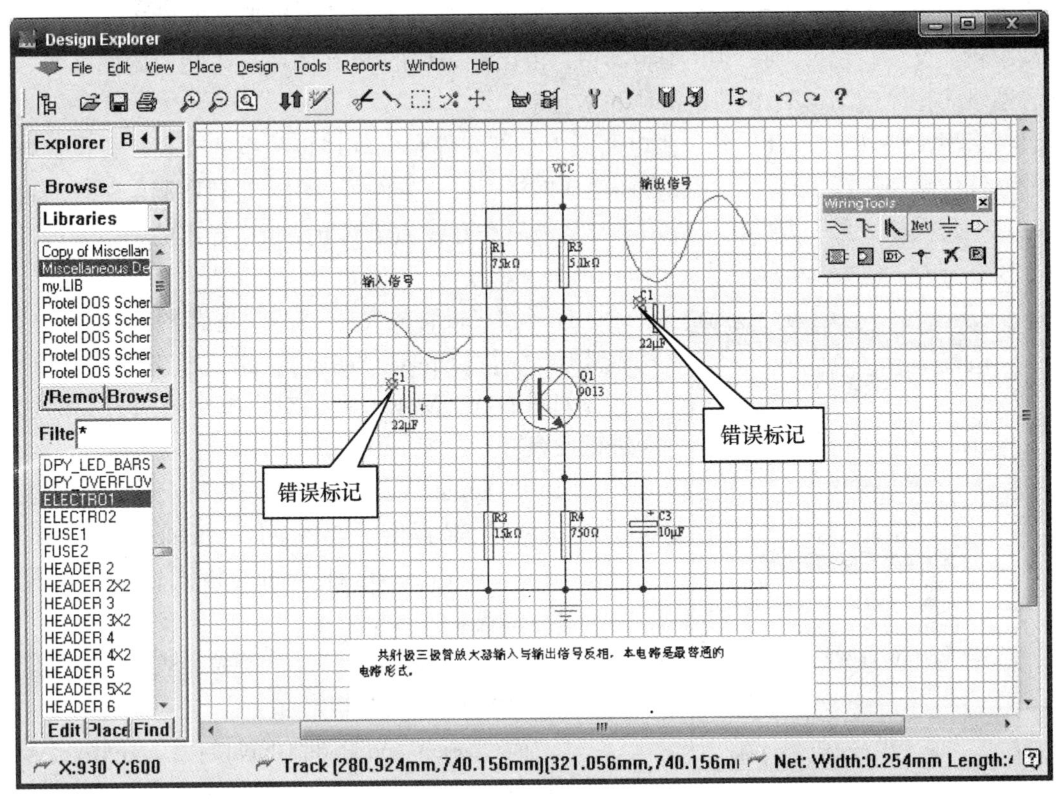

图 1－67　电路错误标记

将与三极管集电极相连的 C_1 改为 C_2，重新进行 ERC 检测，错误消失，检测报告如图 1－68 所示。

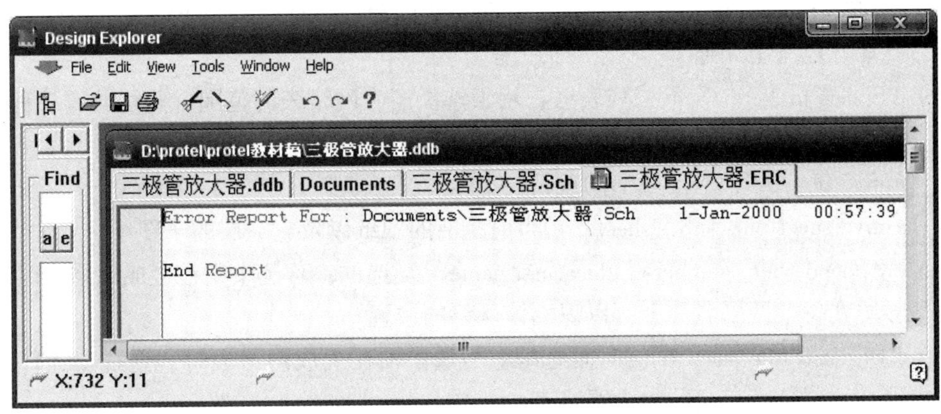

图 1－68　电路符合电气规则的检测报告

四、拓展提高——创建网络表

网络表是原理图与印制电路板之间的一座桥梁，是印制电路板自动布线的灵魂。它可以在原理图编辑器中直接由原理图文件生成，也可以在文本文件编辑器（Text Document）中手动编辑。反之，也可以在PCB编辑器中，由已经布线的PCB图中导出相应的网络表。总之，网络表把原理图与PCB图紧密地联系起来。

网络表文件（＊.NET）是一张电路图中全部元件和电气连接关系的列表，它包含电路中的元件信息和连线信息。利用原理图生成网络表，一方面可以用来进行印制电路板的自动布线及电路模拟，另一方面也可以用来与从最后布好线的印制电路板中导出的网络表进行比较、校对。

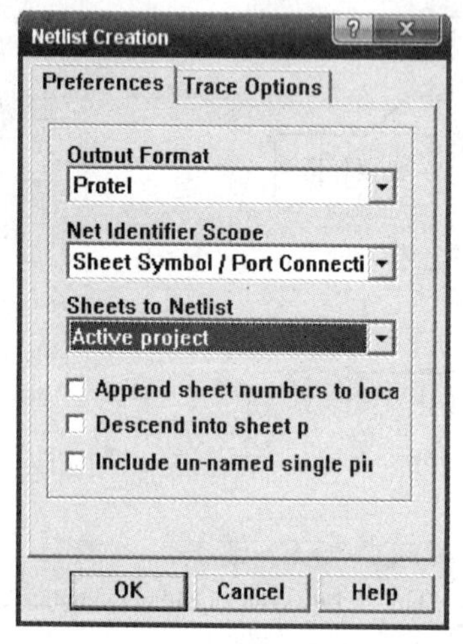

图1－69　创建网络表对话框

打开“三极管放大器.Sch”电路图，执行菜单命令【Design】/【Create Netlist】，出现创建网络表对话框，如图1－69所示，在该对话框中可对有关的选项进行设置。

（1）“Output Format”下拉列表框：设置网络表格式。Protel 99 SE提供了“Protel”“Protel2”“EEsof”“PCAD”等多达近40种不同的格式。这里设置成“Protel”格式。

（2）“Net Identifier Scope”下拉列表框：网络识别器范围。此栏共有3种选项：

①“Net Labels and Ports Global”：代表网络标号和电路I/O端口在整个项目文件中的所有电路图中都有效；

②“Only Ports Global”：只有I/O端口在整个项目文件中有效；

③“Sheet Symbol/Port Connections”：代表当子图符号I/O端口与下一层的电路I/O端口同名时，二者在电气上相通。

（3）“Sheets to Netlist”下拉列表框：用于选择产生网络表的范围，此栏共有3种选项：

①“Active sheet”：当前激活的图纸；

②“Active project”：当前激活的项目；

③“Active sheet plus sub－sheets”：当前激活的图纸以及它下层的子图纸。

（4）“Append sheet numbers to local net name”复选框：若选中则在生成网络表时，将电路图的编号附在每个网络名称上，以识别该网络的位置。

（5）“Descend into sheet parts”复选框：若选中则在生成网络表时，系统将元件的内电路作为电路的一部分，一起转化为网络表。

（6）“Include un－named single pin nets”复选框：若选中此复选框，则在生成网络表时，将电路图中没有名称的引脚，也一起转换到网络表中。

具体设置见图1－69。单击“OK”按钮即可创建网络表“三极管放大器.NET”如下：

```
[                    ；元件描述开始符号
C1                   ；元件标号（Designator）
RB.2/.4              ；元件封装（Footprint）
22 μF                ；元件型号或标称值（Part Type）
]                    ；元件描述结束符号
[
C2
RB.2/.4
22 μF
]
[
C3
RB.2/.4
10 μF
]
[
Q1
TO-92A
9013
]
[
R1
AXIAL0.4
75 kΩ
]
[
R2
AXIAL0.4
15 kΩ
]
[
R3
AXIAL0.4
5.1 kΩ
]
[
R4
AXIAL0.4
```

```
750 Ω
]
(                       ; 一个网络开始符号
GND                     ; 网络名称
C1 -2                   ; 网络连接点: C1 的 2 脚
C3 -2                   ; 网络连接点: C3 的 2 脚
R2 -1                   ; 网络连接点: R2 的 1 脚
R4 -1                   ; 网络连接点: R4 的 1 脚
)                       ; 一个网络结束符号
(
NetC1_1
C1 -1
Q1 -1
R1 -1
R2 -2
)
(
NetR3_1
C2 -1
Q1 -2
R3 -1
)
(
NetR4_2
C3 -1
Q1 -3
R4 -2
)
(
VCC
R1 -2
R3 -2
)
```

Protel 格式的网络表是一种文本式文档，由两个部分组成，第一部分为元件描述段，以“[”和“]”将每个元件单独归纳为一项，每项包括元件名称、标称值和封装形式；第二部分为电路的网络连接描述段，以“(”和“)”把电气上相连的元件引脚归纳为一项，并定义一个网络名。

五、思考与练习

1. 在设计数据库文件“LX. ddb”中绘制图 1－70 所示的电路原理图，并产生元件列表，生成 ERC 检查报告，说明报告中的错误类型，有否可以忽略的错误。

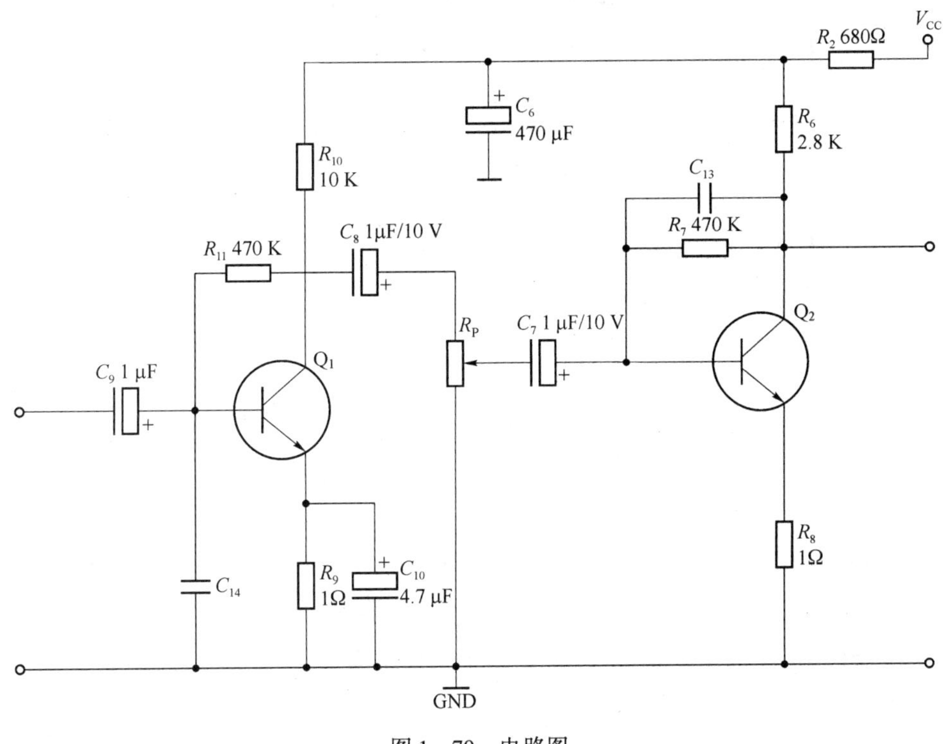

图 1－70 电路图

2. 对图 1－70 创建网络表文件，并说明网络表的含义。

任务四 输出电路图

一、任务介绍

本任务主要完成元件清单和电路图输出，并根据需要可选择合适的文件输出格式及图纸规格。

二、任务分析

本任务比较简单，先介绍图纸主要参数设置方法，再利用软件提供的工具完成元件清单及图纸输出。

三、任务实施

1. 设置图纸主要参数

(1) 设置图纸尺寸。执行菜单命令【Design】/【Options】，或在编辑窗口内单击鼠标右键，在弹出的快捷菜单中选择【Document Options】菜单命令，屏幕将出现图 1－71 所示的文档参数设置对话框。

图 1 –71 对话框中有两个选项卡："Sheet Options" 和 "Organization"。先选择 "Sheet Options" 选项卡进行图纸设置。

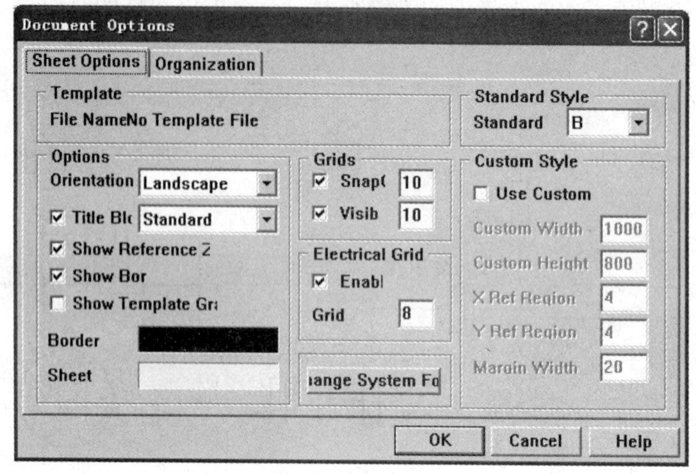

图 1 –71　"Document Options" 对话框

"Standard Style" 区用于标准图纸尺寸设置。用鼠标左键单击下方的下拉列表框可选择标准尺寸的图纸。其中：A0 ~ A4 为公制标准图纸尺寸；A、B、C、D、E 为英制标准图纸尺寸；另有 Orcad 标准尺寸及其他一些图纸格式。

"Custom Style" 区用于自定义图纸尺寸设置，单位为 "mil" (1 mil = 0. 025 4 mm)。选中 "Use Custom" 复选框，则自定义功能被激活，在下面 5 个文本框中分别输入自定义图纸尺寸即可。通常只定义宽度 (Custom Width) 和高度 (Custom Height) 即可。

软件默认图纸为标准 "B" 号图纸。

(2) 设置图纸方向。"Orientation" 用于图纸方向设置。用鼠标左键单击右边的下拉列表框可选择图纸方向："Landscape" 为横向设置，"Portrait" 为纵向设置。系统默认格式为横向设置。

(3) 设置图纸标题栏。"Title Block" 复选框用于标题栏格式设置。选中 "Title Block" 复选框，图纸右下方会显示标题栏信息。用鼠标左键单击右边的下拉列表框可选择标题栏格式："Standard" 为标准模式，"ANSI" 为美国国家标准协会模式。

(4) 设置显示参考坐标。"Show Reference Zones" 复选框用于设置是否显示参考边框，通常设置为选中状态。

(5) 设置图纸边框。"Show Border" 复选框用于设置是否显示图纸边框，通常设置为选中状态。

(6) 设置图纸栅格。在 Protel 99 SE 中栅格类型主要有 3 种，即捕获栅格、可视栅格和电气栅格，如图 1 –72 所示。具体设置时，需选中栅格设置复选框，并设定相应的栅格尺寸，图中为系统默认设置状态，单位为 "mil"。

(7) 设置图纸信息。在图 1 – 71 中选中 "Organization" 选项卡，设置图纸信息，如图 1 –73 所示。

“Organization”：填写设计者公司或单位的名称。

“Address”：填写设计者公司或单位的地址。

“Sheet”：“No.” 用于填写原理图编号；“Total” 用于填写原理图总数。

“Document”：“Title” 用于填写本张电路图的名称；“No.” 用于填写图纸编号；“Revision” 用于填写图纸版本号。

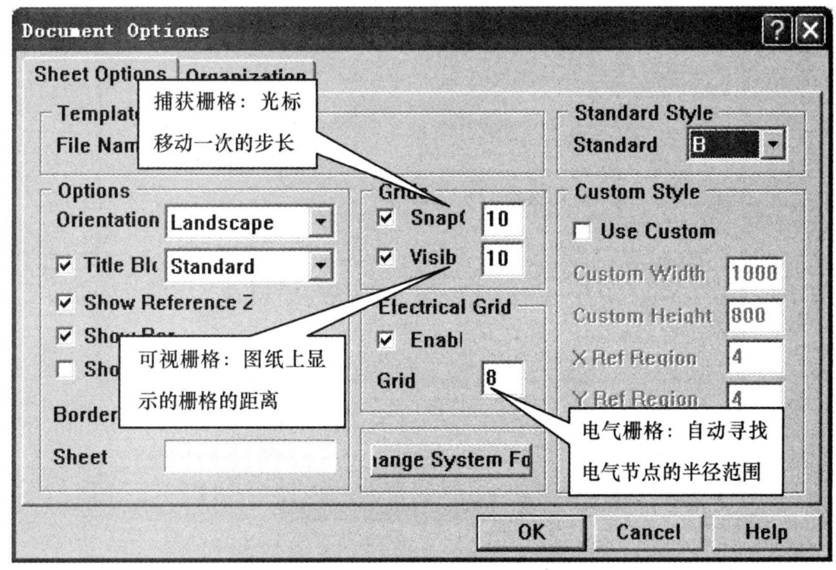

图 1－72　图纸栅格设置

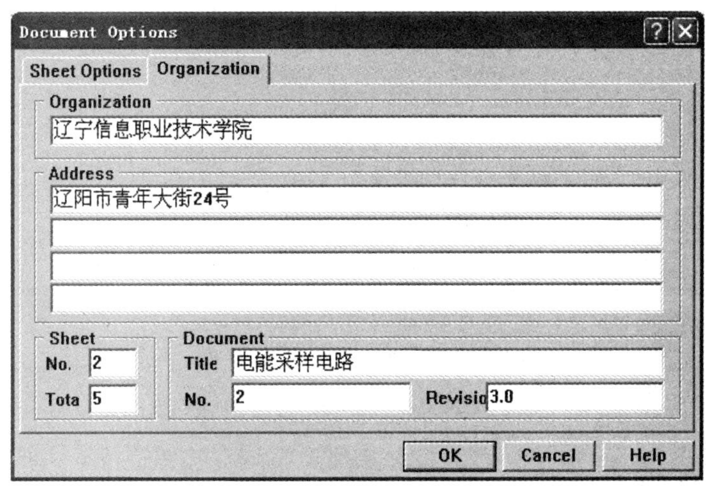

图 1－73　图纸信息设置

2. 产生元件列表

Protel 99 SE 可以产生元器件列表，以供元件采购及电路装配使用。

执行菜单命令【Reports】/【Bill of Material】，可以产生元件清单，它给出电路图中所用元件的数量、名称、规格等。

执行该命令，屏幕弹出对话框提示选择项目文件（Project）或图纸（Sheet），此处选择图纸（Sheet），如图1－74所示；单击“Next”按钮进行下一步操作，选择清单中是否包含“Footprint”“Description”选项，通常选中“Footprint”项即可，如图1－75所示。

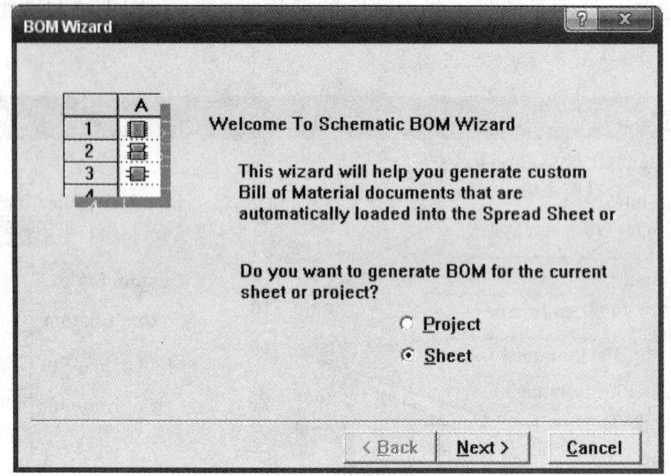

图1－74　选择图纸

图1－75　选中“Footprint”项

单击“Next”按钮进行下一步操作，显示元件清单中包含的项目有“Part Type”“Designator”“Footprint”，如图1－76所示。单击“Next”按钮进行下一步操作，提示选择3种清单格式，通常选择以下两种：

“Protel Format”格式（产生文件＊.Bom）；

“Client Spreadsheet”格式（产生文件为电子表格形式，＊.XLS）。

可根据个人需要选择一种或均选取，如图1－77所示。

单击“Next”按钮进行下一步操作，最后单击“Finish”按钮结束操作，系统产生相应类型的元件清单，如图1－78、图1－79所示。

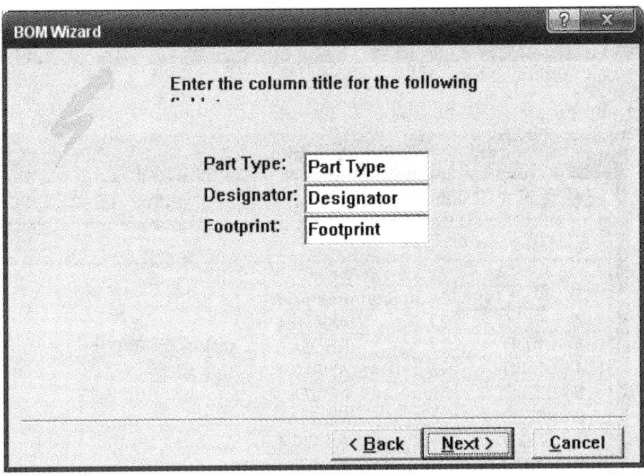

图 1－76 显示元件清单中包含的项目

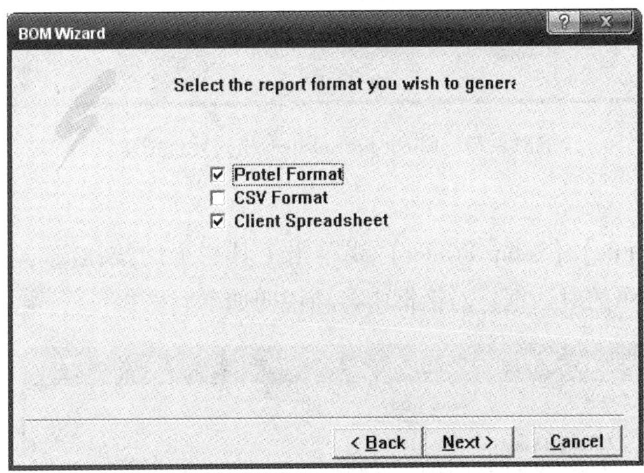

图 1－77 选择清单格式

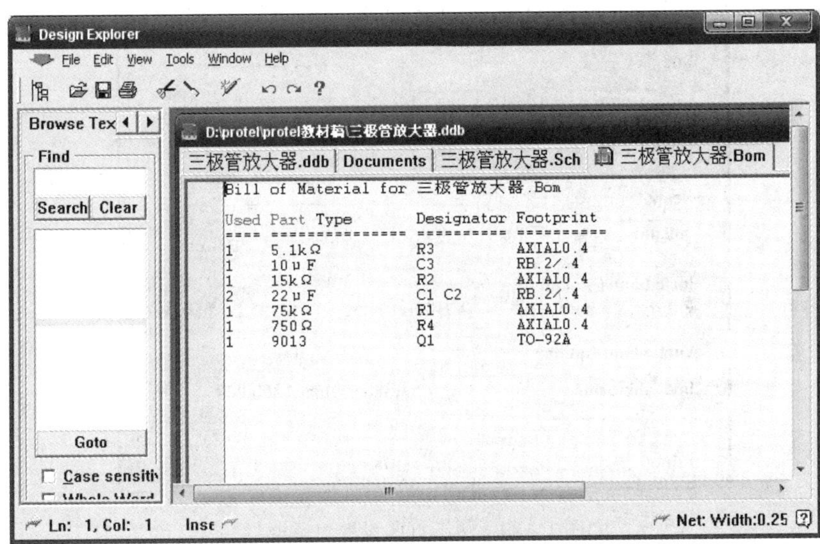

图 1－78 Protel Format 格式元件清单

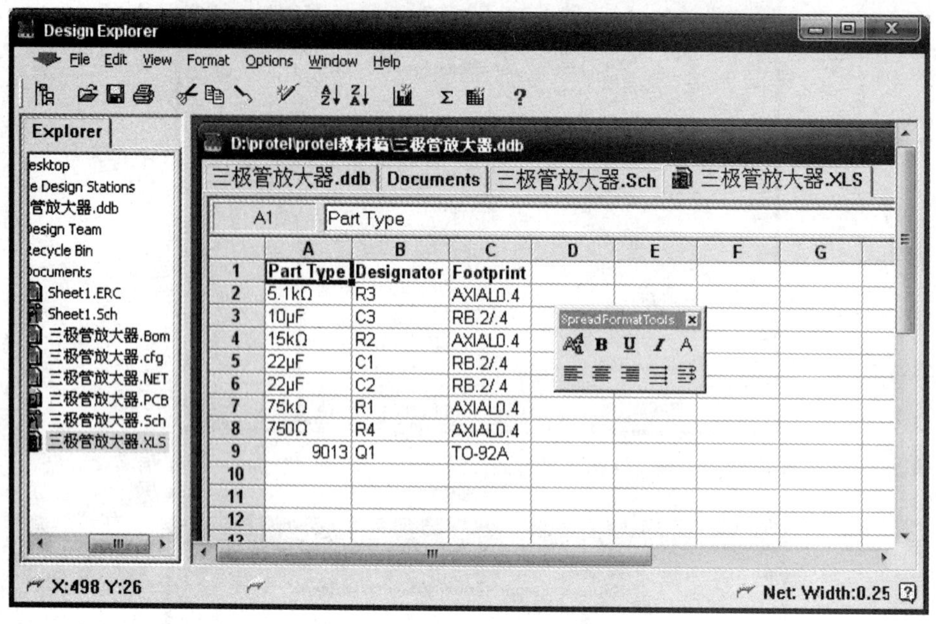

图 1-79　Client Spreadsheet 格式元件清单

3. 输出原理图

执行菜单命令【File】/【Setup Printer】或单击工具栏上的按钮，进入原理图打印设置，打开图 1-80 所示的对话框，对话框中各项说明如下。

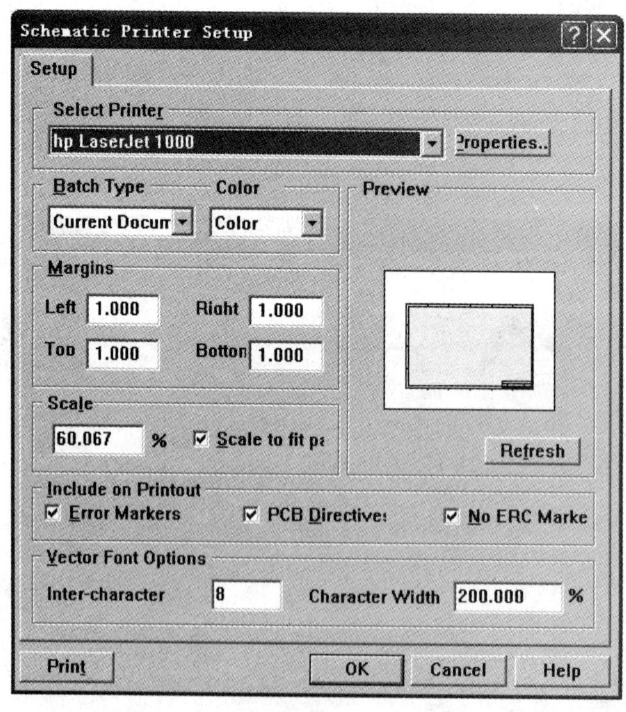

图 1-80　图纸打印设置对话框

（1）“Select Printer”下拉列表框：用于选择打印机。

（2）“Properties”按钮：用于设置打印参数。按下此按钮，屏幕弹出如图1-81所示的对话框，“大小”下拉列表框用于设置纸张的大小，“来源”下拉列表框用于设置纸张的来源，“方向”区用于设置打印的方向。

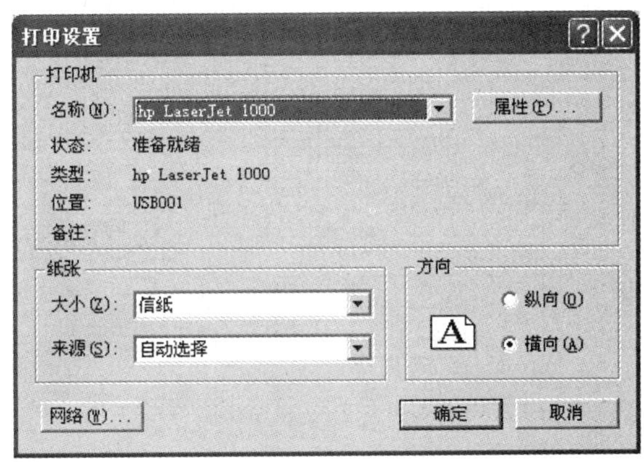

图1-81 打印参数设置

（3）“Batch Type”下拉列表框：设置打印文档范围，有当前文档和所有文档两个选择。

（4）“Color”下拉列表框：设置打印时的颜色，有Color（彩色方式）和Monochrome（黑白打印）两种。

（5）“Margins”区：用于设置图纸与纸张边沿的距离，单位为英寸。

（6）“Scale”区：用于设置打印的比例，选中“Scale to fit page”复选框，系统将根据纸张的大小和方向自动计算打印比例的大小。

（7）“Preview”区：用于观察电路在图纸中的位置，单击“Refresh”按钮可以重新显示改变设置后的预览效果。

设置好各项参数后，单击“Print”按钮打印输出原理图。

如果直接执行菜单命令【File】/【Print】，系统将直接打印输出原理图，而不进行打印设置。

四、拓展提高——在Word文本中插入Protel电路图

工作中有时需要将绘制的电路图插入Word文本中，现将操作方法介绍如下。

（1）打开一电路图，如图1-82所示。

（2）执行菜单命令【Design】/【Options】，去掉栅格显示（Visible）选项，如图1-83所示。

（3）执行菜单命令【Edit】/【Select】/【All】，选择图形全部，如图1-84所示。

（4）图形选中后如图1-85所示。

（5）执行菜单命令【Edit】/【Copy】，鼠标呈十字光标，单击图1-85电路完成拷贝。

（6）进入Word文档，执行粘贴命令得到图1-86。

（7）利用Word图片裁剪工具裁去图形边框，将图片设置为黑白，并将图片调整到合适大小后完成电路图插入，如图1-87所示。

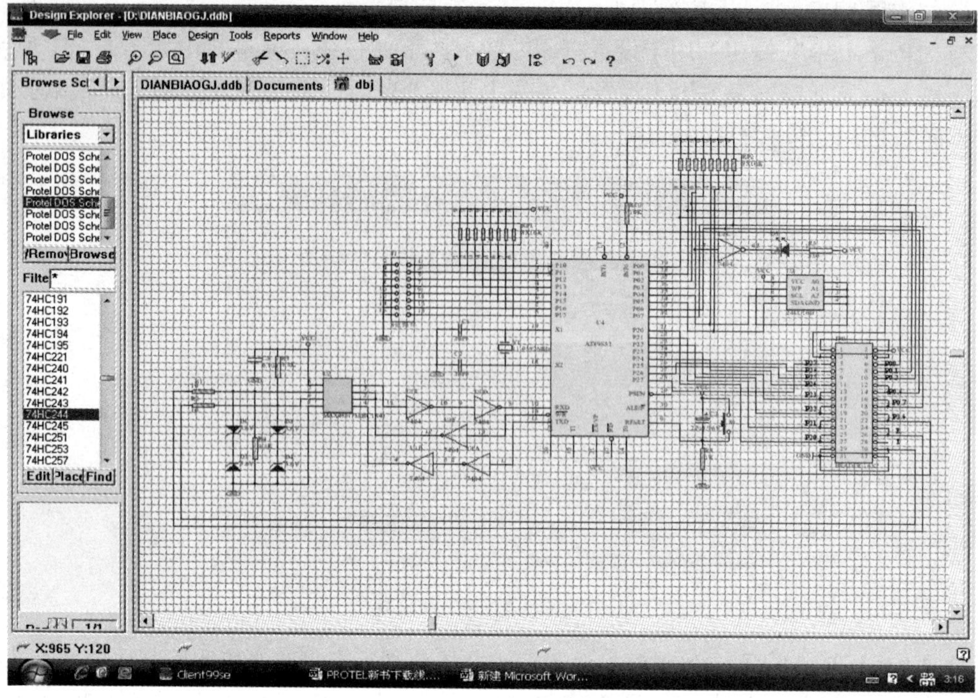

图 1－82　待插入电路图

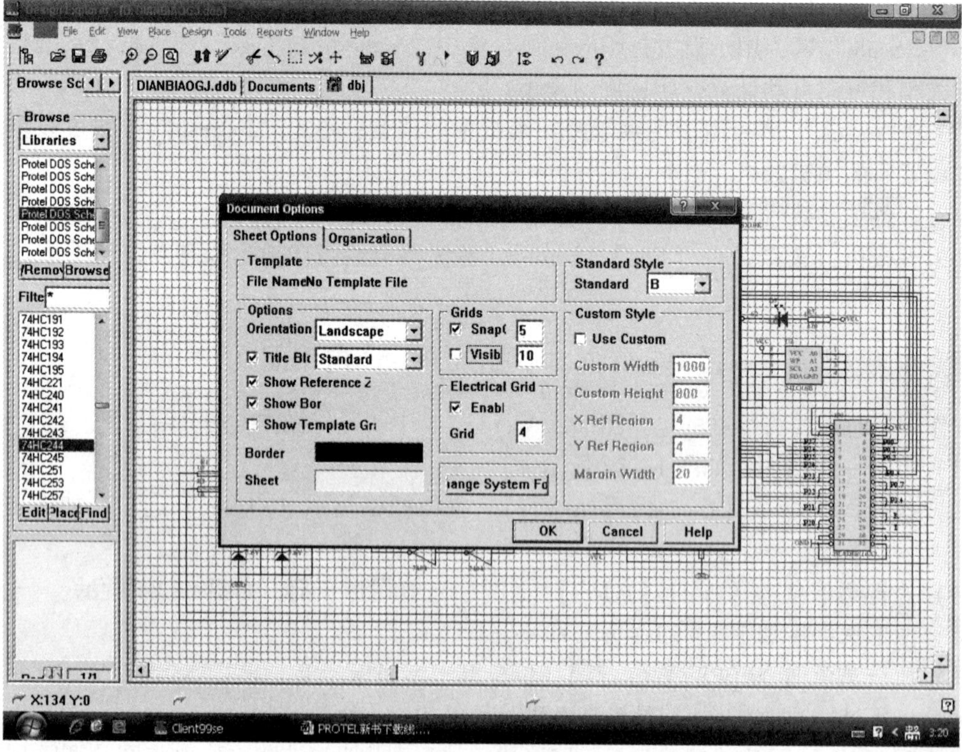

图 1－83　去掉栅格显示

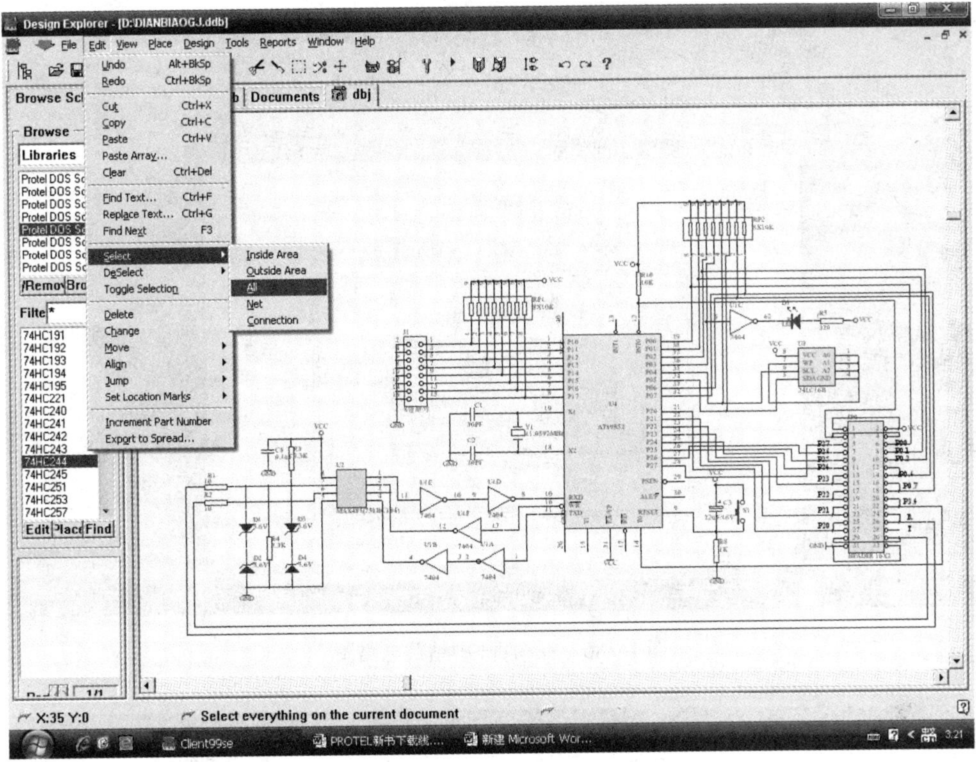

图 1 - 84　执行选择图形命令

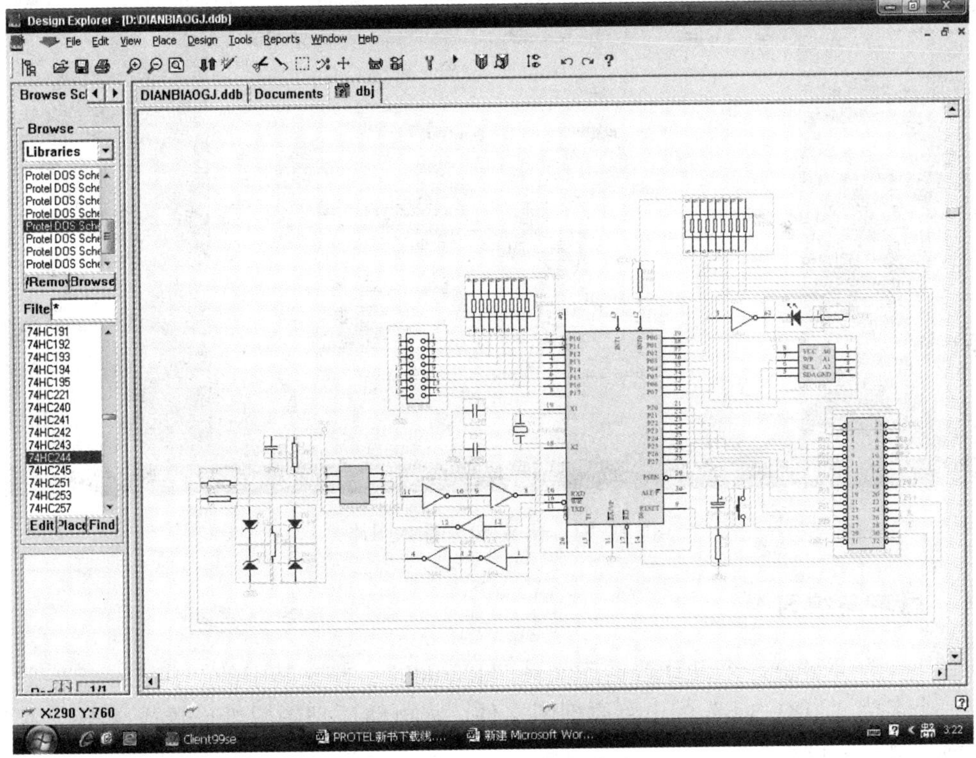

图 1 - 85　选中后的电路图

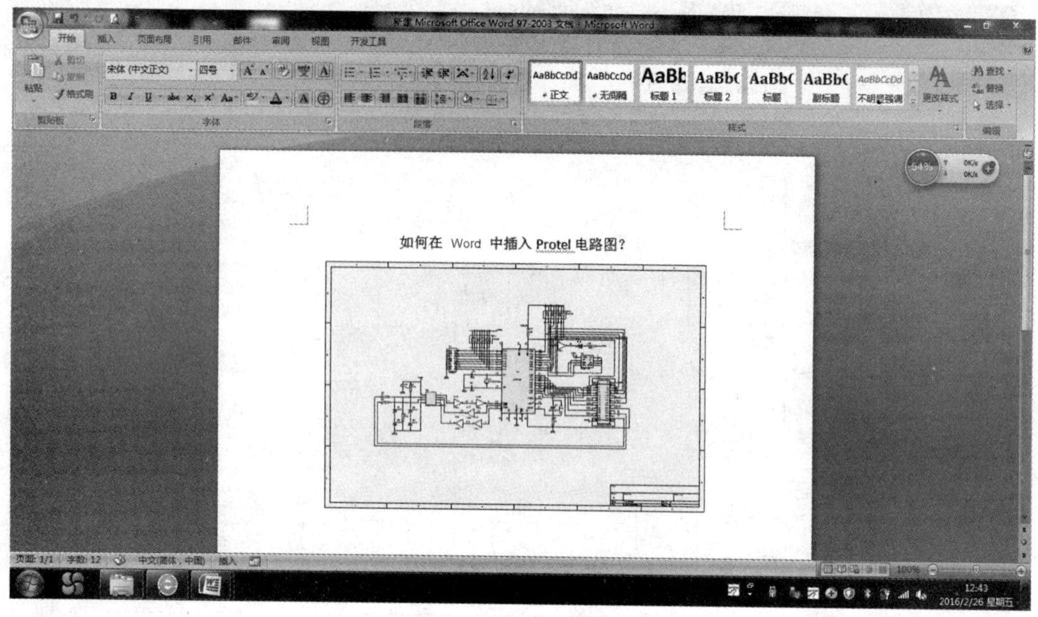

图 1－86　在 Word 中粘贴电路图

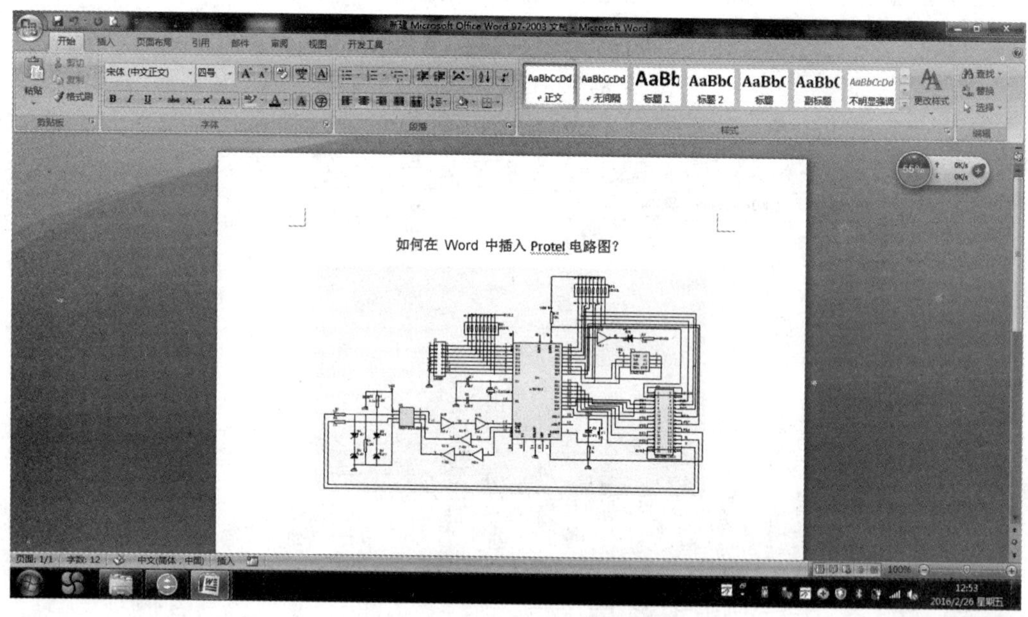

图 1－87　在 Word 中插入图片

五、思考与练习

在“F:\”下建立一个设计数据库文件“LX. ddb”，并在其中的“Document”文件夹下建立一个名为“FDQ. Sch”的电路原理图文件。将电路原理图图纸设置成 A 号，不要标题栏，锁定栅格，设置为 5 mil。

子项目二 绘制三极管放大器 PCB

任务一 规划三极管放大器 PCB 并加载网络表

一、任务介绍

设计 PCB 时需要根据电路复杂程度及安装需要确定 PCB 外形尺寸，因此设计 PCB 的第一个工作环节是确定 PCB 外形及尺寸，即规划 PCB。PCB 图纸上的各元件可以利用软件像绘制电路图时那样逐一放置在 PCB 图纸上，但这种工作方式效率很低，更无法设计较复杂电路 PCB。这里介绍一种简单高效的方式，将已绘制电路图的网络表加载到已规划的 PCB 中，使设计工作高效又准确。

二、任务分析

根据 PCB 外形可以采用手工与向导两种方式规划 PCB，这里先介绍手工规划 PCB 方法。加载网络表操作很简单，难点在如何解决加载网络表时产生的各种错误。

三、相关知识

印制电路板英文简称 PCB（Printed Circuit Board），由于目前的印制电路板一般以铜箔覆在绝缘板（基板）上，故亦称覆铜板。

PCB 在电子设备中的主要功能为：提供集成电路等各种电子元件固定、装配的机械支撑；实现集成电路等各种电子元件之间的布线和电气连接；为自动装配提供阻焊图形，为元件插装、检查、维修提供识别字符和图形等。印制电路板在电子信息产业得到了广泛的应用和发展，现代印制电路板已经朝着多层、精细线条的方向发展。特别是 20 世纪 80 年代开始推广的 SMD（表面封装）技术是高精度印制电路板技术与 VLSI（超大规模集成电路）技术的紧密结合，大大提高了系统安装密度与系统的可靠性。

1. 印制电路板的发展

在印制电路板出现之前，电子元器件之间的连接是依靠导线直接连接实现的。1936 年，奥地利人保罗·爱斯勒在一个收音机内采用了印制电路板，1943 年，美国人将该技术大量使用于军用收音机内。

20 世纪 50 年代中期，随着大面积的高黏合强度覆铜板的研制，为大量生产印制电路板提供了材料基础。1954 年，美国通用电气公司采用了图形电镀 – 蚀刻法制板。

20 世纪 60 年代，印制电路板得到广泛应用，并日益成为电子设备中必不可少的重要部件。在生产上除大量采用丝网漏印法和图形电镀 – 蚀刻法（即减成法）等工艺外，还应用了加成法工艺，使印制导线密度更高。目前高层数的多层印制电路板、挠性印制电路板、金属芯印制电路板、功能化印制电路板都得到了长足的发展。

我国在印制电路技术的发展较为缓慢，20 世纪 50 年代中期试制出单面板和双面板，20 世纪 60 年代中期，试制出金属化双面印制电路板和多层板样品，1977 年左右开始采用图形电镀-蚀刻法工艺制造印制电路板。1978 年试制出加成法材料——覆铝箔板，并采用半加成法生产印制电路板。20 世纪 80 年代初研制出挠性印制电路板和金属芯印制电路板。

目前，我国已成为全球最大 PCB 产出国，是 PCB 技术发展最活跃的国家。主要产品已经由单面板、双面板转向多层板，并正向 8 层板以上提升。随着多层板、HDI 板、柔性板的快速增长，我国的 PCB 产业结构正在逐步得到优化和改善。

2. 印制电路板的分类

1）根据 PCB 导电板层划分

根据 PCB 导电板层划分，可分为单层印制电路板、双层印制电路板、多层印制电路板。

（1）单层印制电路板（Single Sided Print Board）。单层印制电路板指仅一面有导电图形的印制电路板，在一面敷有铜箔的绝缘基板上，通过印制和腐蚀的方法在基板上形成印制电路。使用时，电子元器件都集中在板的一面，导线则集中在板的另一面上，板的厚度为 0.2 ~5.0 mm，它适用于线路较简单的电子设备。

（2）双层印制电路板（Double Sided Print Board）。双层印制电路板指两面都有导电图形的印制电路板，它是在两面敷有铜箔的绝缘基板上，通过印制和腐蚀的方法在基板上形成印制电路，两面的电气互连通过金属化孔实现，板的厚度为 0.2 ~5.0 mm。因为双面板的面积比单面板大了一倍，而且因为布线可以互相交错，它更适合复杂电路。由于双面印制电路板的布线密度较高，所以能减小设备的体积。

（3）多层印制电路板（Multilayer Print Board）。多层印制电路板是由交替的导电图形层及绝缘材料层层压黏合而成的一块印制电路板，导电图形的层数在两层以上，层间电气互连通过金属化孔实现。制作时，多层板使用数片双面板，并在每层板间放进一层绝缘层后黏牢。板子的层数就代表了有几层独立的布线层，通常层数都是偶数，并且包含最外侧的两层。多层印制电路板的连接线短而直，便于屏蔽，但印制电路板的工艺复杂，由于使用金属化孔，可靠性稍差。它常用于计算机的板卡中。

2）根据 PCB 所用基板材料划分

根据 PCB 所用基板材料划分，可分为刚性印制电路板、柔性印制电路板、刚-柔性印制电路板。

（1）刚性印制电路板（Rigid Print Board）。刚性印制电路板是指以刚性基材制成的 PCB，常见的 PCB 一般是刚性 PCB，如计算机中的板卡、家电中的印制电路板等。常用刚性 PCB 有纸基板、玻璃布板和合成纤维板，合成纤维板价格较贵，性能较好，常用作高频电路和高档家电产品中；当频率高于数百兆赫兹时，必须用介电常数和介质损耗更小的材料，如采用聚四氟乙烯和高频陶瓷作基板。

（2）柔性印制电路板（Flexible Print Board，也称挠性印制电路板、软印制电路板）。柔性印制电路板是以软性绝缘材料为基材的 PCB，如图 1-88 所示。由于它能进行折叠、弯曲和卷绕，因此可以节约 60% ~90% 的空间，为电子产品小型化、薄型化创造了条件，它在计算机、打印机、自动化仪表及通信设备中得到广泛应用。

（3）刚-柔性印制电路板（Flex-rigid Print Board）。刚-柔性印制电路板指利用柔性基材，并在不同区域与刚性基材结合制成的 PCB，主要用于印制电路的接口部分，如图 1-89 所示。

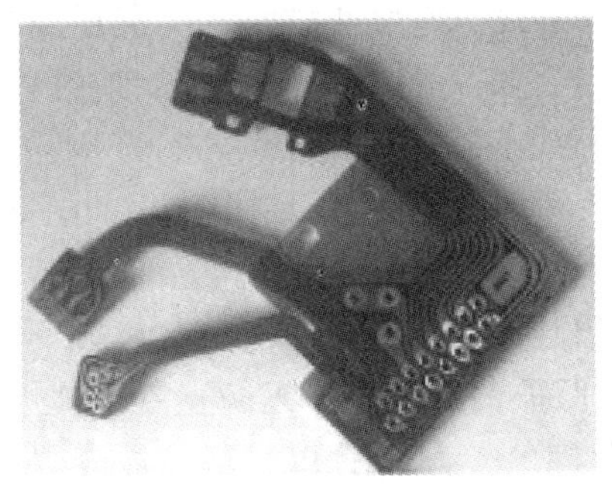

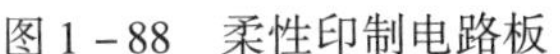

图 1－88 柔性印制电路板

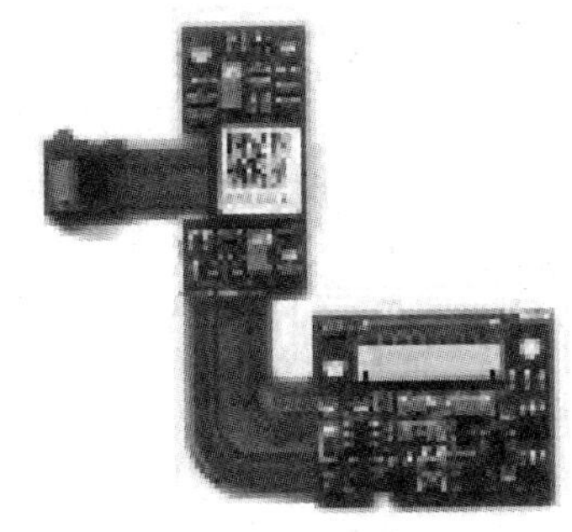

图 1－89 刚－柔性印制电路板

3. 印制电路板设计的相关概念

（1）板层（Layer）。板层分为铺铜层和非铺铜层，平常所说的几层板是指铺铜层的层数。一般铺铜层上放置焊盘、线条等完成电气连接；在非铺铜层上放置元件描述字符或注释字符等；还有一些层面用来放置一些特殊的图形来完成一些特殊的作用或指导生产。

铺铜层包括顶层（又称元件面）、底层（又称焊接面）、中间层、电源层、地线层等；非铺铜层包括印记层（又称丝网层）、板面层、禁止布线层、阻焊层、助焊层、钻孔层等。

对于一个批量生产的印制电路板而言，通常在印制电路板上铺设一层阻焊剂，阻焊剂一般是绿色或棕色，除了要焊接的地方外，其他地方根据电路设计软件所产生的阻焊图来覆盖一层阻焊剂，这样可以快速焊接，并防止焊锡溢出引起短路；而对于要焊接的地方，通常是焊盘，则要涂上助焊剂。

为了让印制电路板更具有可看性，便于安装与维修，一般在顶层上要印一些文字或图案，这些文字或图案是用于说明电路的，通常放在丝网层上，在顶层的称为顶层丝网层（Top Overlay），而在底层的则称为底层丝网层（Bottom Overlay）。

（2）焊盘（Pad）。焊盘用于固定元器件引脚或用于引出连线、测试线等。焊盘分为插针式及表面贴片式两大类，其中插针式焊盘必须钻孔，表面贴片式焊盘无须钻孔。Protel 在封装库中给出了一系列不同大小和形状的焊盘，如圆、方、八角等。选择元件的焊盘类型要综合考虑该元件的形状、大致布置形式、振动和受热情况、受力方向等因素。

（3）过孔（Via）。为连通各层之间的线路，在各层需要连通的导线的交汇处钻上一个公共孔，这就是过孔。从作用上看，过孔可以分为两类：一是用作各层间的电气连接；二是用作元件的固定或定位。如果从工艺制程上来说，这些过孔一般又分为三类，即盲孔（Blind Via）、埋孔（Burried Via）和通孔（Through Via）。盲孔的深度通常不超过一定的比率（孔径）。埋孔是指位于 PCB 内层的连接孔，它不会延伸到 PCB 的表面。上述两类孔都位于 PCB 的内层，层压前利用通孔成型工艺完成，在过孔形成过程中可能还会重叠做好几个内层。第三种称为通孔，这种孔穿过整个 PCB，可用于实现内部互连或作为元件的安装定位孔。通孔相对其他两种孔来说，工艺上容易实现，成本低。工艺上在过孔的孔壁圆柱面上用化学沉积的方法镀上一层金属，用以连通中间各层需要连通的铜箔，而过孔的上下两面做成普通的焊盘形状，可直接与上下两面的线路相通，也可不连。过孔的参数主要有孔的外径和钻孔尺寸。

（4）导线。拿到一块 PCB 时，在表面可以看到一些细小的电路，其所用材料是铜箔，这些电路被称作导线（Wire）。原本铜箔是覆盖在整个 PCB 上的，在制造过程中，根据需要，部分被蚀刻处理掉，留下来的部分就变成导线了。

（5）丝印层（Overlay）。为方便电路的安装和维修等，在印制电路板的上下两表面印制上所需要的标志图案和文字代号等，例如元件标号和标称值、元件外廓形状和厂家标志、生产日期等。正确的丝印层字符布置原则是：不出歧义，见缝插针，美观大方。

（6）阻焊层。阻焊层（Solder Mask）用来保护铜线，也可以防止零件被焊到不正确的地方。一般称之为绿油，有的 PCB 上也可能为棕色。为了使 PCB 适应波峰焊等焊接形式，一般情况下，PCB 上焊盘以外的地方都有阻焊层，阻止这些部位上锡。

（7）助焊层。助焊层（Paste Mask）用来提高焊盘的可焊性能。在 PCB 上比焊盘略大的各浅色圆斑也就是所说的助焊层。在进行波峰焊等焊接前，在焊盘上涂上助焊剂，可以提高 PCB 的焊接性能。

（8）飞线。原理图导入 PCB 并做初步布局后可以观察到许多类似橡皮筋的网络连线，这就是通常所说的飞线。在调整元件位置时使飞线交叉最少，这样可以使布线比较顺利。另外，还可以通过该功能来查找哪些网络不通。

4. 元件封装

元件封装是指实际元件焊接到印制电路板时所指示的外观和焊盘位置，它是实际元件引脚和印制电路板上的焊盘一致的保证。由于元件封装只是元件的外观和焊盘位置，仅仅是空间的概念，因此不同的元件可共用一个封装。

1）元器件封装的类型

元器件封装按照安装方式不同可以分成两大类，即直插式元器件封装和表贴式元器件封装。

（1）直插式元器件封装。直插式元器件封装的焊盘一般贯穿整个印制电路板，从顶层穿下，在底层进行元器件的引脚焊接，如图 1－90 所示。

图 1－90　直插式元器件的封装示意图

典型的直插式元器件及元器件封装如图 1－91 所示。

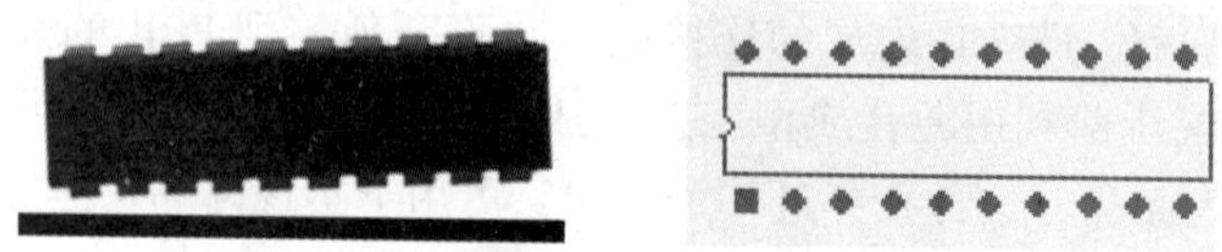

图 1－91　直插式元器件及元器件封装

（2）表贴式元器件封装。表贴式的元器件，指的是其焊盘只附着在印制电路板的顶层或底层，元器件的焊接是在装配元器件的工作层面上进行的，如图 1－92 所示。

图 1－92 表贴式元器件的封装示意图

（3）典型的表贴式元器件及元器件封装如图 1－93 所示。

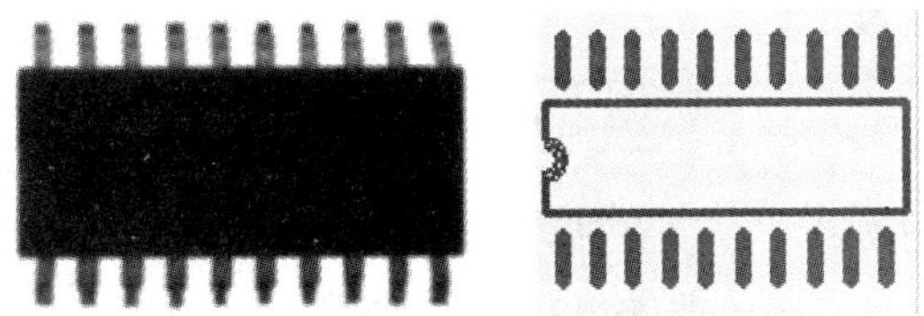

图 1－93 表贴式元器件及元器件封装

（4）在 PCB 元器件库中，表贴式元器件封装的引脚一般为红色，表示处在印制电路板的顶层（Top Layer）。

2）常用元器件封装形式简介

（1）电阻封装。插针式电阻常用的引脚封装形式为 AXIAL 系列，包括 AXIAL0.3、AXIAL0.4、AXIAL0.5、AXIAL0.6、AXIAL0.7、AXIAL0.8、AXIAL0.9 和 AXIAL1.0 等封装形式，其后缀数字代表两个焊盘的间距，单位为“英寸”。贴片式电阻的元器件封装通常采用数字来表示，比如“0805”。这里的 0805 表示贴片电阻的封装尺寸，与具体阻值没有关系，而与功率有关。一般情况下，部分贴片电阻的封装尺寸与其功率有以下对应关系：

0402……………………………………1/16 W

0603……………………………………1/10 W

0805……………………………………1/8 W

1206……………………………………1/4 W

图 1－94 所示为插针式电阻与贴片式电阻封装示意图。

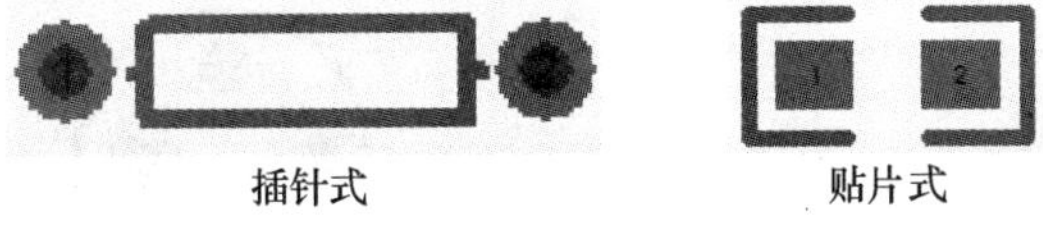

图 1－94 电阻封装

（2）二极管封装。二极管的封装与电阻类似，不同之处在于二极管有正负极的区别。插针式二极管封装为“DIODE0.4”（小功率）到“DIODE0.7”（大功率），其中 0.4 和 0.7 指二极管的焊盘间距，一般用“DIODE0.4”。值得一提的是，普通的发光二极管的元器件封装为“RB.1/.2”。图 1－95 所示为插针式二极管与贴片式二极管封装示意图。

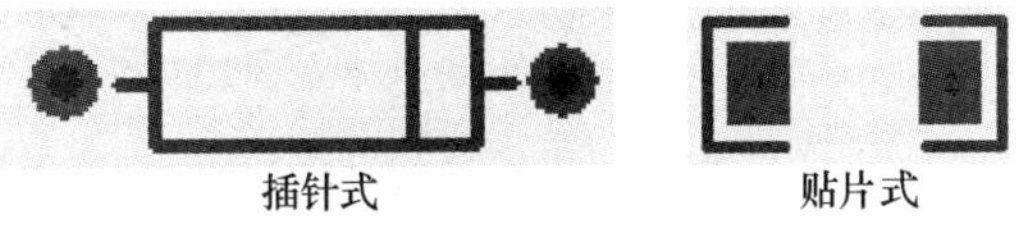

图 1－95 二极管封装

（3）电容封装。电容一般只有两个引脚，通常分为电解电容和无极性电容两种，封装形式也有插针式封装和贴片式封装两种。一般而言，电容的体积与耐压值和容量成正比。

无极性电容：对应的电容封装为 RAD 系列，如“RAD0.1”到“RAD0.4”，其中 0.1 和 0.4 指电容大小，一般用“RAD0.2”。

电解电容：电解电容对应的元器件封装为 RB 系列，如“RB.1/.2”到“RB.5/1.0”，其中“.1/.2”分别指电容的焊盘间距和外形尺寸。图 1－96 所示为各种电容封装图。

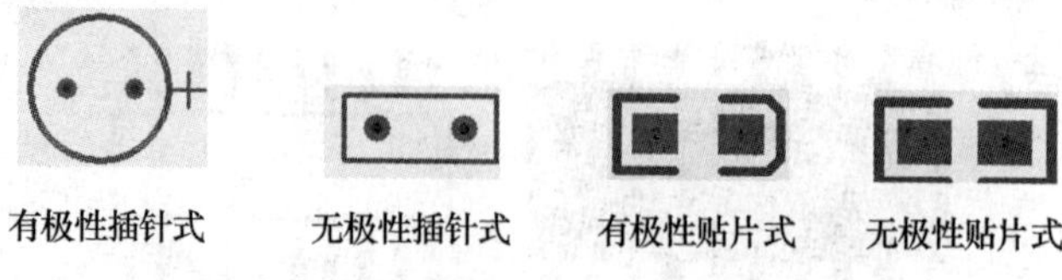

图 1－96　电容封装

（4）三极管封装。三极管的常用封装主要有 TO－18（普通三极管）、TO－220（大功率三极管）、TO－3（大功率达林顿管）和 TO－92A（普通三极管）等，如图 1－97 所示。三端稳压器的封装与图形相近的三极管封装相同。

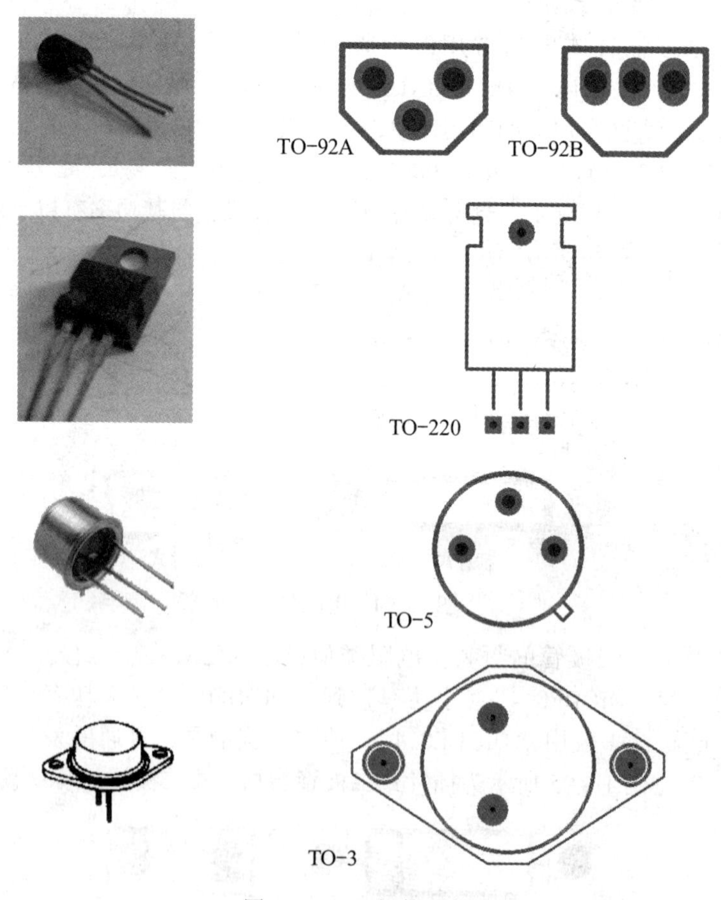

图 1－97　三极管封装

（5）DIP 封装（双列直插封装）。DIP 为目前常见的 IC 封装形式，常用的元器件封装为“DIP4”到“DIP40”，其中 4 和 40 指有多少脚，4 脚的就是“DIP4”。图 1－98 所示为 DIP 封装图。

（6）SOP 封装（双列小贴片封装）。SOP 是一种贴片的双列封装形式，几乎每一种 DIP 封装的芯片均有对应的 SOP 封装，与 DIP 封装相比，SOP 封装的芯片体积大大减少。图 1－99 所示为 SOP 封装图。

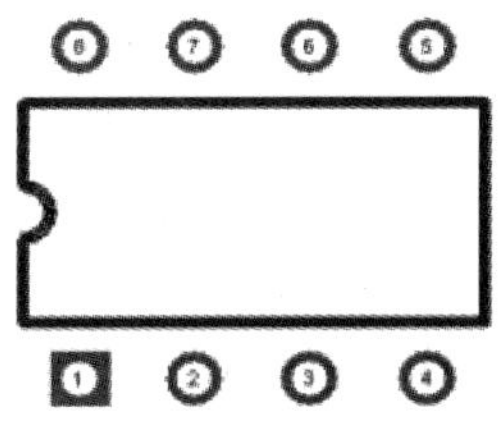

图 1－98 DIP 封装

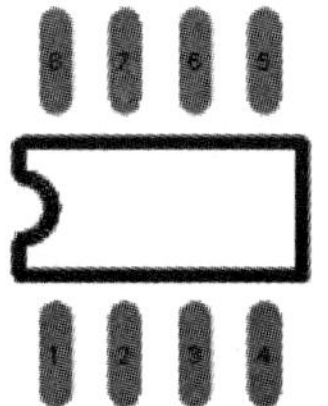

图 1－99 SOP 封装

（7）PGA 封装（引脚栅格阵列封装）。PGA 是一种传统的封装形式，如图 1－100 所示。其引脚从芯片底部垂直引出，且整齐地分布在芯片四周，早期的 80X86CPU 均是这种封装形式。

（8）SPGA 封装（错列引脚栅格阵列封装）。SPGA 与 PGA 封装相似，区别在于其引脚排列方式为错开排列，利于引脚出线，如图 1－101 所示。

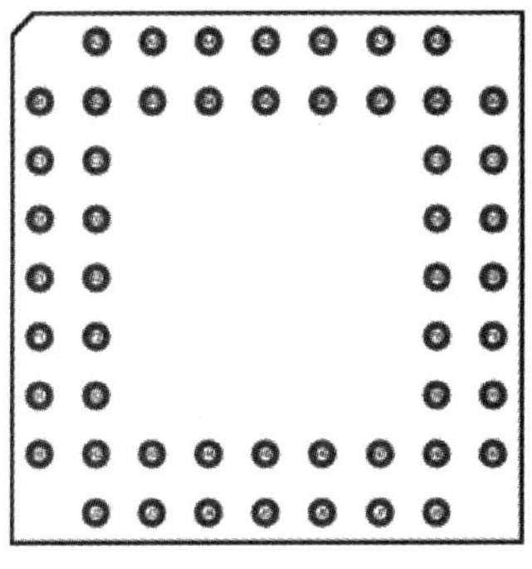

图 1－100 PGA 封装

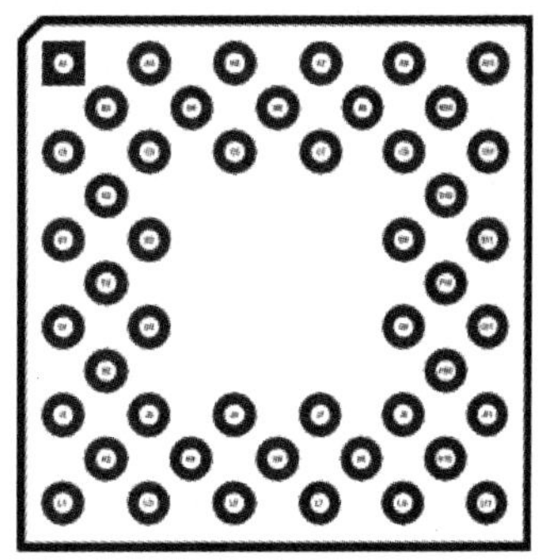

图 1－101 SPGA 封装

（9）LCC 封装（无引出脚芯片封装）。LCC 是一种贴片式封装，这种封装的芯片的引脚在芯片的底部向内弯曲，紧贴于芯片体，从芯片顶部看下去，几乎看不到引脚，如图 1－102 所示。这种封装方式节省了制板空间，但焊接困难，需要采用回流焊工艺，要使用专用设备。

（10）QUAD 封装（方形贴片封装）。QUAD 为方形贴片封装，与 LCC 封装类似，但引脚没有向内弯曲，而是向外伸展，焊接方便，如图 1－103 所示。QUAD 封装包括 QFG 系列。

（11）BGA 封装（球形栅格阵列封装）。BGA 为球形栅格阵列封装，与 PGA 类似，主要区别在于这种封装中的引脚只是一个焊锡球状，焊接时熔化在焊盘上，无须打孔，如图 1－104 所示。

（12）SBGA 封装（错列球形栅格阵列封装）。SBGA 与 BGA 封装相似，区别在于其引脚排列方式为错开排列，利于引脚出线，如图 1－105 所示。

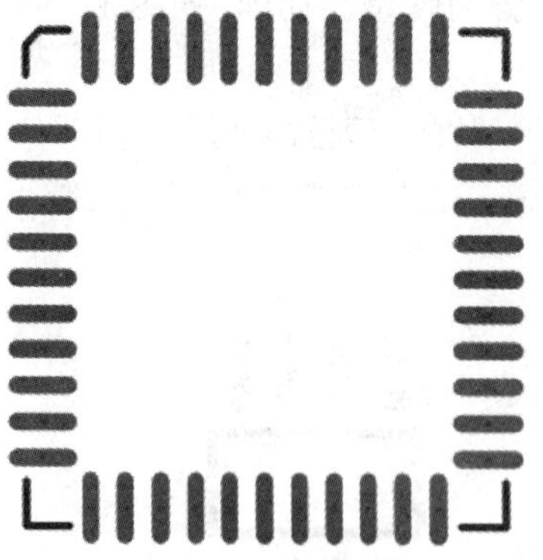

图 1－102　LCC 封装

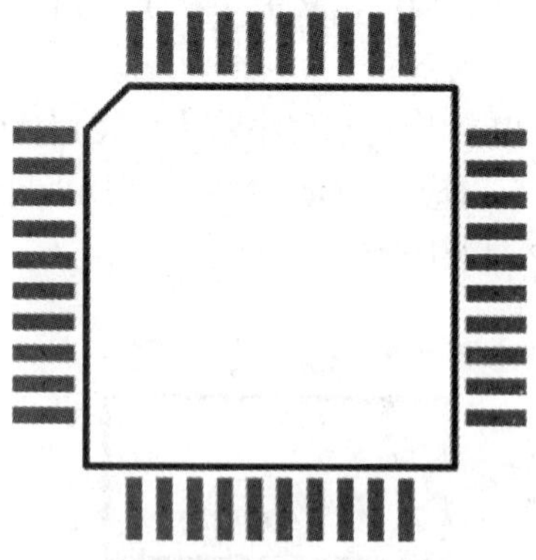

图 1－103　QUAD 封装

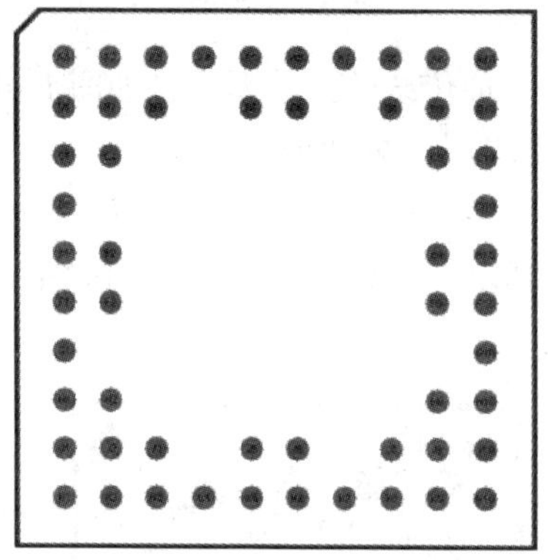

图 1－104　BGA 封装

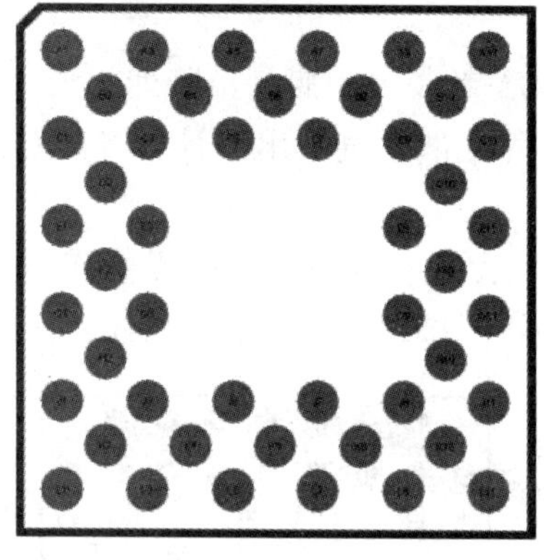

图 1－105　SBGA 封装

（13）Edge Connectors（边沿连接）。Edge Connectors 为边沿连接封装，是接插件的一种，常用于两块板之间的连接，便于一体化设计，如计算机中的 PCI 接口板。其封装如图 1－106 所示。

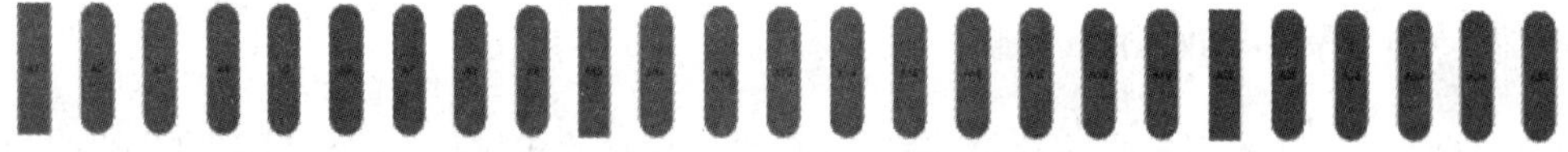

图 1－106　Edge Connectors 封装

四、任务实施

1. 创建“三极管放大器 . PCB”

在图 1－107 中，打开“Documents”文件夹，执行菜单命令【File】/【New】，系统弹出编辑器对话框，双击“PCB Document”图标，系统新建一个电路板文件，其默认名为“PCB1. PCB”，在此改名为“三极管放大器 . PCB”，如图 1－107 所示。

双击“三极管放大器 . PCB”图标进入印制电路板图编辑器界面，如图 1－108 所示。

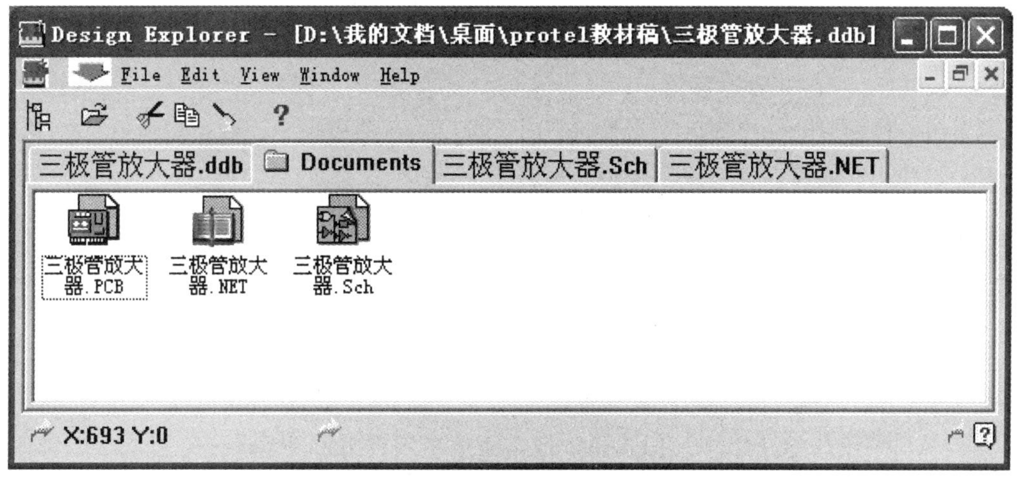

图 1－107　创建电路板文件

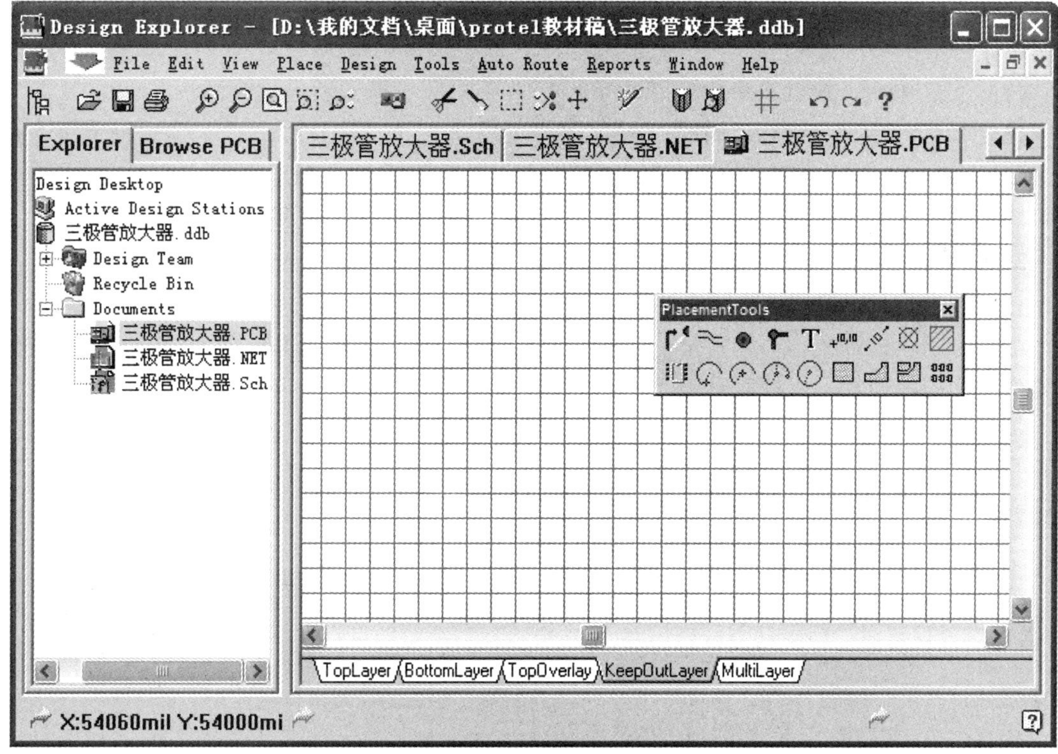

图 1－108　印制电路板图编辑器界面

【操作技巧】

1）命令状态下的窗口缩放

当系统处于其他命令状态时，鼠标无法移出工作区去执行一般的命令，此时要缩放显示状态，必须用快捷键来完成此项工作。

（1）放大。按“Page Up”键，编辑区会放大显示。

（2）缩小。按“Page Down”键，编辑区会缩小显示。

（3）刷新。按“End”键，程序会更新画面，恢复正确的显示图形。

2）空闲状态下的窗口缩放

当系统未执行其他命令而处于空闲状态时，可以执行菜单命令，或单击主工具栏里的按钮，也可以使用快捷键。

（1）放大。执行菜单命令【View】/【Zoom In】，或单击主工具栏的按钮。

（2）缩小。执行菜单命令【View】/【Zoom Out】，或单击主工具栏的按钮。

（3）按上次比例显示。执行菜单命令【View】/【Zoom Last】。

（4）执行菜单命令【View】/【Fit Document】，使整个画面置于编辑区中。如果印制电路板边框外还有图形，也一并显示于编辑区。

（5）执行菜单命令【View】/【Fit Board】，使整个画面置于编辑区中，不显示印制电路板边框外的图形。

（6）移动显示位置。在设计电路时，需要经常查看各个部分电路内容，所以需要移动显示位置。先将光标移动到目标点，然后执行菜单命令【View】/【Pan】，目标点位置就会移动到工作区的中心位置显示。

（7）更新画面。执行菜单命令【View】/【Refresh】，可以更新显示画面。

（8）放大显示用户设定选择框区域。执行菜单命令【View】/【Area】，然后将十字光标移动到目标的左上角位置，接着拖动鼠标到目标的右下角适当位置，再单击鼠标加以确认，即可放大所选框中的区域。

2. 规划印制电路板

在PCB设计中，首先要规划印制电路板，即定义印制电路板的机械轮廓和电气轮廓。

印制电路板的机械轮廓是指其物理外形和尺寸，需要根据实际需要如安装方式、安装位置等进行相应的规划，机械轮廓定义在4个机械层上，比较合理的规划机械层的方法是在一个机械层上绘制印制电路板的物理轮廓，而在其他的机械层上放置物理尺寸、队列标记和标题信息等。

印制电路板的电气轮廓是指其上放置元件和布线的范围，电气轮廓一般定义在禁止布线层上，是一个封闭的区域。

通常在一般的电路设计中仅规划PCB的电气轮廓，本例中采用公制规划，具体方法如下。

1）方法一

（1）执行菜单命令【View】/【Toggle Units】，设置单位制为公制（Metric）。

（2）单击图1-108下面的“Keep Out Layer”标签，将当前的工作层设置为禁止布线层。

（3）执行菜单命令【Place】/【Dimension】，或单击Placement Tools工具栏中的放置标尺按钮，确定印制电路板的尺寸（40 mm×30 mm），如图1-109所示。

（4）执行菜单命令【Place】/【Keepout】/【Track】，或单击Placement Tools工具栏中的画线按钮，绘制印制电路板的边框，如图1-109所示。然后可将尺寸标记删除。

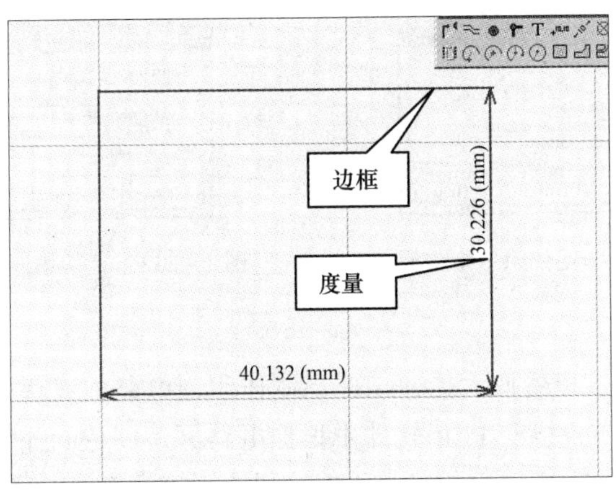

图 1－109 放置标尺并规划印制电路板边框

2）方法二

（1）执行菜单命令【View】/【Toggle Units】，设置单位制为公制（Metric）。

（2）单击图 1－108 下面的“Keep Out Layer”标签，将当前的工作层设置为禁止布线层。

（3）执行菜单命令【Place】/【Keepout】/【Track】，或单击 Placement Tools 工具栏中的画线按钮 ┏，进入放置边框状态，光标呈十字形状。

（4）单击按键“E”“J”“L”，弹出定位对话框如图 1－110 所示。输入第一个位置坐标，如图示（亦可定位在其他位置），连击两次回车键，定位边框第一个坐标点。

再次单击按键“E”“J”“L”，在定位对话框中输入第二个位置坐标，如图 1－111 所示，连击三次回车键，定位边框第二个坐标点，完成第一条边框绘制。

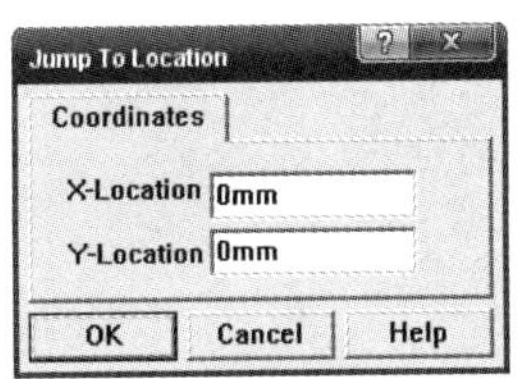

图 1－110 定位始点、终点

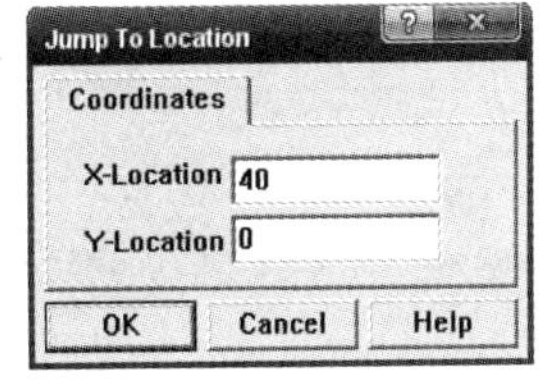

图 1－111 定位第二个坐标点

再次单击按键“E”“J”“L”，在定位对话框中输入第三个位置坐标，如图 1－112 所示，连击三次回车键，定位边框第三个坐标点，完成第二条边框绘制。

再次单击按键“E”“J”“L”，在定位对话框中输入第四个位置坐标，如图 1－113 所示，连击三次回车键，定位边框第四个坐标点，完成第三条边框绘制。

再次单击按键“E”“J”“L”，在定位对话框输入第五个位置坐标（即第一个坐标点），如图 1－110 所示，连击三次回车键，定位边框第五个坐标点，完成第四条边框绘制；连击右键两次，退出绘制边框状态。

至此，一个 40 mm×30 mm 的矩形印制电路板边框绘制完成。

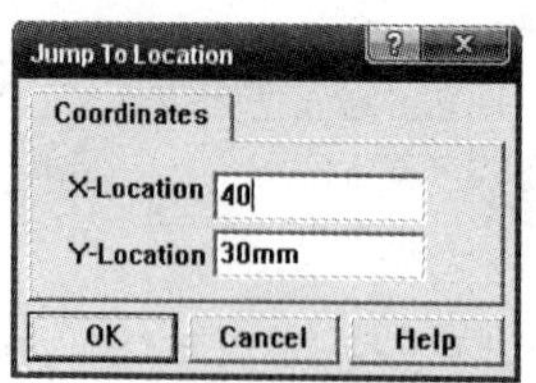

图 1－112　定位第三个坐标点

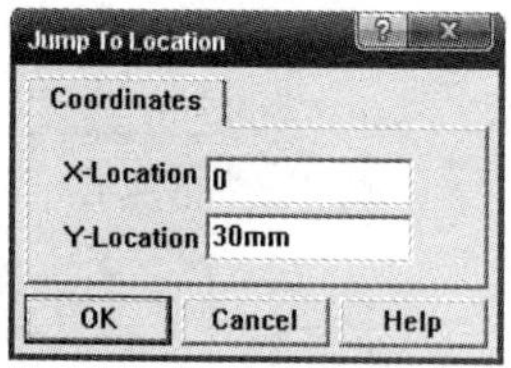

图 1－113　定位第四个坐标点

3. 加载网络表

（1）创建网络表“三极管放大器．NET”。制作印制电路板有手工绘制与自动布线两种方式。手工绘制是指用户直接在 PCB 软件中根据电路原理图进行手工放置元件、焊盘、过孔等，并进行线路连接的操作过程。采用手工绘制适于较简单的电路，要求绘制人员非常细心，不能漏掉电路元件及连线等。自动布线是计算机软件自动将电路原理图中元件间的连接关系转换为 PCB 铜箔连接。采用自动布线技术具有方便、快捷、准确的特点，但在操作过程中仍需要进行人工布局调整、布线调整等，以便设计出更符合实际需要的印制电路板。本节采用自动布线技术设计印制电路板。

创建网络表是采用自动布线技术设计印制电路板的必需环节，通过创建网络表得到电路原理图中各元件的电气连接关系。

具体创建方法详见任务三。

（2）执行菜单命令【Design】/【Load Nets】，系统弹出对话框如图 1－114 所示。

（3）单击“Browse”按钮，系统弹出网络表文件选择对话框，如图 1－115 所示。

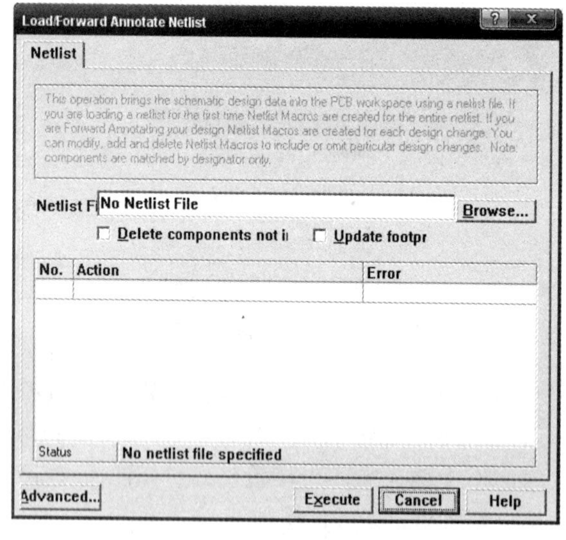

图 1－114　装载网络表对话框

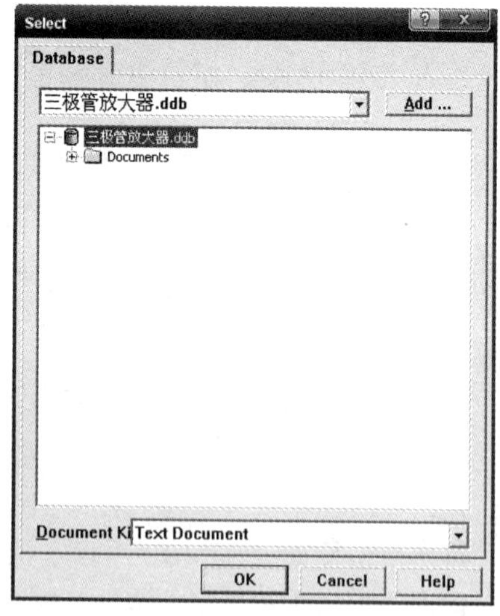

图 1－115　查找所需网络表

（4）打开“Documents”文件夹（双击该文件夹或单击文件夹前面的“＋”），找到网络表“三极管放大器．NET”，如图 1－116 所示。

（5）选中“三极管放大器．NET”文件，单击“OK”按钮（或双击该文件），系统弹出装入网络表与元件对话框，如图 1－117 所示。若该对话框下方显示“All macros validated”字样，说明网络表装载成功；如果网络表装载不成功，需要根据错误情况，修改电路原理图，重新创建网络表，再进行网络表装载。

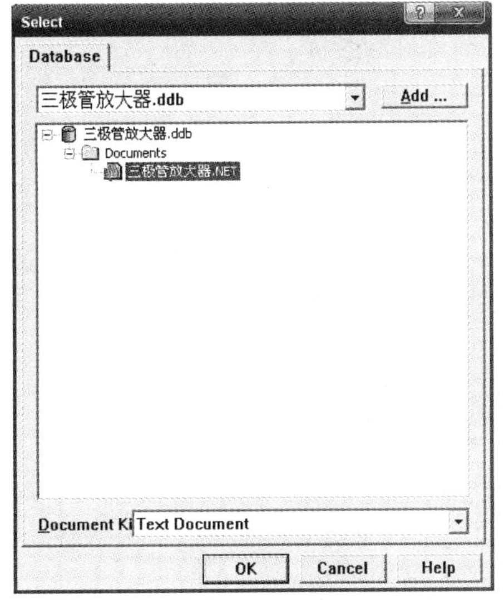

图 1－116 选择网络表文件

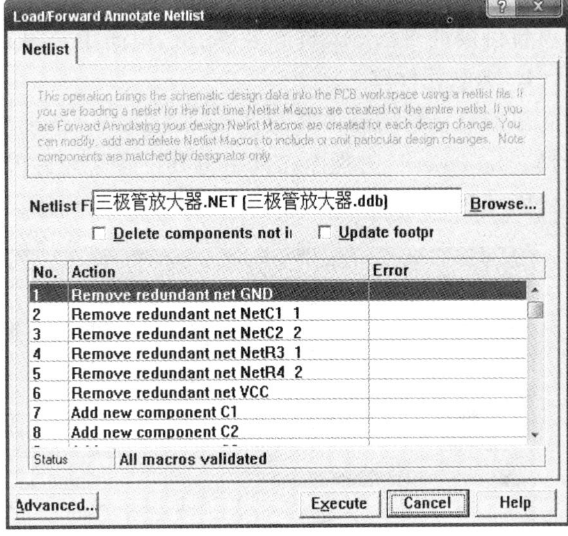

图 1－117 网络表装载成功

（6）单击“Execute”按钮，则具有连接关系的三极管放大器的电路元件就装入了印制电路板的边框中，如图 1－118 所示 。图中元件之间的连线不是实际导线，而是表示元件连接关系的网络线。

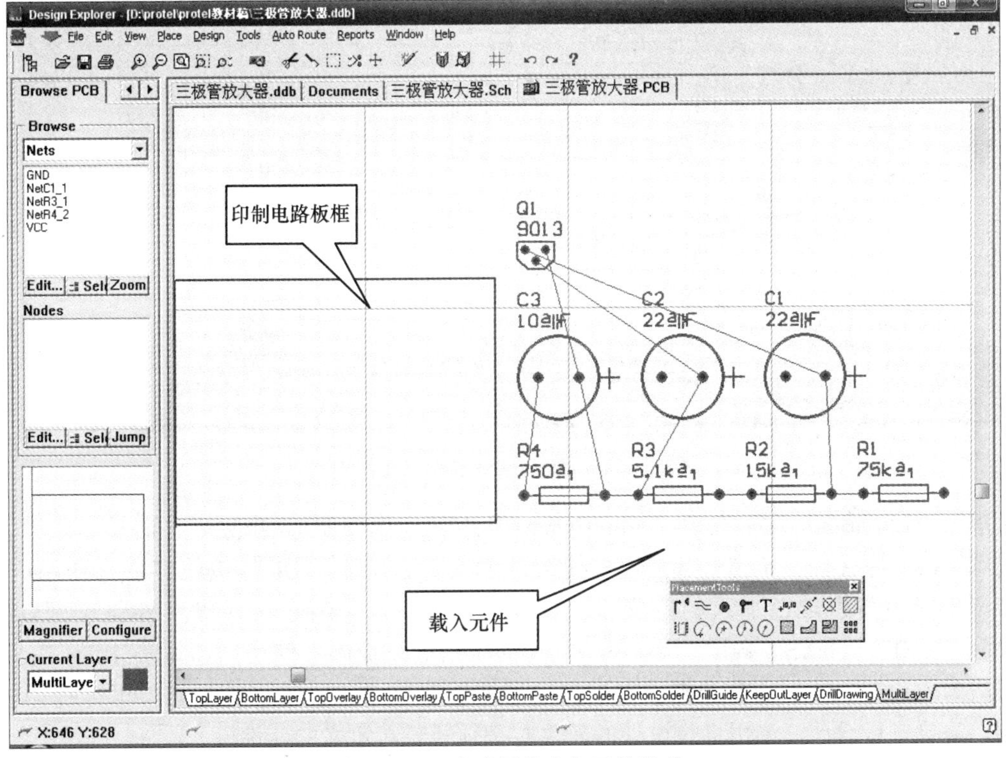

图 1－118 完成网络表与元件装载

五、拓展提高

在 PCB 设计中，系统提供了丰富的元件封装库。设计者可根据需要加载合适的元件库，也可自行设计自己的元件封装库，这里简单介绍如何加载元件封装库。

1. 加载元件库

单击设计管理器顶部的“Browse PCB”选项卡，再单击“Browse”区的下拉列表按钮，选择“Libraries”管理库元件，将其设置为元件库浏览器。默认状态下浏览器中只有一常用元件库“PCB Footprints. lib”，如图 1－119 所示。

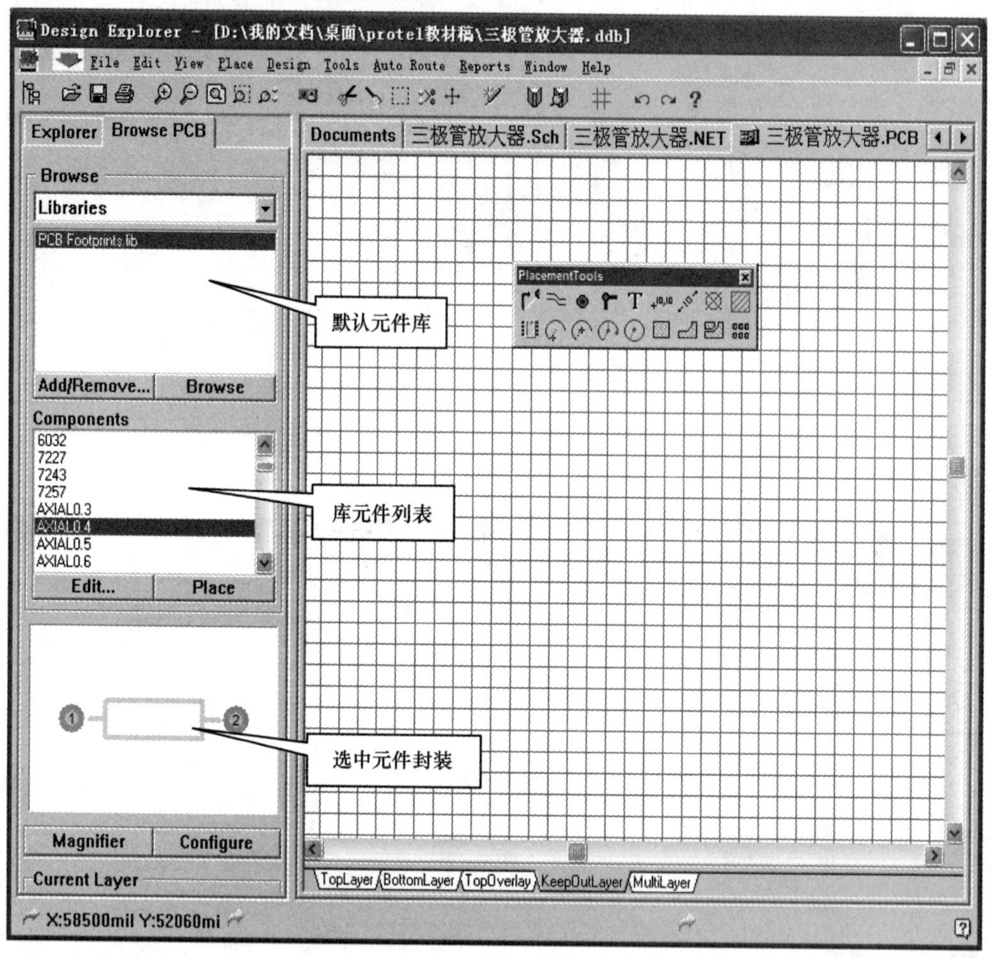

图 1－119　PCB 编辑器默认元件库

单击“Libraries”栏下方的“Add/Remove”按钮，出现添加/删除库对话框，在对话框中找到所需的库文件，单击“Add”按钮装载库文件，单击“OK”按钮完成操作。这时，元件浏览器中将出现已加入的库文件。PCB 99 SE 中，印制电路板库文件位于“Design Explorer 99 SE \ Library \ Pcb”目录下，常用的印制电路板库文件是“Generic Footprint”文件夹中的 Advpcb. ddb，该库已被系统默认加载在编辑器中。一些特殊的元件可能在库中找不到，需要自行设计。调用自行设计的元件时必须装载自定义的元件库。

2. 浏览元件图形

图 1 – 119 元件库浏览器中，“Components”栏中显示此元件库中所有元件的封装名称。若选中某个封装，下方的监视器中将出现此元件封装图。

单击元件库浏览器右下角的“Browse”按钮，屏幕弹出元件库浏览窗口，可以进行元件浏览，从中可以获得元件的封装图，如图 1 – 120 所示。窗口右下角的三个按钮可用来调节图形显示的大小。

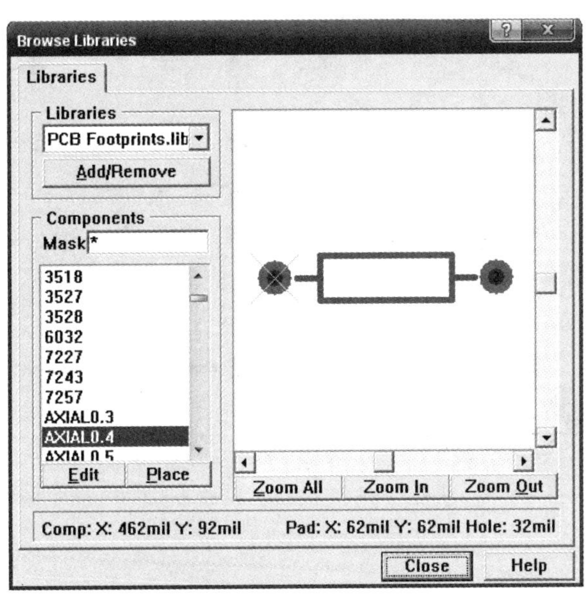

图 1 – 120　元件浏览

六、思考与练习

1. 根据 PCB 导电板层划分，印制电路板可分为几类？
2. 如何启动 PCB 编辑器？
3. 什么是元器件封装？元器件封装有几种类型？

任务二　三极管放大器 PCB 的布局布线

一、任务介绍

在图 1 – 121 中，加载网络表后，放大器各元件并没有摆放在 PCB 板框内，而且相互位置也需要进行调整，因此需要根据设计需要对 PCB 进行元件布局。同时，根据设计要求，将各元件用导线连接起来，即进行元件布线。布局布线后如图 1 – 121 所示。

二、任务分析

PCB 布局布线是 PCB 设计的核心工作。学习重点是掌握布局布线规则，然后利用软件工具完成布局布线。

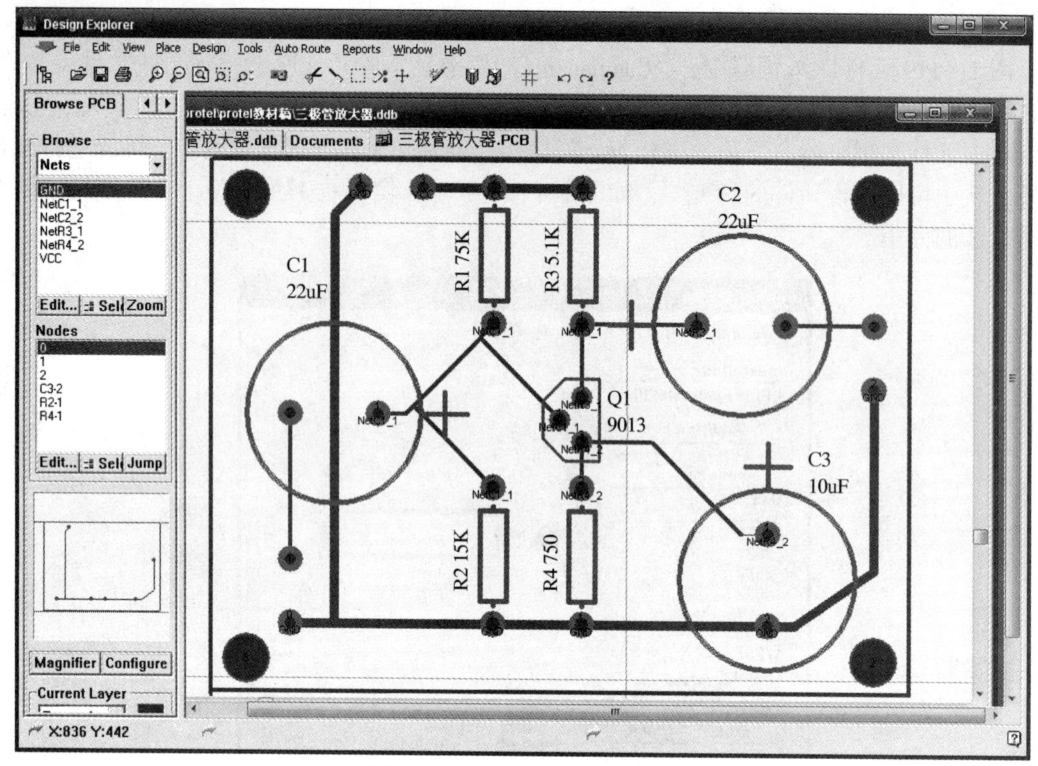

图 1－121　三极管放大器 PCB

三、相关知识

设计 PCB 时，有时电路从原理上是能实现的，但由于元件布局不合理或走线存在问题，致使设计出来的电路可靠性下降，甚至无法实现预定的功能，因此印制电路板的布局和布线必须遵循一些原则。

1. 印制电路板设计的基本原则

为保证印制电路板的质量，在设计前一般要考虑 PCB 的可靠性、工艺性和经济性问题。

（1）可靠性。印制电路板可靠性是影响电子设备的重要因素，在满足电子设备要求的前提下，应尽量将多层板的层数设计得少一些。

（2）工艺性。设计者应考虑所设计的印制电路板的制造工艺尽可能简单。一般来说宁可设计层数较多、导线和间距较宽的印制电路板，而不设计层数较少、布线密度很高的印制电路板，这和可靠性的要求是矛盾的。

（3）经济性。印制电路板的经济性与其制造工艺直接相关，应考虑与通用的制造工艺方法相适应，尽可能采用标准化的尺寸结构，选用合适等级的基板材料，运用巧妙的设计技术来降低成本。

2. 元件布局原则

元件布局是将元件在一定面积的印制电路板上合理地排放，它是设计 PCB 的第一步。布局是印制电路板设计中最耗费精力的工作，往往要经过若干次布局比较，才能得到一个比较满意的布局。一个好的布局，首先要满足电路的设计性能，其次要满足安装空间的限制，在没有尺寸限制时，要使布局尽量紧凑，减小 PCB 设计的尺寸，以减少生产成本。同样的元件要摆放整齐、方向一致，不能摆得“错落有致”。为了设计出质量好、造价低、加工周期短的印制电路板，印制电路板布局应遵循下列的一般原则。

（1）按电路模块进行布局，实现同一功能的相关电路称为一个模块，电路模块中的元件应采用就近集中原则；要把模拟信号部分、数字电路部分、噪声源部分（如继电器、大电流开关等）这三部分合理地分开，使相互间的信号耦合为最小。

（2）电路模块按照信号的流程安排位置，以每个模块的核心元件为中心，围绕它进行布局。

（3）通常条件下，所有的元件均应布置在印制电路板的同一面上，只有在顶层元件过密时，才能将一些高度有限并且发热量小的元件，如贴片电阻、贴片电容、贴片 IC 等放在底层。

（4）板面布线应疏密得当，当疏密差别太大时应以网状铜箔填充，网格大于 8 mil（或 0.2 mm）。

（5）定位孔、标准孔等非安装孔周围 1.27 mm 内不得贴装元、器件，螺钉等安装孔周围 3.5 mm（对于 M2.5）、4 mm（对于 M3）内不得贴装元器件；元器件的外侧距板边的距离为 5 mm。

（6）金属壳体元器件和金属件（屏蔽盒等）不能与其他元器件相碰，不能紧贴印制线、焊盘，其间距应大于 2 mm。定位孔、紧固件安装孔、椭圆孔及板中其他方孔外侧距板边的尺寸大于 3 mm。

（7）将发热元器件优先安排在利于散热的位置，并与其他元件隔开一定距离；热敏元件应远离发热元件，以免受到影响引起误动作。

（8）所有 IC 元件单边对齐，有极性元件极性标示明确，同一印制电路板上极性标示不得多于两个方向，出现两个方向时，两个方向应互相垂直。

（9）贴片单边对齐，字符方向一致，封装方向一致。

（10）有极性的器件在同一板上的极性标示方向应尽量保持一致。

（11）高、低电压元件，强、弱信号元件应分开布局，并加大高压元件与周边元件的距离，以免因放电、击穿引起意外短路。

（12）对于会产生磁场的元器件，如变压器、扬声器、电感等，布局时应注意减少磁力线对印制导线的切割，相邻元件的磁场方向应相互垂直，减少彼此间的耦合。

（13）要注意整个 PCB 板的重心平衡与稳定，重而大的元件尽量安置在印制电路板上靠近固定端的位置，并降低重心，以提高机械强度和耐振、耐冲击能力，以及减少印制电路板的负荷和变形。

（14）对于电位器、可变电容器、可调电感线圈或微动开关等可调元件的布局应考虑整机的结构要求，若是机外调节，其位置要与调节旋钮在机箱面板上的位置相适应；若是机内调节，则应放置在印制电路板上能够方便调节的地方。

（15）每个集成电路的电源、地之间都要加一个去耦电容。去耦电容有两个作用：一方面是作为本集成电路的蓄能电容，提供和吸收该集成电路开门关门瞬间的充放电能；另一方面旁路掉该器件的高频噪声。去耦电容值的选取可按 $C=1/f$ 计算，即 10 MHz 取 0.1 μF，对微控制器构成的系统，取 0.1～0.01 μF 范围内的值都可以。布置电源滤波及去耦电容时应尽量靠近元器件；贴片器件的去耦电容最好布在板子另一面的器件肚子位置，电源和地要先过电容，再进芯片。

（16）时钟电路尽可能靠近用该时钟的器件。

3. 元件布线规则

布线是整个 PCB 设计中最重要的工序，这将直接影响着 PCB 板的性能好坏。在 PCB 的设计过程中，布线一般必须满足三种情况：第一是布通，这是 PCB 设计时最基本的要求。如果线路都没布通，搞得到处是飞线，那将是一块不合格的板子，可以说还没入门。第二是电器性能的满足，它是衡量一块印刷电路板是否合格的标准。因此在布通之后，要认真调整布线，使其能达到最佳的电器性能。第三是美观，假如你的布线布通了，也没有什么影响电器性能的地方，但是一眼看过去杂乱无章，加上五彩缤纷、花花绿绿，那就算你的电器性能怎么好，在别人眼里还是垃圾一块，这样给测试和维修带来极大的不便。布线要整齐划一，不能纵横交错毫无章法。这些都要在保证电器性能和满足其他个别要求的情况下实现，否则就是舍本逐末了。布线时主要按以下原则进行：

（1）印制电路板布线可以采用单层、双层或多层，一般应首先选用单层，其次是双层，在仍不能满足设计要求时才选用多层板。

（2）一般情况下，首先应对电源线和地线进行布线，以保证印制电路板的电气性能。在条件允许的范围内，尽量加宽电源、地线宽度，最好是地线比电源线宽，它们的宽度关系是：地线 > 电源线 > 信号线，通常信号线宽为：0.2 ~0.3 mm，最细宽度可达 0.05 ~0.07 mm，电源线一般为 1.2 ~2.5 mm。对数字电路的 PCB 可用宽的地导线组成一个回路，即构成一个地网来使用（模拟电路的地则不能这样使用）。

（3）预先对要求比较严格的线（如高频线）进行布线，输入端与输出端的边线应避免相邻平行，以免产生反射干扰，必要时应加地线隔离。

（4）振荡器外壳要接地，时钟线要尽量短，且不能引得到处都是。时钟振荡电路下面、特殊高速逻辑电路部分要加大地的面积，而不应该走其他信号线，以使周围电场趋近于零。

（5）导线的最小间距一般选用 1 ~ 1.5 mm 完全可以满足要求；对集成电路，尤其数字电路，只要工艺允许可使间距很小。

（6）印制电路板两面的导线应互相垂直、斜交或弯曲走线，避免平行，减少寄生耦合。

（7）信号线高、低电平悬殊时，要加大导线的间距；在布线密度比较低时，可加粗导线，信号线的间距也可适当加大。

（8）在印制电路板上应尽可能多地保留铜箔做地线，这样传输特性和屏蔽作用将得到改善，并且起到减少分布电容的作用。在高频电路中，应采用大面积接地方式。

（9）印制电路板上若装有大电流器件，如继电器、扬声器等，应将其尽量放置靠近印制电路板边，它们的地线最好要分开独立走，以减少地线上的噪声。

（10）模拟电路与数字电路的电源、地线应分开排布，这样可以减小模拟电路与数字电路之间的相互干扰；数字地与模拟地应在一点连接。

（11）模拟电路的布线要特别注意弱信号放大电路部分的布线，尽量缩短线条的长度，所布的线要紧挨元器件。

（12）数字电路布线中，当工作频率较高，特别是高到几百兆赫兹时，布线时要考虑分布参数的影响。

（13）高频电路中，集成块应就近安装高频去耦电容，一方面保证电源线不受其他信号干扰，另一方面可将本地产生的干扰就地滤除，防止了干扰通过各种途径（空间或电源线）

传播；高频的信号线应尽可能远离敏感的模拟电路器件。

(14) 高压及高频线应圆滑，不得有尖锐的倒角，拐弯也不得采用直角。高频电路布线的引线最好采用直线，如果需要转折，则采用45°折线或圆弧转折，这样可以减少高频信号对外的辐射和相互间的耦合。引脚间引线越短越好，引线层间过孔越少越好。

(15) 从两个焊盘间穿过的导线尽量均匀分布。

(16) 画定布线区域距PCB板边≤1 mm的区域内，以及安装孔周围1 mm内，禁止布线。

(17) 电源线尽可能地宽，不应低于18 mil；信号线宽不应低于12 mil；CPU出入线不应低于10 mil（或8 mil）；线间距不低于10 mil。

(18) 石英晶体振荡器外壳要接地，用地线将时钟区圈起来，时钟线尽量短。

(19) 关键信号应预留测试点，以方便生产和维修检测用。

四、任务实施

1. 手工布局

(1) 手工移动元件。将光标移到元件上，按住鼠标左键不放，将元件拖动到目标位置。

当电路复杂、PCB较大，查找具体元件比较困难时，下面介绍两种方法可以快速找到所需元件：

① 执行菜单命令【Edit】/【Jump】/【Component】，屏幕弹出一个对话框，在对话框中填入要查找的元件标号，单击“OK”按钮，光标便跳转到指定元件上，此时再用鼠标移动元件即可。

② 在“Browse”下拉列表框中，选择“Components”，得到元件列表。在元件列表框中找到所需元件后，单击“Jump”按钮，系统将跳转到所查找的元件上，如图1－122所示。

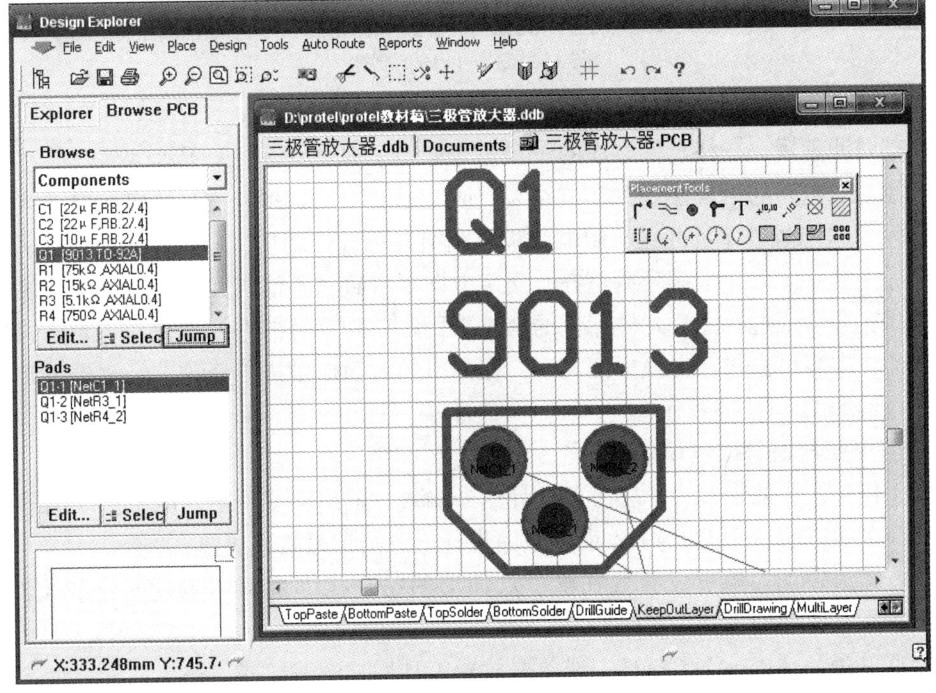

图1－122　查找元件

（2）旋转元件方向。PCB 中元件旋转方法与原理图中元件旋转方法相同。选中元件，按住左键不放，按空格键进行旋转，旋转的角度可以通过执行菜单命令【Tools】/【Preferences】进行设置，在弹出的对话框中选中“Options”选项卡，在“Rotation Step”中设置旋转角度，系统默认为 90°。

图 1－123 所示为手工布局图。

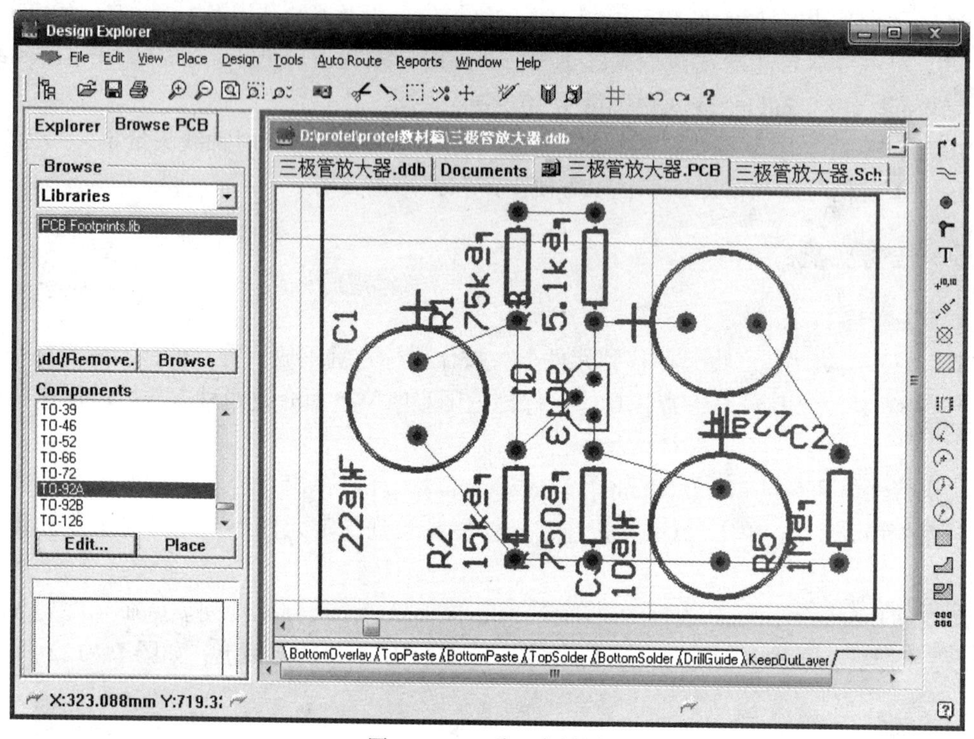

图 1－123　手工布局图

2. 调整元件标注

元件布局调整后，往往元件标注的位置过于杂乱，如图 1－123 所示，尽管并不影响电路的正确性，但电路的可读性差，在电路装配或维修时不易识别元件，所以布局结束后还必须对元件标注进行调整（也可在印制电路板布线结束后进行调整）。

元件标注文字一般要求排列要整齐，文字方向要一致，不能将元件的标注文字放在元件的框内或压在焊盘或过孔上。元件标注的调整采用移动和旋转的方式进行，与元件的操作相似；修改标注内容可直接双击该标注文字，在弹出的对话框中进行修改。经过调整元件标注后的电路布局如图 1－124 所示。

3. 放置电源与信号接线焊盘

实际工作中，为便于接线，应考虑设计信号输入、输出接线端子及电源接线端子，本例只采用更简单的方法，为图 1－124 所示电路设计电源与信号接线焊盘。

焊盘有穿透式的，也有仅放置在某一层面上的贴片式（主要用于表面封装元件）的，外形有圆形、正方形和正八边形等。

执行菜单命令【Place】/【Pad】，或单击放置工具栏上的按钮●，进入放置焊盘状态，移动光标到合适位置后，单击左键，放下一个焊盘，单击鼠标右键，退出放置状态。

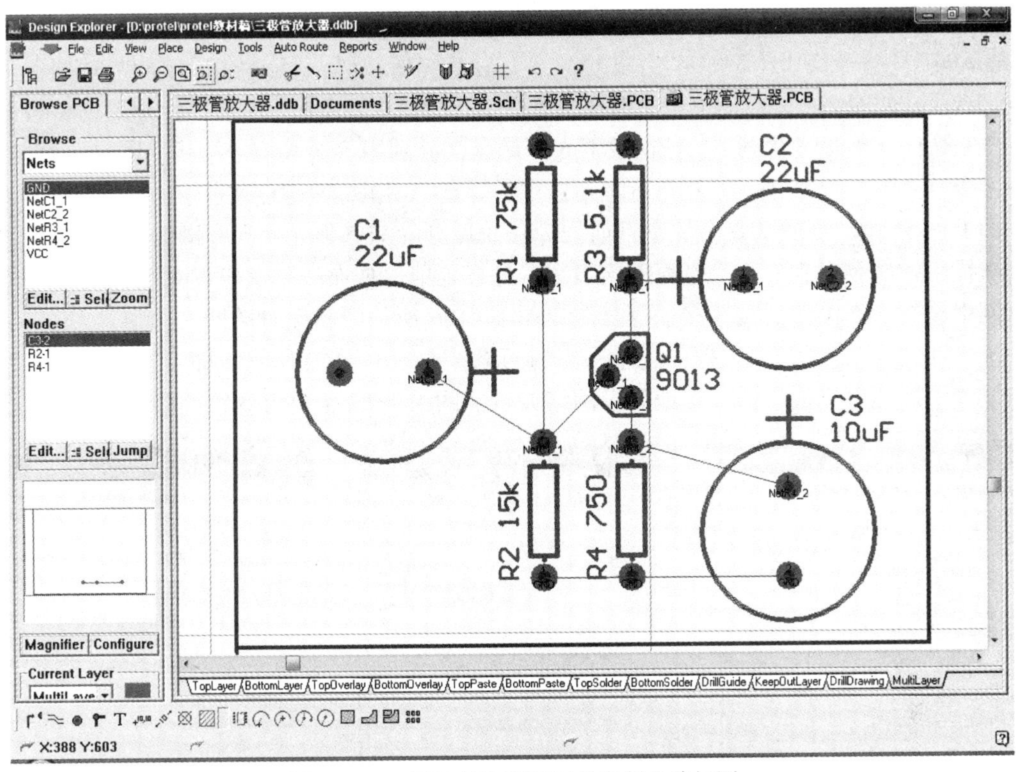

图 1－124　元件标注调整后的印制电路板图

图 1－125 所示为设置焊盘网络前的印制电路板图，在焊盘处于悬浮状态时，按“Tab”键，调出焊盘的属性对话框，如图 1－126 所示。

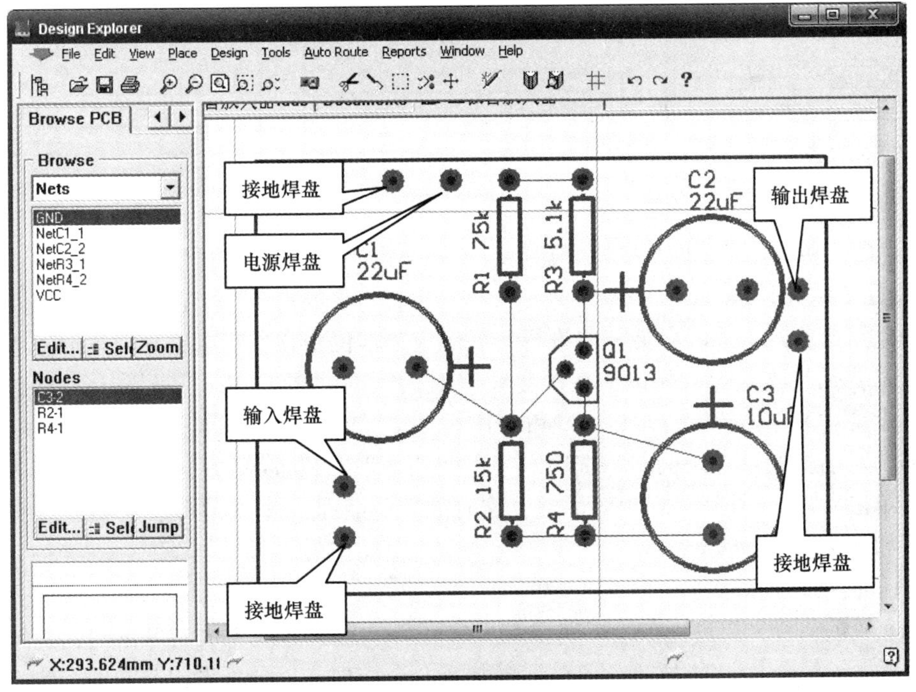

图 1－125　设置焊盘网络前的印制电路板图

在对话框中，“Properties”选项卡主要设置焊盘“Size”（大小）、“Shape”（形状）、“Designator”（编号）、“Hole Size”（孔径）、“Layer”（所在层）等，“Advanced”选项卡主要设置焊盘所在的网络、焊盘的电气类型及焊盘的钻孔壁是否要镀铜。一般自由焊盘的编号设置为0。在图1－126设置状态下，依次放下6个焊盘，分别用于输入信号接线、输出信号接线、电源接线，如图1－125所示。用鼠标单击选中的焊盘，用鼠标左键点住控点，可以移动焊盘。

图1－125中，放置的6个焊盘目前均为独立焊盘（与其他元件没有网络连接关系）。在自动布线中，必须对独立焊盘进行网络设置，这样才能完成布线。这里仅对电源与接地焊盘进行网络设置。双击所需设置接地焊盘调出图1－126所示的属性对话框，选中“Advanced”选项卡，在“Net”下拉列表框中选定所需的网络，如图1－127所示，即可完成一接地焊盘网络设置。同理可完成另两个接地焊盘网络设置。图1－128为电源焊盘网络设置。

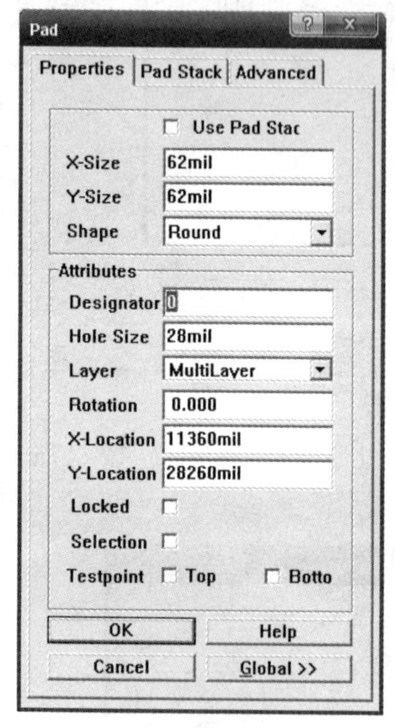

图1－126　焊盘基本设置

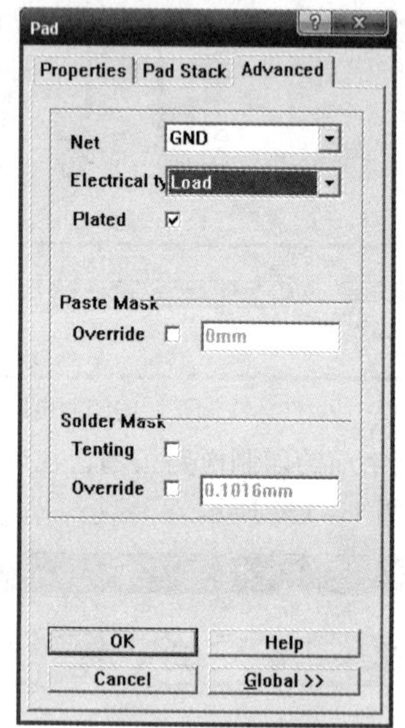

图1－127　接地焊盘网络设置

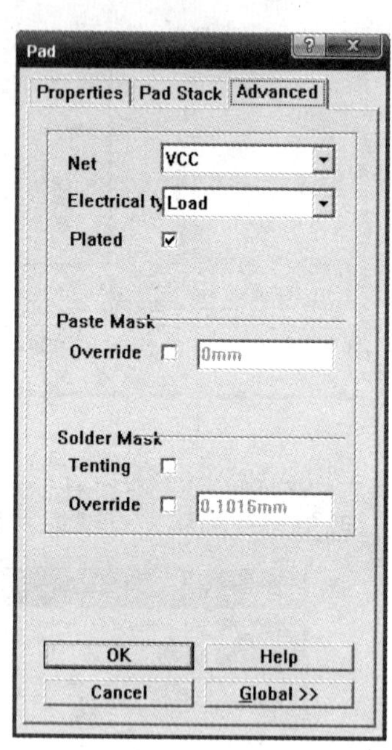

图1－128　电源焊盘网络设置

图1－129中，电源焊盘及接地焊盘均有了网络连接连线，不再是独立焊盘。

4. 放置安装孔

印制电路板实际应用时可能需要进行安装固定，本例中在印制电路板四周放置4个安装孔。放置安装孔与放置焊盘相同，在焊盘设置对话框的“Properties”选项卡中，选择圆形焊盘，并设置“X－Size”“Y－Size”和“Hole Size”的大小相同，目的是不要表层铜箔；在焊盘属性对话框的“Advanced”选项卡中，取消选取“Plated”复选框，目的是取消孔壁上的铜；单击“OK”按钮，退出对话框，这时放置的就是一个安装孔。放置安装孔后的印制电路板如图1－130所示。

5. 设置自动布线规则

自动布线前，首先要进行布线规则设置。执行菜单命令【Design】/【Rules】，系统弹出设计规则对话框，如图1－131所示。此对话框共有6个选项卡，分别设定与布线、制造、高速线路、元件自动布置、信号分析及其他方面有关的设计规则。以下介绍常用的布线设计规则。

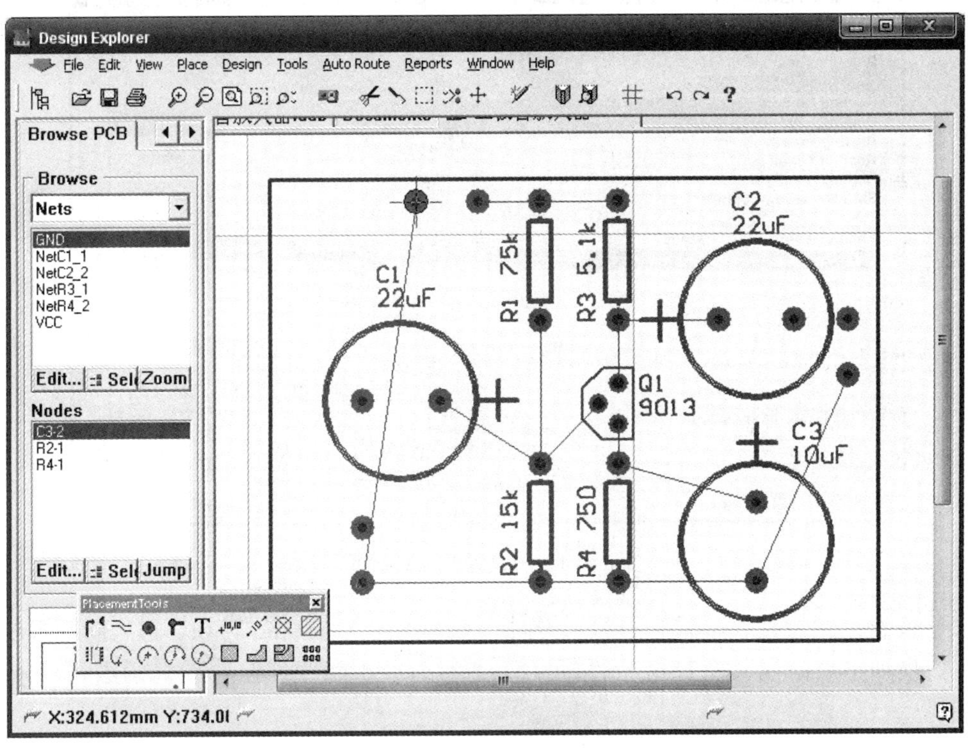

图 1－129　设置焊盘网络后的印制电路板图

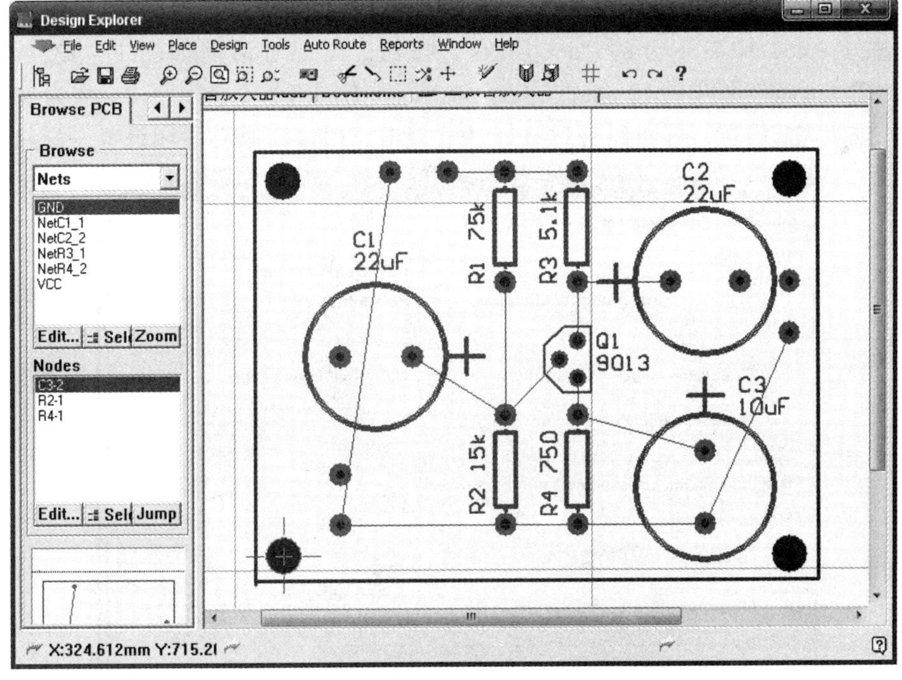

图 1－130　放置安装孔后的印制电路板

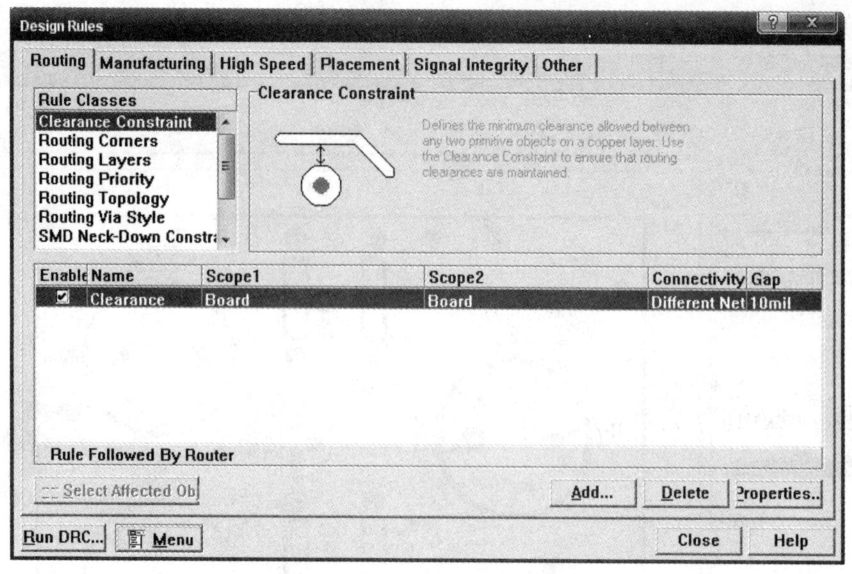

图 1－131　设计规则对话框

（1）安全间距设置。在图 1－131 中选中“Clearance Constraint”项，进入间距限制规则设置。该规则用来限制具有导电特性的元件之间的最小间距，在对话框的右下角有 3 个按钮：

“Add”按钮：用于新建间距限制规则；

“Delete”按钮：用于删除选取的规则；

“Properties”按钮：用于修改设计规则参数，修改后的内容会出现在具体内容栏中。

单击图 1－131 中右下方的“Properties”按钮，出现对话框如图 1－132 所示。将“Minimum Clearance”栏中的 10 mil 改为 20 mil，即所有网络的安全间距均设置为 20 mil。单击“OK”按钮完成设置。再回到图 1－131 中，单击“Close”按钮关闭设置。

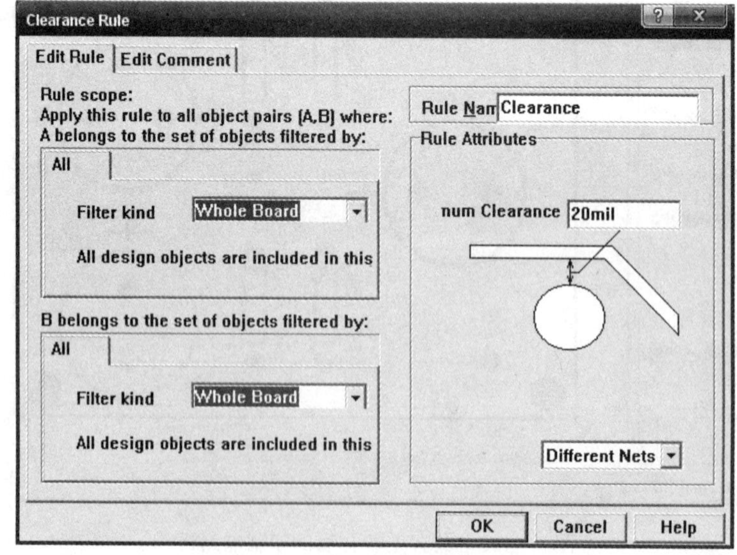

图 1－132　安全间距参数设置

（2）拐弯方式设置。在图 1－131 中选中“Routing Corners”项，进入拐弯方式设置，如图 1－133 所示。此规则主要是在自动布线时，规定印制导线拐弯的方式。

“Add”按钮：用于新建拐弯方式规则；

“Delete”按钮：用于删除选取的规则；

“Properties”按钮：用于修改设计规则参数，修改后的内容会出现在具体内容栏中。

单击图 1－133 中右下方的“Properties”按钮，出现对话框如图 1－134 所示。在拐弯方式规则的“Style”下拉列表框中可以选择所需的拐弯方式，有 3 种：45°拐弯、90°拐弯和圆弧拐弯。其中，对于 45°拐弯和圆弧拐弯，有拐弯大小的参数，带箭头的线段长度参数在“Setback”栏中设置。单击“OK”按钮完成设置，再回到图 1－133 中，单击“Close”按钮关闭设置。

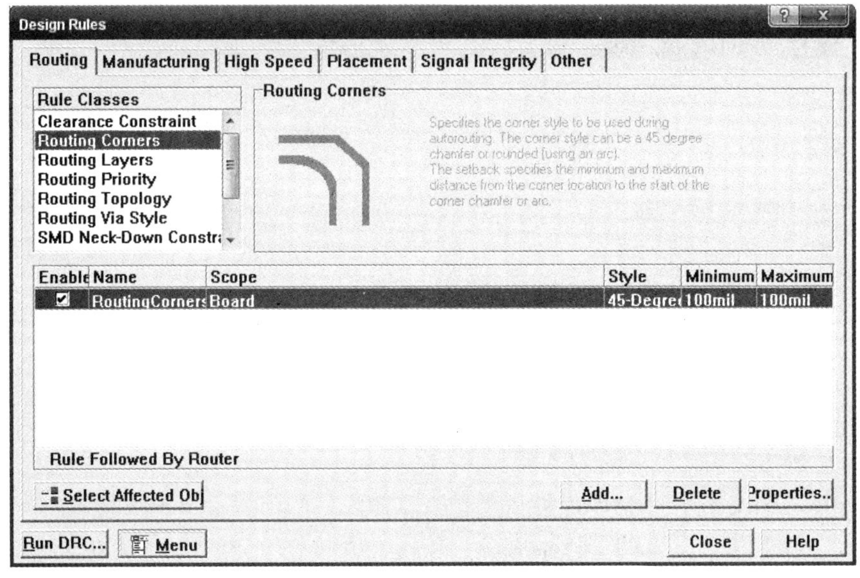

图 1－133　拐弯方式设置

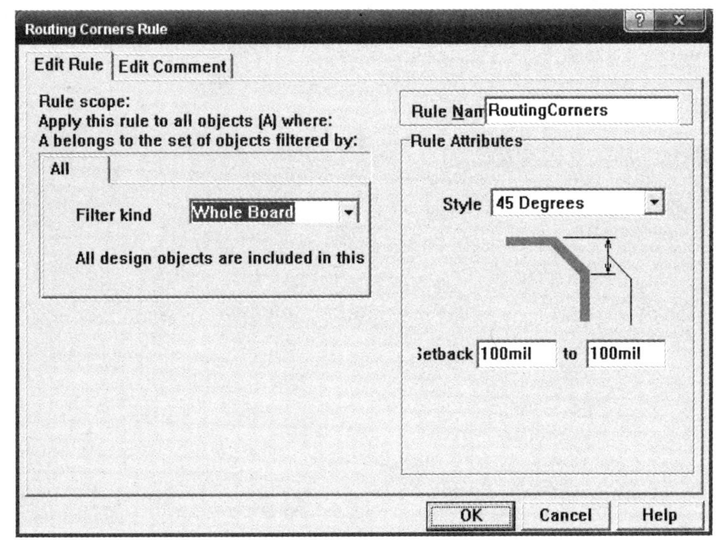

图 1－134　导线拐弯方式参数设置

(3) 布线层设置。在图 1－133 中选中 "Routing Layers" 项，进入布线层设置，如图 1－135 所示。此规则用于规定自动布线时所使用的工作层，以及布线时各层上印制导线的走向。

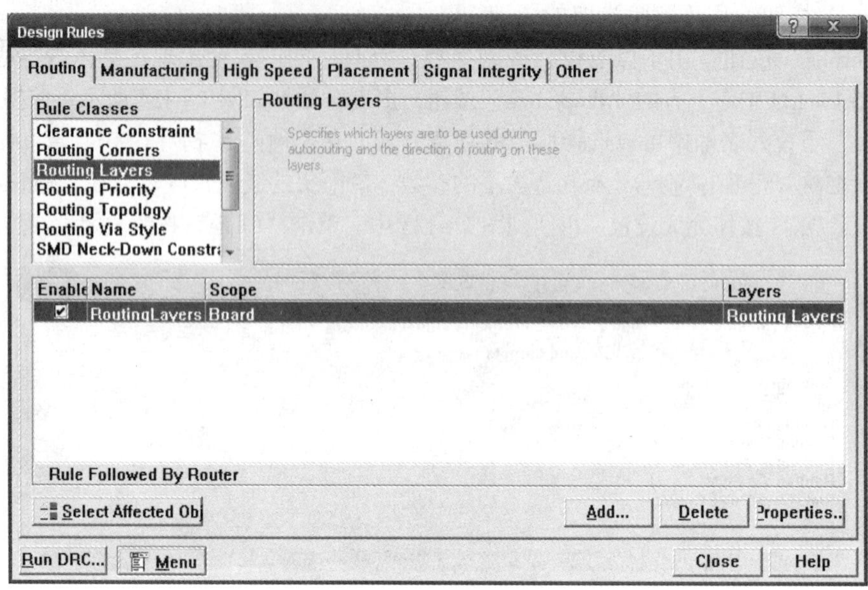

图 1－135　布线层设置

"Add" 按钮：用于新建布线层规则；

"Delete" 按钮：用于删除选取的规则；

"Properties" 按钮：用于修改设计规则参数，修改后的内容会出现在具体内容栏中。

单击图 1－135 中右下方的 "Properties" 按钮，出现对话框如图 1－136 所示。

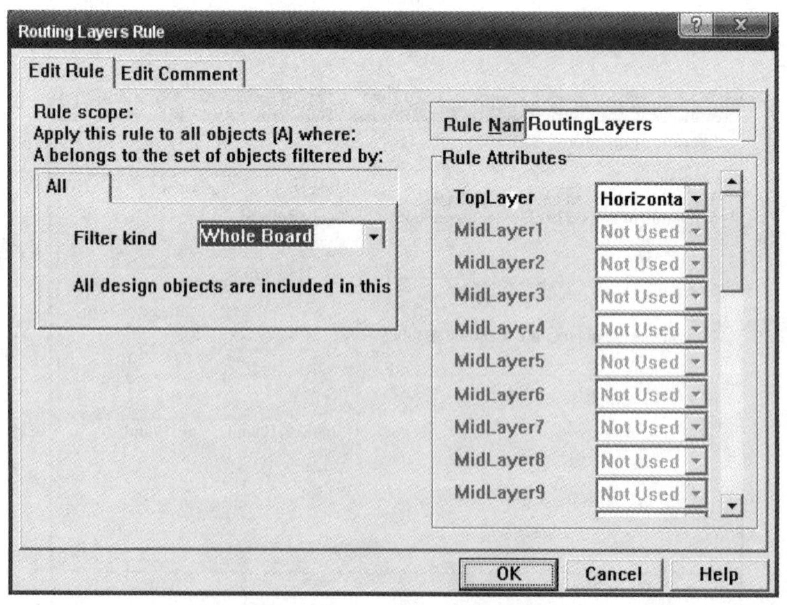

图 1－136　布线层参数设置

“Filter kind” 下拉列表框：用于选择规则适用范围；

“Rule Attributes” 设置区：设置自动布线时所用的信号层及每一层上布线走向，有下列几种：Not Used（不使用本层）、Horizontal（本层水平布线）、Any（本层任意方向布线）、Vertical（本层垂直布线）、1～5 O″Clock（1～5 点钟方向布线）、45 Up（向上 45°方向布线）、45 Down（向下 45°方向布线）、Fan Out（散开方式布线等）。

本例设计单层印制电路板。在 “Rule Attributes” 区域，打开 “Top Layer” 栏下拉列表框，如图 1－137 所示，在其中选择 “Not Used”，如图 1－138 所示；移动滚动条到最下面，打开 “Bottom Layer” 栏下拉列表框，在其中选择 “Any”，如图 1－139 所示，单击 “OK” 按钮完成设置。

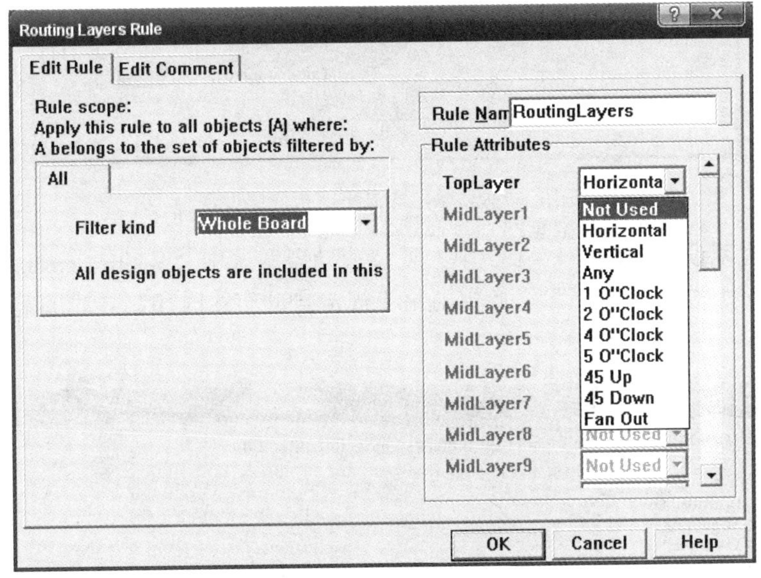

图 1－137 布线方向选择

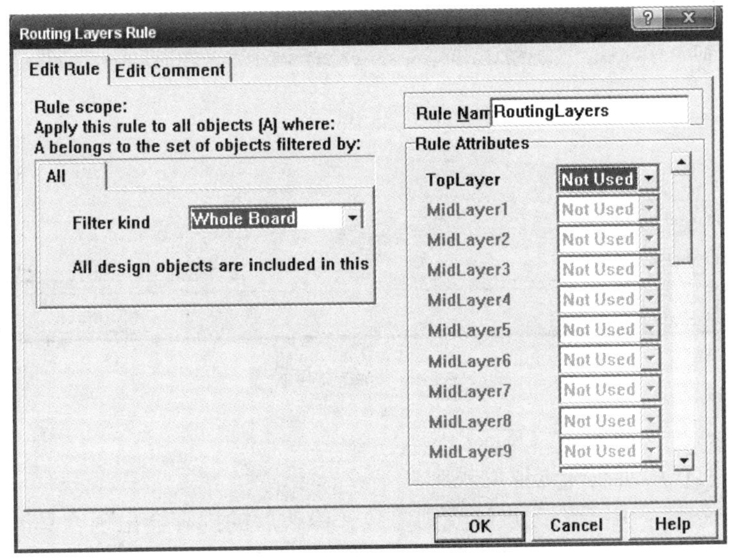

图 1－138 单层印制电路板顶层设置

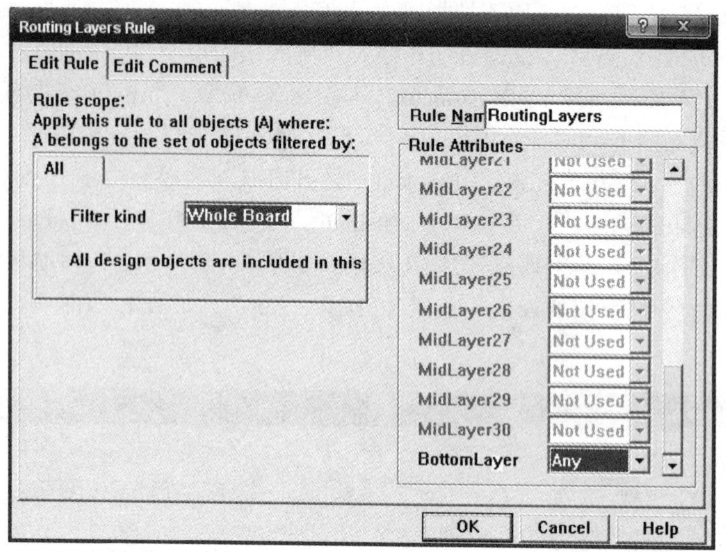

图 1－139 单层印制电路板底层设置

（4）布线宽度设置。在图 1－135 中，下拉滚动条，选中“Width Constraint”项，进入布线宽度设置，如图 1－140 所示。此规则用于规定自动布线时印制导线的宽度范围，可定义一个最小值和一个最大值。

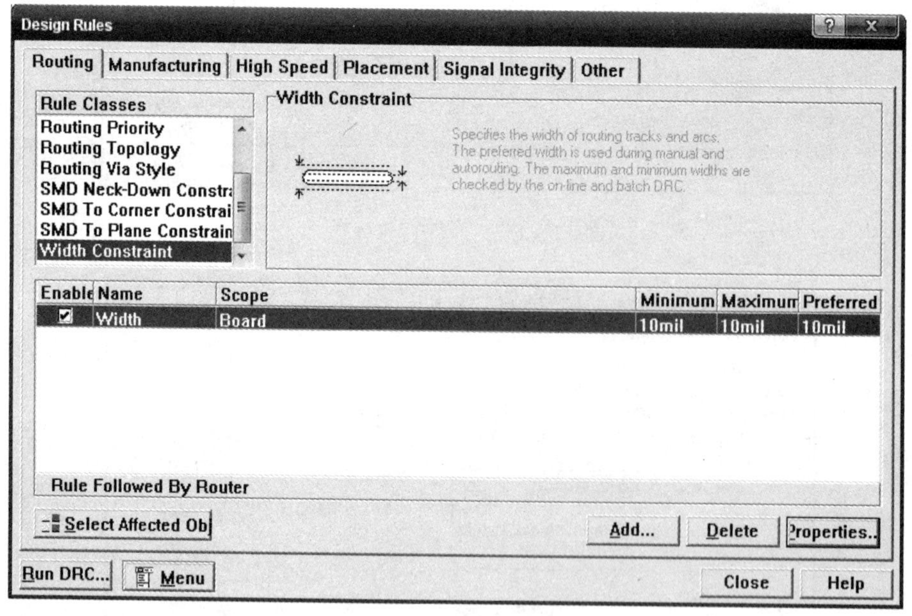

图 1－140 布线宽度设置

“Add”按钮：用于新建布线宽度规则；

“Delete”按钮：用于删除选取的规则；

“Properties”按钮：用于修改设计规则参数，修改后的内容会出现在具体内容栏中。

单击“Properties”按钮，出现对话框如图 1－141 所示。

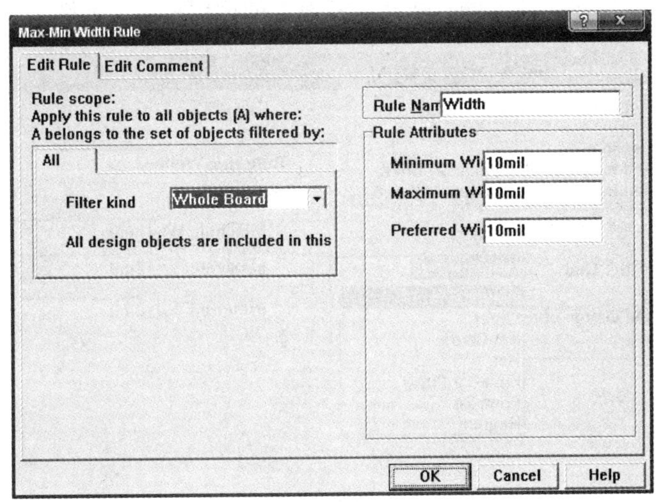

图 1－141　布线宽度参数设置

“Filter kind”下拉列表框：用于设置线宽的适用范围；

“Minimum Width”栏：设置印制导线的最小宽度；

“Maximum Width”：设置印制导线的最大宽度；

“Preferred Width”：设置印制导线的首选布线宽度。自动布线时，布线的线宽限制在这个范围内。

在图 1－141 中将所有导线宽度设置为 10 mil，单击“OK”按钮完成设置。

(1) 加粗地线设置。

实际设计中，可能根据具体需要要对特定导线线宽进行特殊设置，通常需要对地线、电源线加宽。地线加宽方法如下：

在图 1－140 中单击“Add”按钮，进入图 1－142 所示对话框。

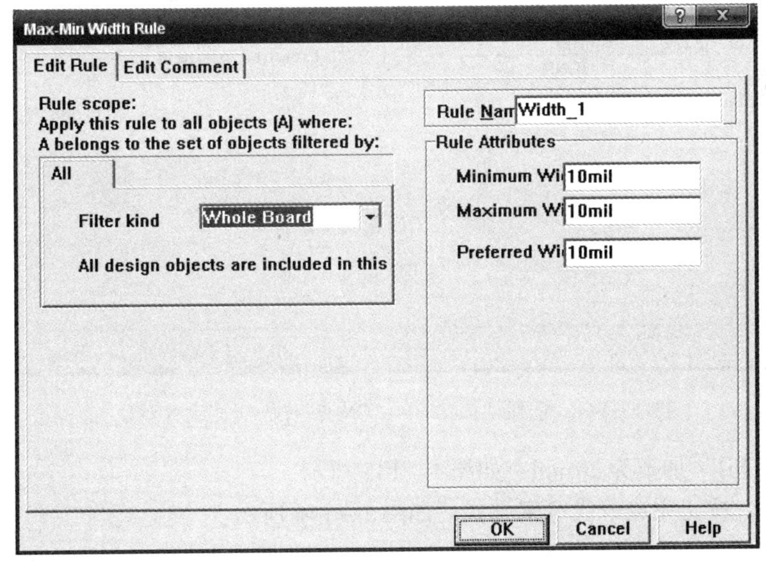

图 1－142　添加线宽设计规则

单击“Filter kind”下拉列表框，选择线宽设置的适用范围，如图1－143所示。

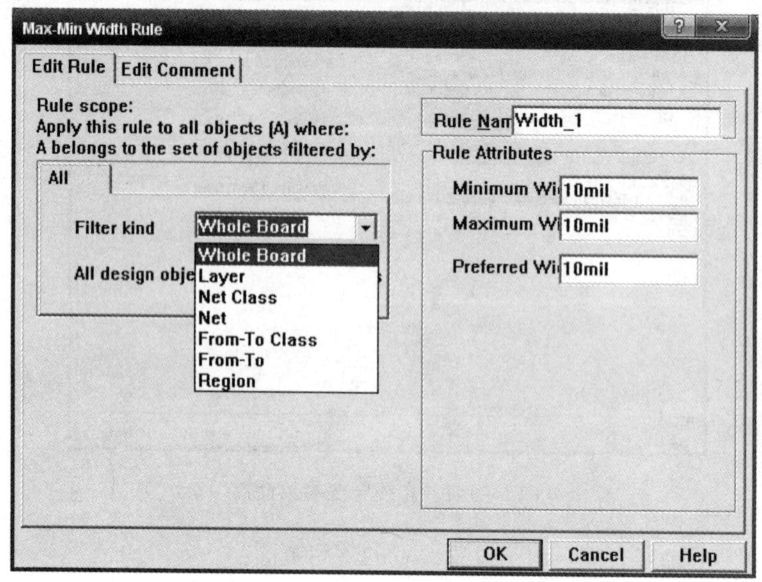

图1－143　打开“Filter kind”下拉列表框

选择“Net”（网络）作为选择范围，如图1－144所示，此时选定网络名称为“GND”（地线）。

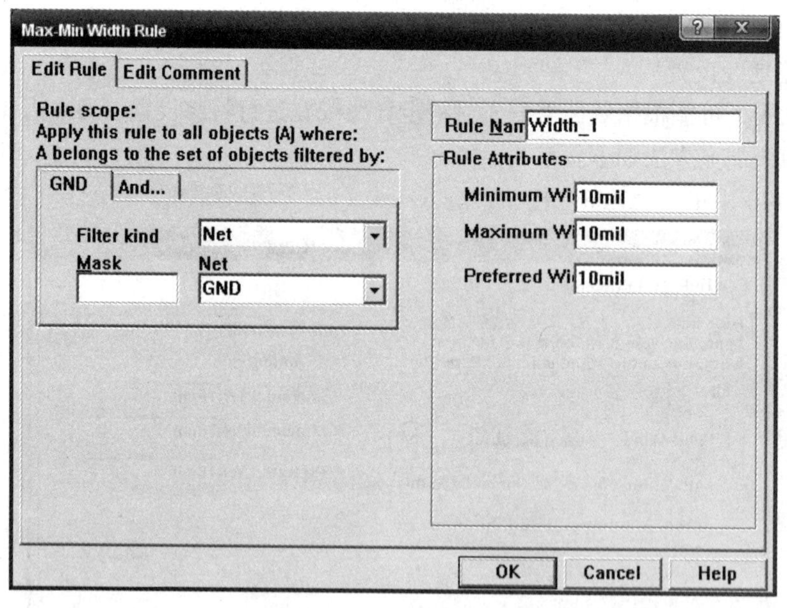

图1－144　选择“Net”中“GND”作为线宽设置对象

将地线“GND”加宽为20 mil，如图1－145所示。

单击“OK”按钮完成地线宽度设置，如图1－146所示。

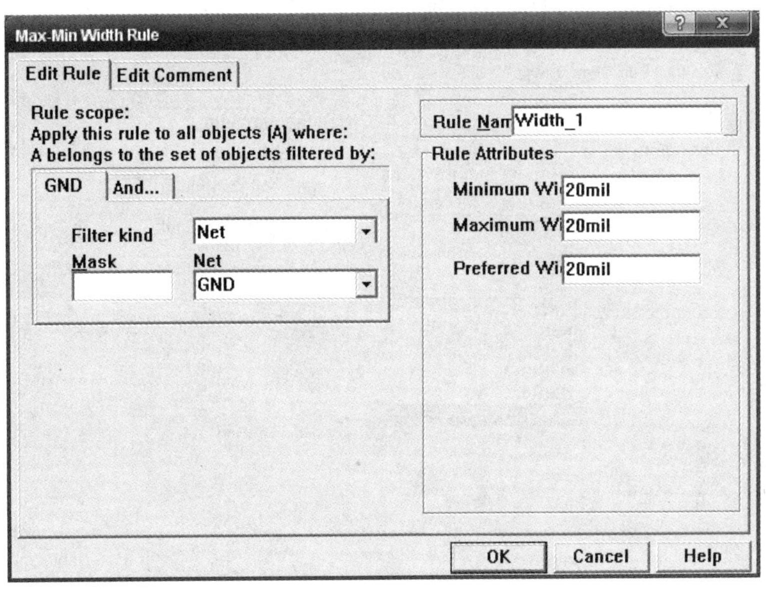

图 1－145 加宽地线宽度为 20 mil

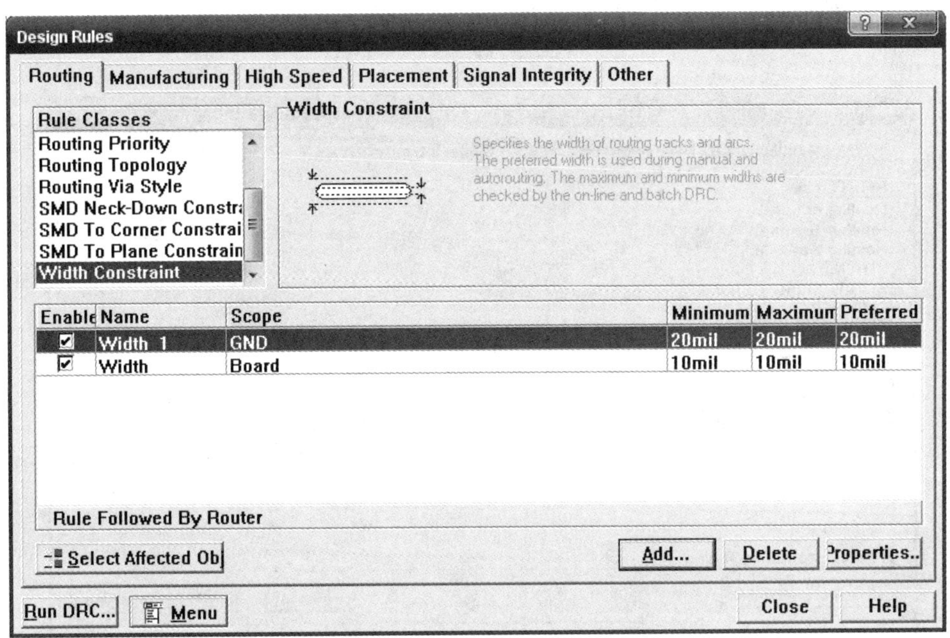

图 1－146 增加地线宽度设计规则

(2) 加宽电源线 VCC。

可以采用与加宽地线相同的方法加宽电源线 VCC。只需在“Net”下拉列表框中选择网络名称为“VCC”，如图 1－147 所示，然后同样将电源线设置为 20 mil 即可，设置完成后单击“OK”按钮得到图 1－148。

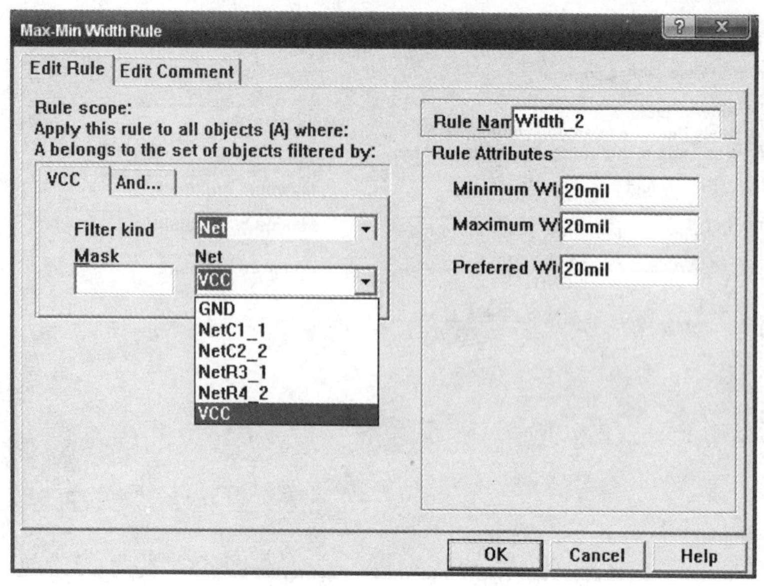

图 1－147　选取电源网络

图 1－148 中显示完成了三个线宽规则的设置，单击“Close”按钮结束全部导线宽度设置。

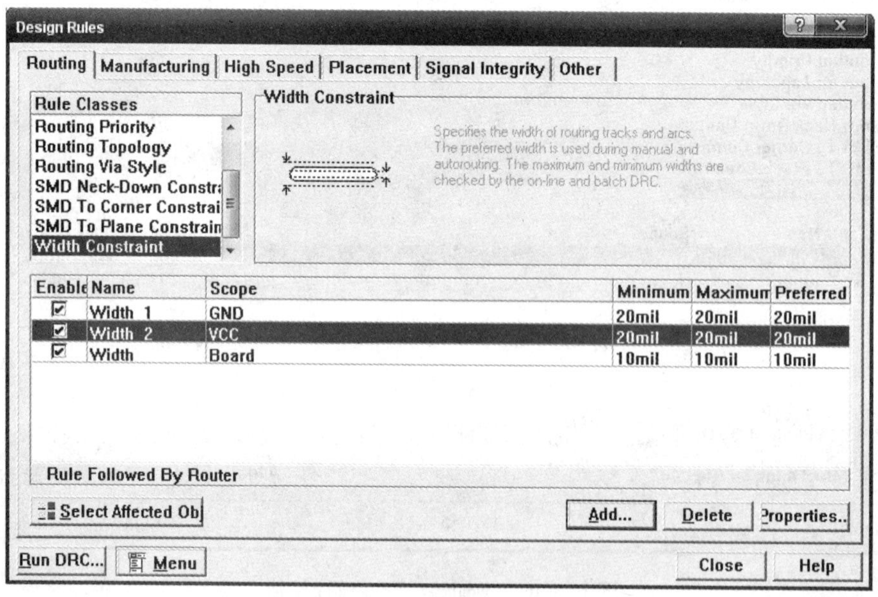

图 1－148　完成全部导线规则设置

6. 自动布线

执行菜单命令【Auto Route】/【All】，屏幕弹出如图 1－149 所示的对话框。

图中主要参数含义如下：

(1)“Router Passes”选项区域，用于设置自动布线的策略。

“Memory”：适用于存储器元件的布线；

"Fan Out Used SMD Pins"：适用于 SMD 焊盘的布线；

"Pattern"：智能性决定采用何种算法用于布线，以确保布线成功率；

"Shape Router - Push And Shove"：采用推挤布线方式；

"Shape Router - Rip Up"：选取此项，能撤销发生间距冲突的走线，并重新布线以消除间距冲突，提高布线成功率。

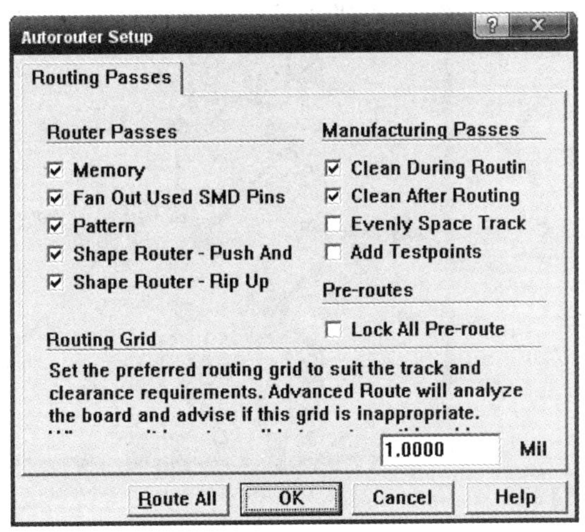

图 1 - 149 自动布线设置

(2) "Manufacturing Passes" 区域，用于设置与制作印制电路板有关的自动布线策略。

"Clean During Routing"：自动清除不必要的连线；

"Clean After Routing"：布线后自动清除不必要的连线；

"Evenly Space Track"：在焊盘间均匀布线；

"Add Testpoints"：自动添加指定形状的测试点。

(3) "Pre - routes" 区域，用于处理预布线，如果选中它则锁定预布线。一般自动布线之前有进行预布线的电路时，必须选中该项。

(4) "Routing Grid" 区域，此区域用于设置布线栅格大小。

自动布线器能分析 PCB 设计，并自动按最优化的方式设置自动布线器参数，所以推荐使用自动布线器的默认参数。

单击图 1 - 149 对话框中的 "Route All" 按钮，可对整个印制电路板进行自动布线。布线结束后，会弹出图 1 - 150 所示信息框，表示布线成功。

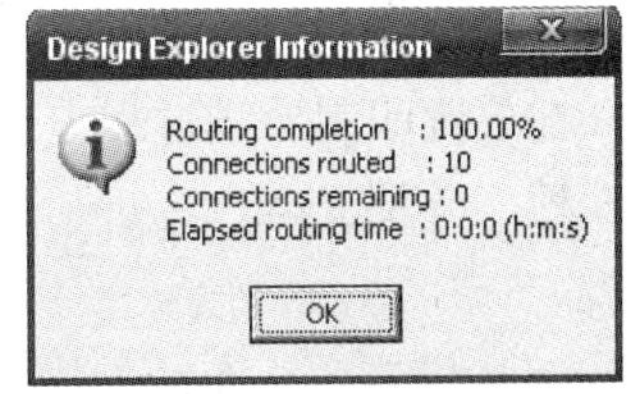

图 1 - 150 布线成功信息

图 1 - 151 为自动布线后的印制电路板图。

7. 手工布线

图 1 - 151 中还有输入、输出信号焊盘没有连线。这两焊盘也可通过网络设置与相应焊盘相连，再通过自动布线方式进行连接，这里采取手工方式进行连接。

(1) 设置手工布线栅格。在进行手工布线时，如果栅格的设置不合理，布线可能出现锐角，或者印制导线无法连接到焊盘上，因此必须合理地设置捕获栅格尺寸。

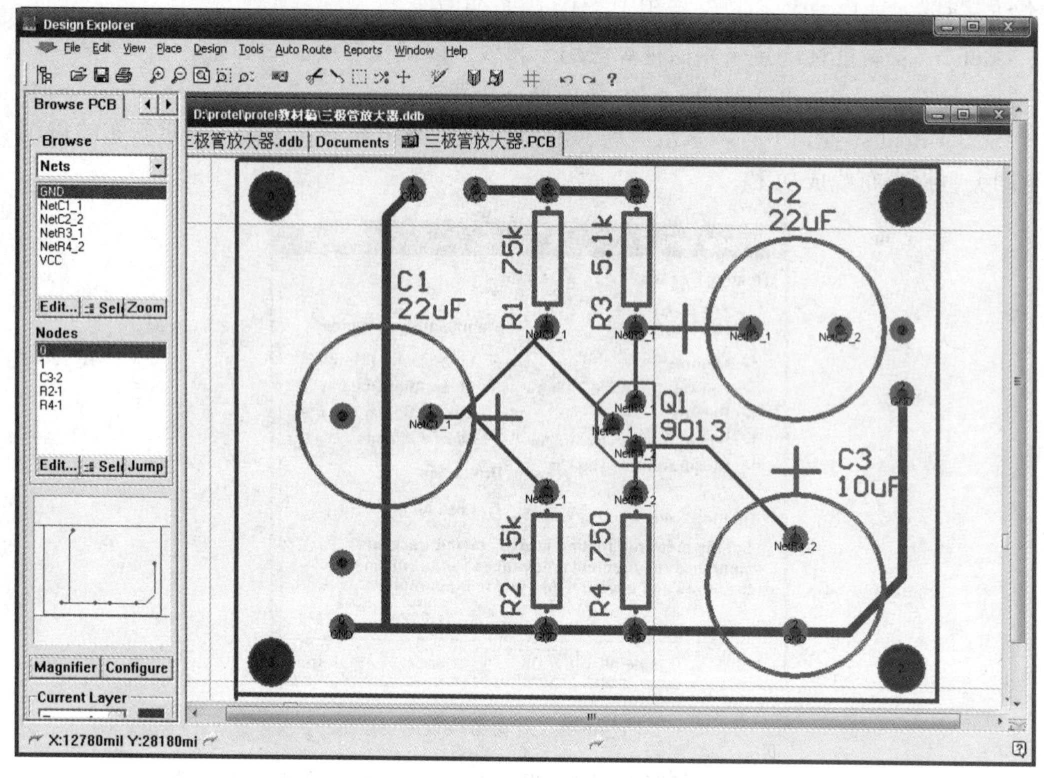

图 1－151　自动布线后的印制电路板

设置捕获栅格尺寸可以在电路工作区中单击鼠标右键，在弹出的菜单中选择“Snap Grid”项，再从中选择捕获栅格尺寸。

（2）放置印制导线。本电路为单层板，需将工作层切换到“Bottom Layer”。执行菜单命令【Place】/【Line】，或单击放置工具栏上的按钮，进入放置印制导线状态，将光标移到所需位置，单击鼠标左键，定下印制导线起点，移动光标，拉出一条线，到需要的位置后再次单击鼠标左键，即可定下一条印制导线。

在放置印制导线过程中，同时按下“Shift”+空格键，可以切换印制导线转折方式，共有 6 种，分别是 45°转折、弧线转折、90°转折、圆弧角转折、任意角度转折和 1/4 圆弧转折。

（3）设置手工布线的线宽。在手工放置印制导线时，系统默认的线宽是 10 mil，如果要修改铜膜的宽度，可以在放置铜膜的过程中按下“Tab”键，屏幕弹出线宽设置对话框，如图 1－152 所示，可以定义线宽和连线的工作层。

（4）编辑印制导线属性。双击 PCB 中的印制导线，屏幕弹出如图 1－153 所示的印制导线属性对话框，可以修改印制导线的属性。

其中，“Width”设置印制导线的线宽；“Layer”设置印制导线所在层，可在其中进行选择；“Net”用于选择印制导线所属的网络，在手工布线时，由于不存在网络，所以是 No Net（在自动布线中，由于装载了网络，可以在其中选择具体的网络名）；“Locked”复选框用于设置铜膜是否锁定。

单击“Global >>”按钮可以进行全局修改。所有设置修改完毕，单击“OK”按钮结束。

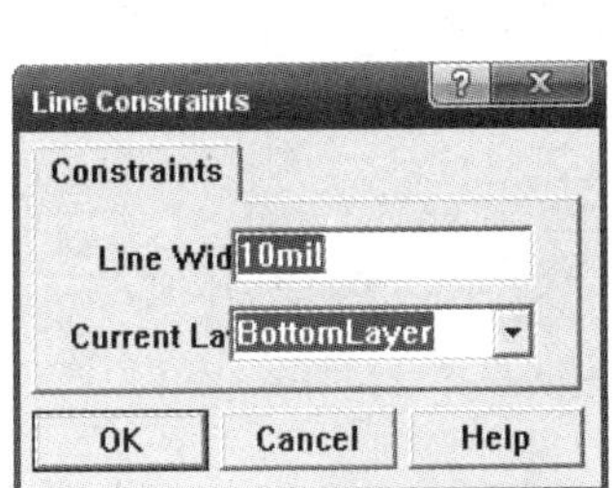

图 1－152　设置导线宽度

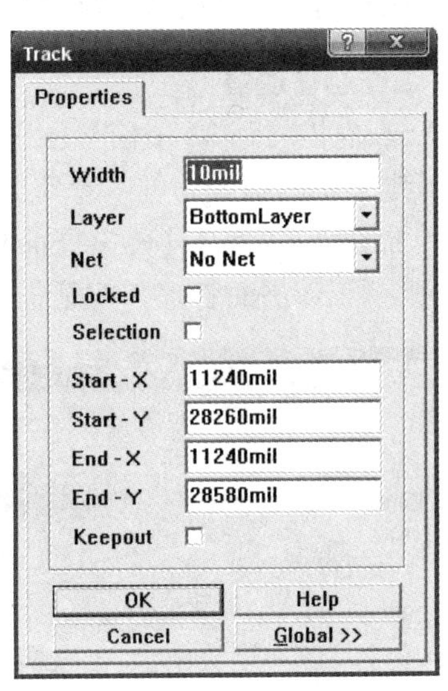

图 1－153　导线属性设置

图 1－154 为手工布线后的印制电路板图。

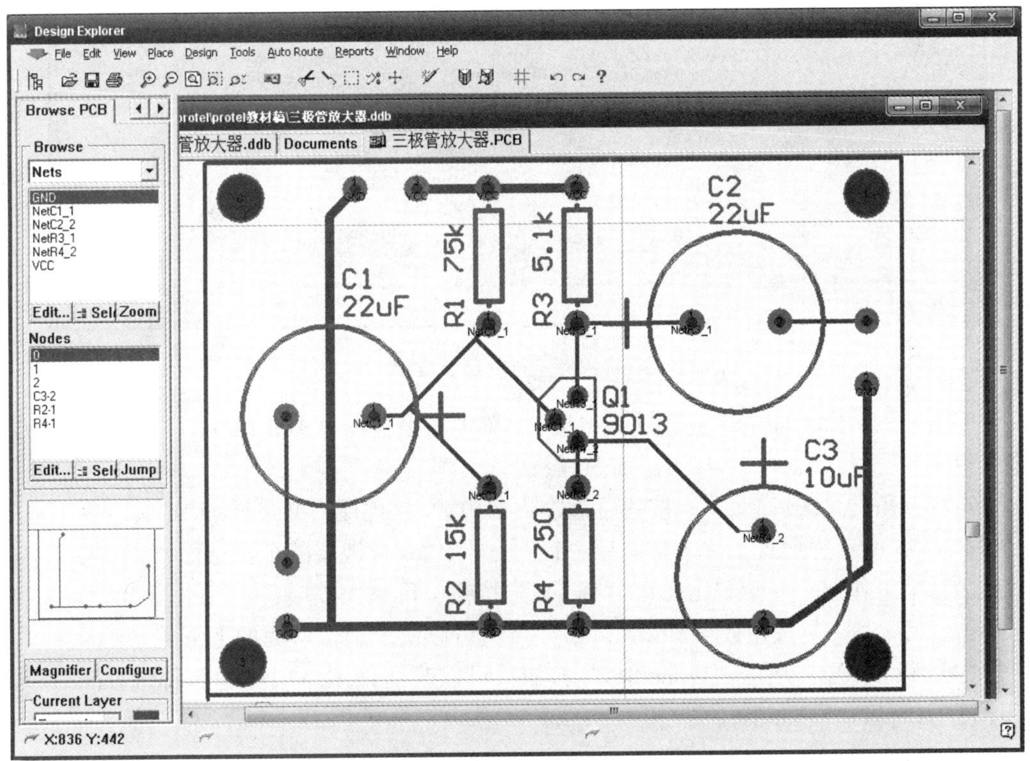

图 1－154　“三极管放大器”印制电路板图

五、拓展提高——设置印制电路板工作层

1. PCB 工作层管理器

Protel 99 SE 现扩展到 32 个信号层，16 个内层电源/接地层，16 个机械层。在层堆栈管理器中用户可定义层的结构，可以看到层堆栈的立体效果。

执行菜单命令【Design】/【Layer Stack Manager】，屏幕弹出如图 1－155 所示的“Layer Stack Manager”（工作层面管理）对话框。

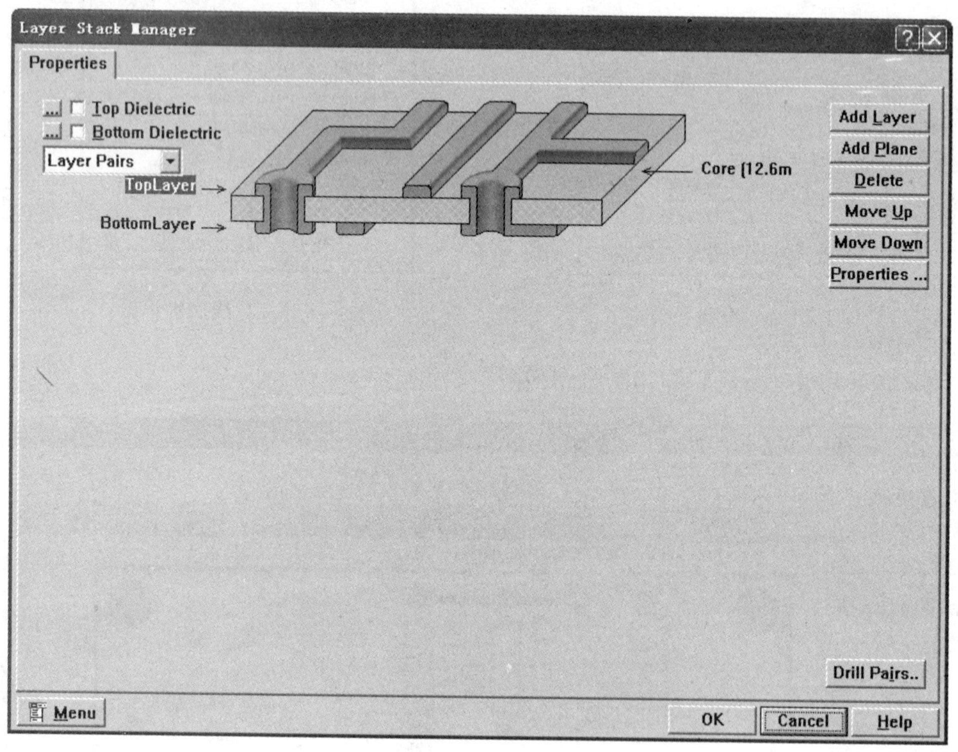

图 1－155　PCB 层管理器

选中图中的“Top Layer”（见图 1－155），单击右上角的“Add Layer”按钮可在顶层之下添加中间层“Mid Layer”，共可添加 30 层；

单击右上角的“Add Plane”按钮可添加内部电源/接地层，共可添加 16 层。

图 1－156 所示为设置了 2 个中间层、1 个内部电源/接地层的工作层面图。

选中某个工作层，然后单击图中“Delete”按钮，可删去该层；

单击“Move Up”按钮或“Move Down”按钮可以调节工作层面的上下关系；

选中某个工作层，单击“Properties”按钮，可以改变该工作层面的名称（Name）和铺铜的厚度（Copper thickness）；

选中“Top Dielectric”复选框，则在顶层添加绝缘层；

选中“Bottom Dielectric”复选框，则在底层添加绝缘层。

系统为用户提供了一些多层板实例样板供选用。在 PCB 层管理器（见图 1－155）中，单击鼠标右键，弹出菜单中有一个“Example Layer Stacks”子菜单，如图 1－157 所示，通

过它可选择设置多层板。图 1－158 为 8 层板样例。

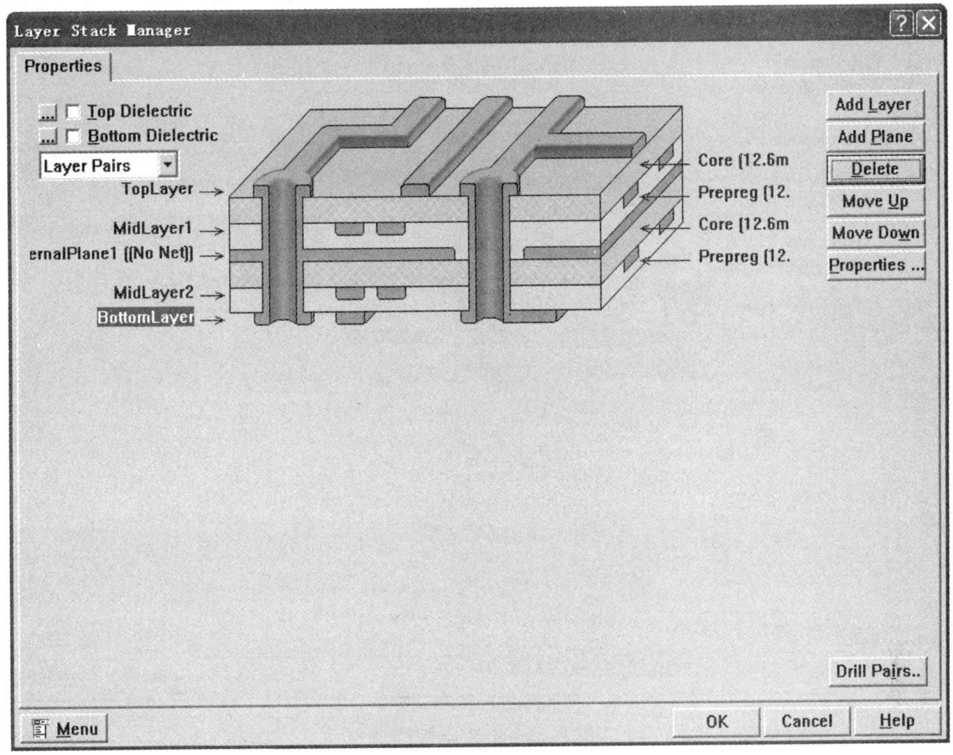

图 1－156 添加工作层

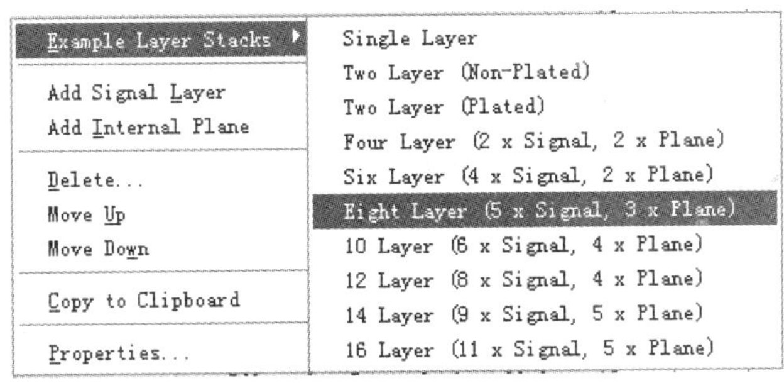

图 1－157 PCB 层管理器快捷菜单

2. 工作层类型

Protel 99 SE 提供了若干不同类型的工作层面，包括信号层（Signal layers）、内部电源/接地层（Internal plane layers）、机械层（Mechanical layers）、阻焊层（Solder mask layers）、锡膏防护层（Paste mask layers）、丝印层（Silkscreen layers）、钻孔位置层（Drill layers）和其他工作层面（Others）。

（1）信号层（Signal layers）。信号层主要是用来放置元件和导线的，共有 32 个信号层。其中顶层（Top layer）和底层（Bottom layer）可以放置元件和铜膜导线，其余 30 个为中间信号层（Mid layer1～30），只能布设铜膜导线，置于信号层上的元件焊盘和铜膜导线代表了印制电路板上的铺铜区。

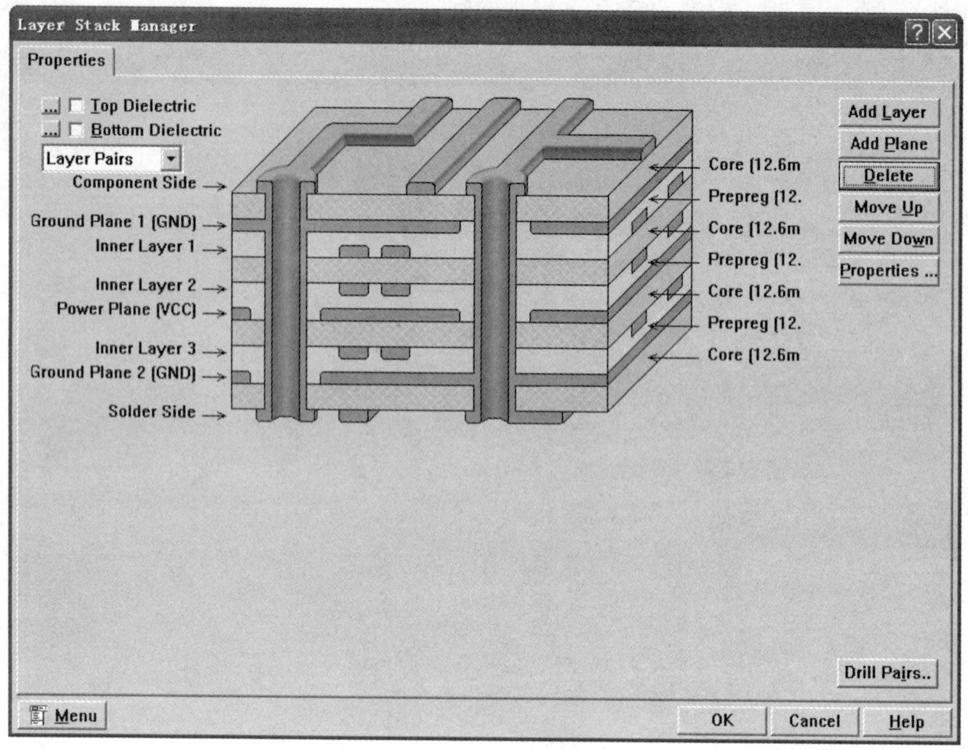

图 1－158　8 层板样例

（2）内部电源/接地层（Internal plane layers）。内部电源/接地层主要用来放置电源线和地线，共有 16 个电源/接地层（Plane1～16），主要用于布设电源线及地线，可以给内部电源/接地层命名一个网络名，在设计过程中 PCB 编辑器能自动将同一网络上的焊盘连接到该层上。

（3）机械层（Mechanical layers）。机械层一般用于放置有关印制电路板和装配方法的信息，共有 16 个机械层（Mech1～16）。

（4）丝印层（Silkscreen layers）。丝印层主要用于绘制元件的轮廓，放置元件的编号或其他文本信息。包括顶层丝印层（Top Overlay）和底层丝印层（Bottom Overlay）两种。

（5）阻焊层（Solder mask layers）。阻焊层有 2 个：Top Solder（顶层阻焊层）和 Bottom Solder（底层阻焊层），用于在设计过程中匹配焊盘，并且是自动产生的。

（6）锡膏防护层（Paste mask layers）。锡膏防护层的作用与阻焊层相似，但在使用“hot reflow”（热回流）技术安装 SMD 元件时，锡膏防护层用来建立阻焊层的丝印，分为顶层防锡膏层和底层防锡膏层。

（7）钻孔层（Drill layers）。钻孔层主要是为制造印制电路板提供钻孔信息，该层是自动计算的。Protel 99 SE 提供钻孔指示图（Drill Guide）和钻孔图（Drill Drawing）两个钻孔层。

（8）禁止布线层（Keep Out Layer）。禁止布线层用于定义放置元件和布线区域的，该区域必须是一个封闭区域。

（9）多层（Multi Layer）。用于放置印制电路板上所有的穿透式焊盘和过孔。

3. 工作层设置

（1）执行菜单命令【Design】/【Options】，屏幕弹出如图 1-159 所示对话框。

（2）用鼠标单击“Layers”选项卡，即可进入工作层设置对话框。

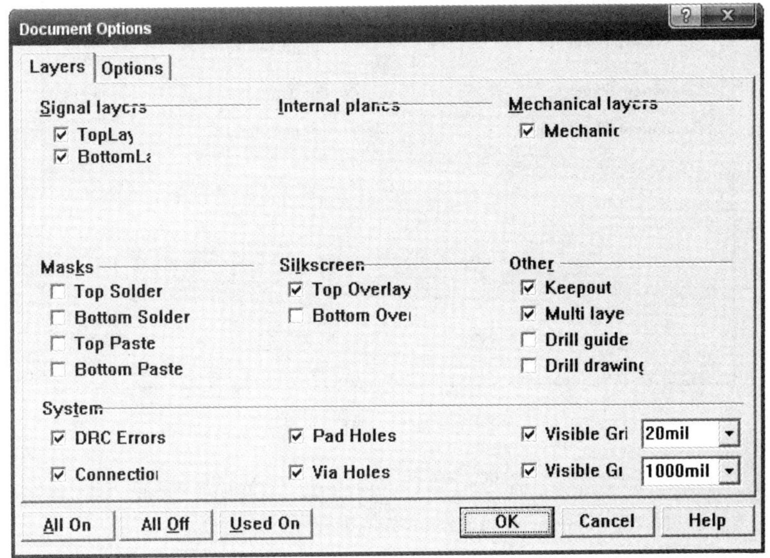

图 1-159　“Document Options”对话框

（3）图 1-159 所示的工作层设置对话框中可以设置打开或关闭某个工作层，只需选中工作层前的复选框，即可打开对应的工作层。对话框左下角三个按钮的作用是：“All On”打开所有的层，“All Off”关闭所有的层，“Used On”只打开当前文件中正在使用的层。

选中“DRC Errors”复选框将违反设计规则的元件显示为高亮度；选中“Connection”复选框将显示网络飞线；选中“Pad Holes”复选框将显示焊盘的钻孔；选中“Via Holes”复选框将显示过孔的钻孔。

一般情况下，Keep Out Layer、Multi Layer 必须设置为打开状态，其他各层根据所要设计 PCB 的层数设置。如设计单面板时还必须将 Bottom Layer、Top Overlay 设置为打开状态。

（4）当前工作层选择。

在布线时，必须先选择相应的工作层，然后再进行布线。设置当前工作层可以用鼠标左键单击工作区下方工作层标签栏上的某一个工作层实现，如图 1-160 所示，图中选中的工作层为 Bottom Layer。

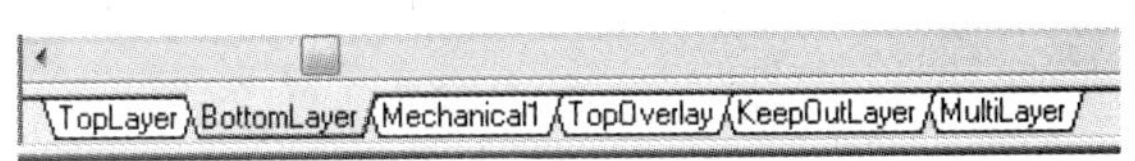

图 1-160　选择当前工作层

4. 栅格设置

在图 1-159 中，选中“Options”选项卡，出现图 1-161 所示的对话框。

“Options”选项卡主要设置元件移动栅格（Component）、捕获栅格（Snap）、电气栅格（Electrical Grid）、可视栅格样式（Visible Kind）和单位制（Measurement Unit）；“Layers”选项卡中可以设置可视栅格（Visible Grid）。

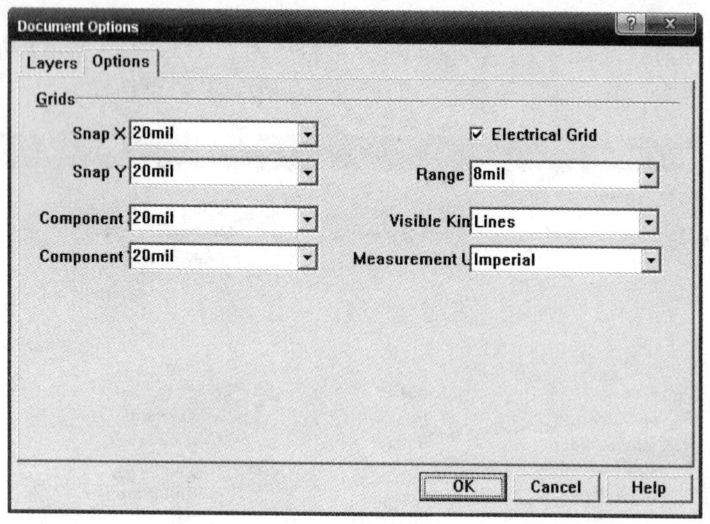

图 1－161　栅格设置

（1）"Grids"（栅格）设置。主要有"Component X(Y)"：设置元件在 $X(Y)$ 方向上的位移量；"Snap X(Y)"：设置光标在 $X(Y)$ 方向上的位移量。

（2）"Electrical Grid"（电气栅格）设置。必须选中该复选框，再设置电气栅格间距。电气栅格的含义与原理图中电气栅格含义相同。选中"Electrical Grid"复选框表示具有自动捕捉焊盘的功能；"Range"（范围）框用于设定捕捉半径。在放置导线时，系统会以当前光标为中心，以"Grids"设置值为半径捕捉焊盘，一旦捕捉到焊盘，光标会自动加到该焊盘上。

（3）"Visible Kind"（可视栅格样式）设置。有"Dots"（点状）和"Lines"（线状）两种。

（4）可视栅格设置。可视栅格的设置在"Layers"选项卡中，主要有"Visible 1"：第一组可视栅格间距，这组可视栅格只有在工作区放大到一定程度时才会显示，一般比第二组可视栅格间距小；"Visible 2"：第二组可视栅格间距，进入 PCB 编辑器时看到的栅格是第二组可视栅格。

（5）"Measurement Unit"（度量单位）。用于设置系统度量单位。系统提供了两种度量单位，即"Imperial"（英制）和"Metric"（公制），系统默认为英制。

六、思考与练习

1. 请问在哪一层上规划 PCB 板的电气轮廓？你会几种方法？

2. 什么是单层印制电路板？简述单层印制电路板图设计的步骤。在制作印制电路板图的过程中，通常都设置哪些自动布线设计规则？

任务三　完善三极管放大器 PCB

一、任务介绍

本任务主要进行 PCB 补泪滴、加放置多边形铺铜并进行文字标注等。通过这些操作加强 PCB 导线的连接强度、提高 PCB 的抗干扰性。图 1－162 所示为完善设计后的“三极管放大器．PCB”。

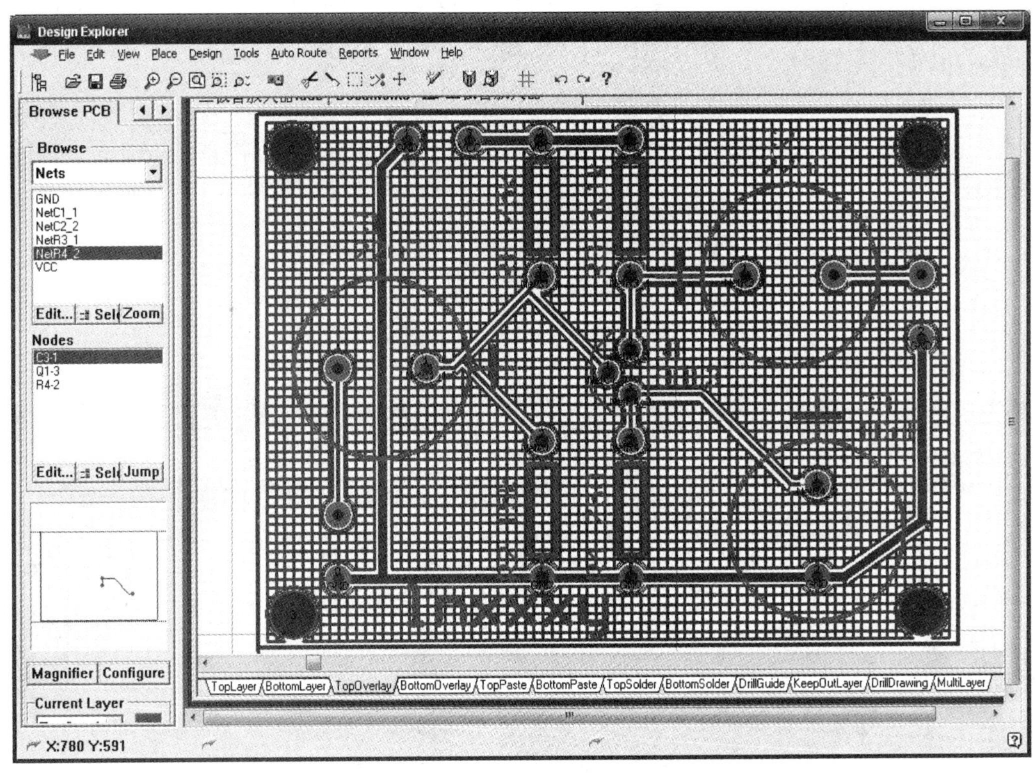

图 1－162 完善“三极管放大器．PCB”

二、任务分析

利用软件提供的工具可以顺利完成相关操作。铺铜时应注意铺铜与元件及导线的绝缘要求，避免发生放电现象。

三、任务实施

1. 补泪滴

所谓补泪滴，就是在印制导线与焊盘或过孔相连时，为增强连接的牢固性，在连接处加大印制导线宽度。采用泪滴后，印制导线在接近焊盘或过孔时，线宽逐渐放大，形状就像一个泪珠。添加泪滴时要求焊盘要比线宽大，设置泪滴的步骤如下。

执行菜单命令【Tools】/【Teardrops】，屏幕弹出泪滴设置对话框，如图 1－163 所示。

“General”区：用于设置泪滴作用的范围，常用的有“All Pads”（所有焊盘）、“All Vias”（所有过孔）、“Selected Objects Only”（仅设置选中的目标）、“Force Teardrops”（强制设置泪滴）、“Create Report”（产生报告文件）。

“Action”区：用于选择添加（Add）或删除泪滴（Remove）。

“Teardrop Style”区：用于设置泪滴的式样，可选择“Arc”（圆弧）或“Track”（线型）。图中选择添加线型泪滴。

参数设置完毕，单击“OK”按钮，系统自动为电路添加泪滴，如图1－164所示。

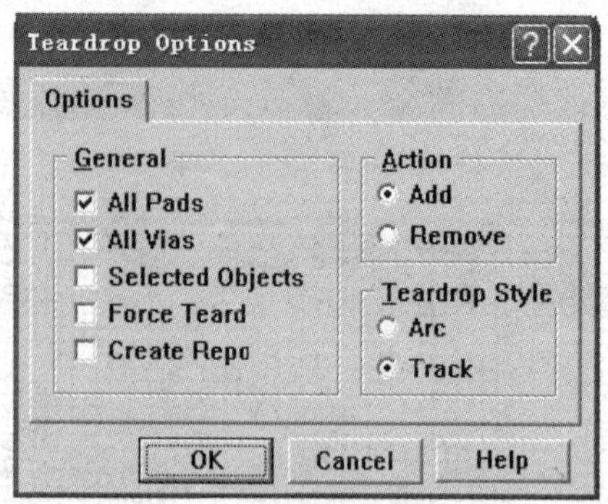

图1－163　泪滴设置对话框

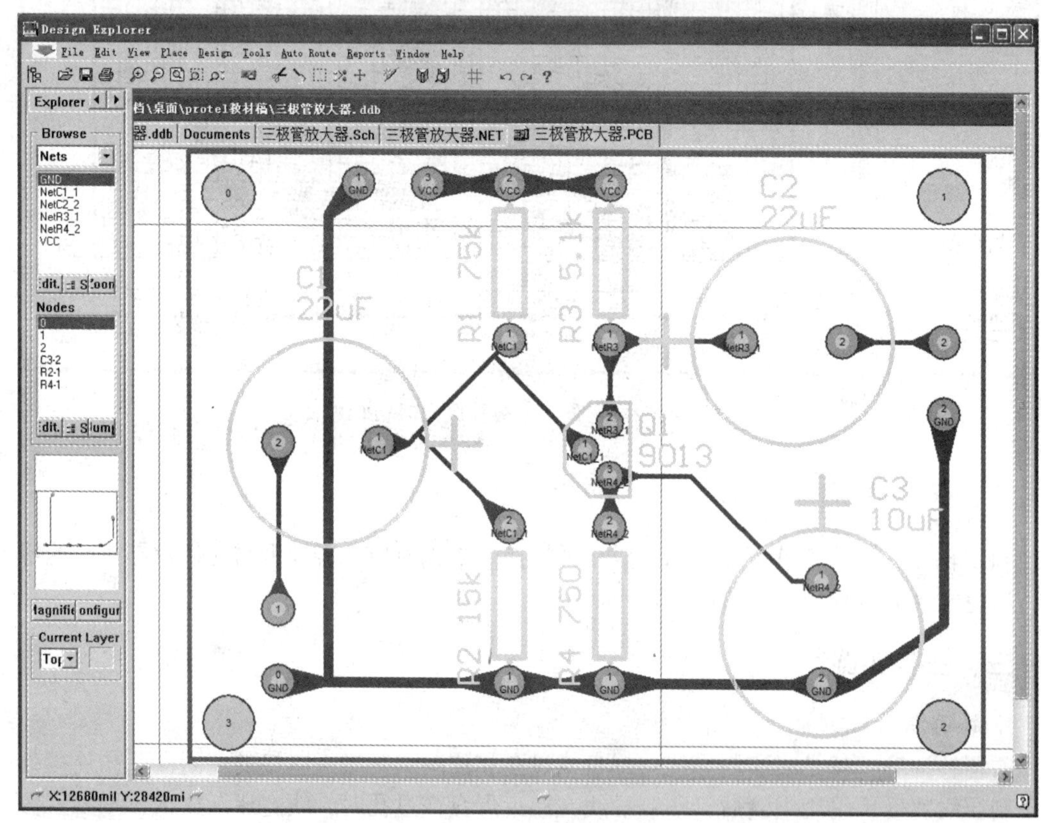

图1－164　为电路补泪滴

2. 放置多边形铺铜

在高频电路中，为了提高PCB的抗干扰能力，通常使用大面积铜箔进行屏蔽，为保证大面积铜箔的散热，一般要对铜箔进行开槽，实际使用中可以通过放置多边形铺铜解决开槽问题。

执行菜单命令【Place】/【Polygon Plane】，或单击放置工具栏上的按钮，屏幕弹出如图1－165所示的放置多边形铺铜属性设置对话框，框中各项参数含义如下：

“Connect To Net”：设置铺铜连接的网络，通常与地线连接。

“Pour Over Same”：选取此项，设置当遇到相同网络的焊盘或印制导线时，直接覆盖过去。

“Remove Dead Copper”：选取此项，则将删除死铜。所谓死铜，是指与任何网络不相连的铜膜。

“Grid Size”：设置多边形的栅格点间距，决定铺铜密度。

“Track Width”：设置线宽，当线宽小于栅格间距时，铺铜将为格子状，否则为整片铺铜。

“Layer”：设置铺铜所在层。

“90 – Degree Hatch”：采用90°印制导线铺铜。

“45 – Degree Hatch”：采用45°印制导线铺铜。

“Vertical Hatch”：采用垂直的印制导线铺铜。

“Horizontal Hatch”：采用水平的印制导线铺铜。

“No Hatching”：采用中空方式铺铜。

“Surround Pads With”：设置铺铜包围焊盘的形式为圆弧形（Arcs）或正八边形（Octagons）。

“Minimum Primitive Size”：设置印制导线的最短限制。

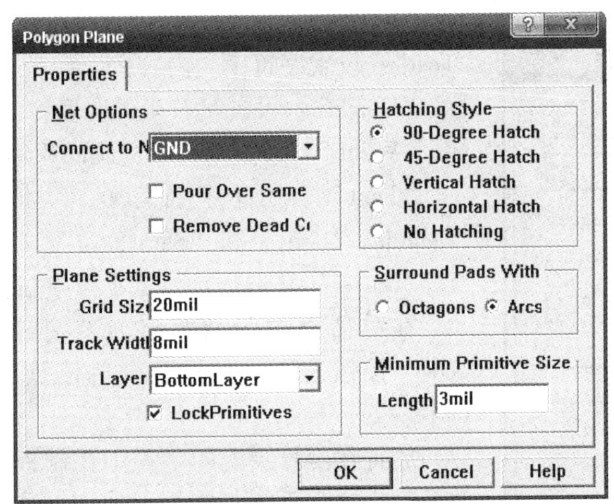

图1 – 165 铺铜属性设置对话框

属性对话框设置完后，单击“OK”按钮结束，用鼠标定义一个封闭区域，程序自动在此区域内铺铜。图1 – 166为铺铜后的三极管放大器印制电路板。

3. 放置字符串

为对电路进行某种说明，可以添加字符串。字符串最长为255个字符。

执行菜单命令【Place】/【String】，或单击放置工具栏上的按钮 T，进入放置字符串状态，光标上带着字符String，按下“Tab”键，出现图1 – 167字符串属性设置对话框，框中各项主要参数含义如下：

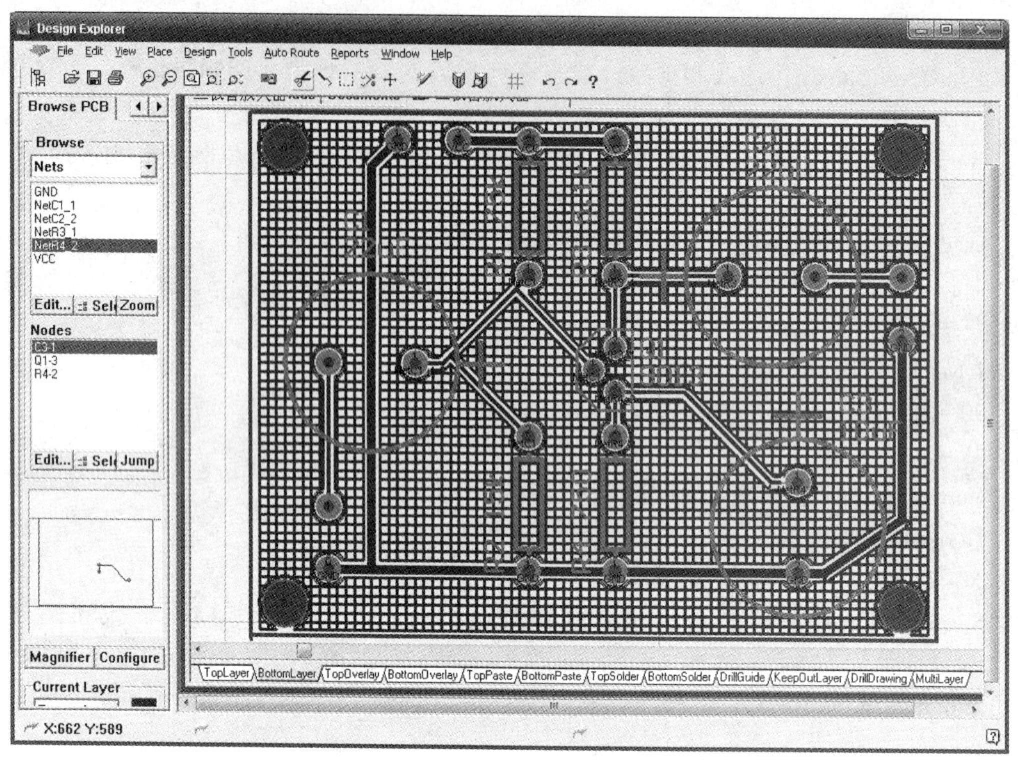

图 1－166　加入铺铜后的 PCB

String

Properties

- Text: lnxxxy
- Height: 80mil
- Width: 15mil
- Font: Default
- Layer: TopOverlay
- Rotation: 0.000
- X - Location: 11400mil
- Y - Location: 28020mil
- Mirror: ☐
- Locked: ☐
- Selection: ☐

OK　Help　Cancel　Global >>

图 1－167　字符串属性设置

“Text”：设置字符串的内容；

“Height”：设置字符串的高度；

“Width”：设置字符串笔画的粗细；

“Font”：设置字符串的字体，有 3 种选择，即“Default”“Serif”和“Sans Serif”；

“Mirror”复选框：设置字符串是否镜像翻转。

在对话框中设置好各项参数、输入字符串后单击“OK”按钮，移动光标至合适位置后，单击左键放下字符串。

放置在信号层上的字符串在制板时也以铜箔出现，故放置时应注意不能与同层上的印制导线相连，而在丝网层上的字符串只是一种说明文字，以丝网状态出现。

本例将字符串“lnXXXy”放在丝印层（放置字符串前首先将工作层面切换到“TopOverLayer”），如图 1－168 所示。

4. 3D 预览

Protel 99 SE 提供有 3D 预览功能，可以在电脑上直接预览印制电路板的效果，根据预览的情况可以重新调整元件布局。执行菜单命令【View】/【Board in 3D】，或单击主工具栏的按钮，对 PCB 进行 3D 预览，产生 3D 预览文件，在图形左边的设计管理器区中，拖动视图小窗口的坐标轴可以任意旋转 3D 视图。图 1－169 为 3D 视图。

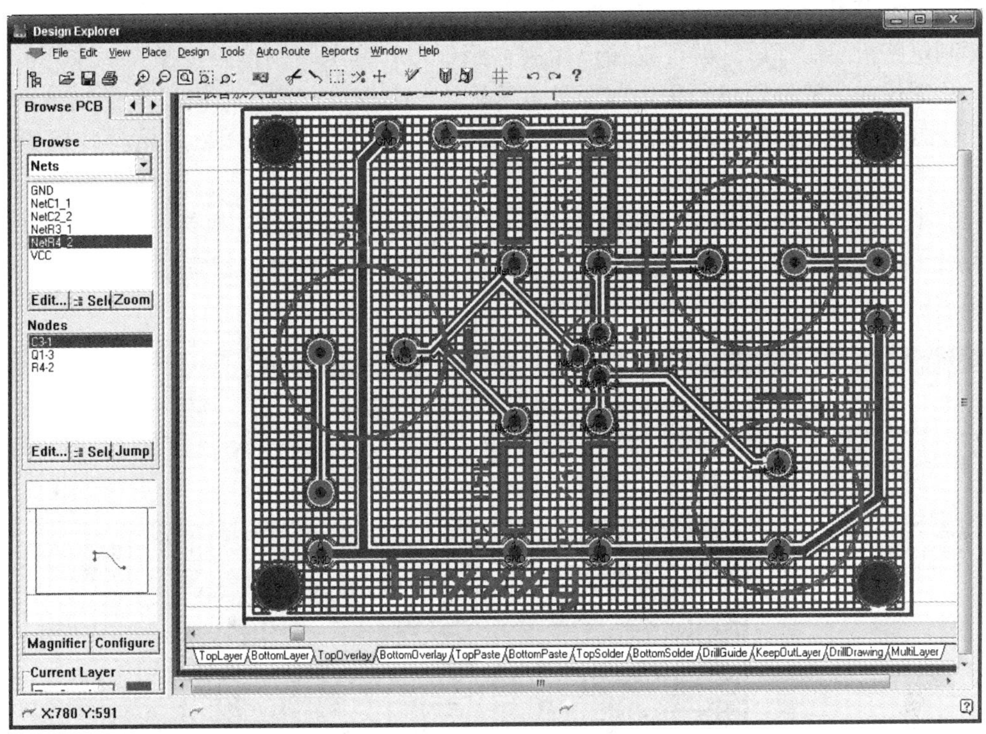

图 1－168　加入字符串后的 PCB

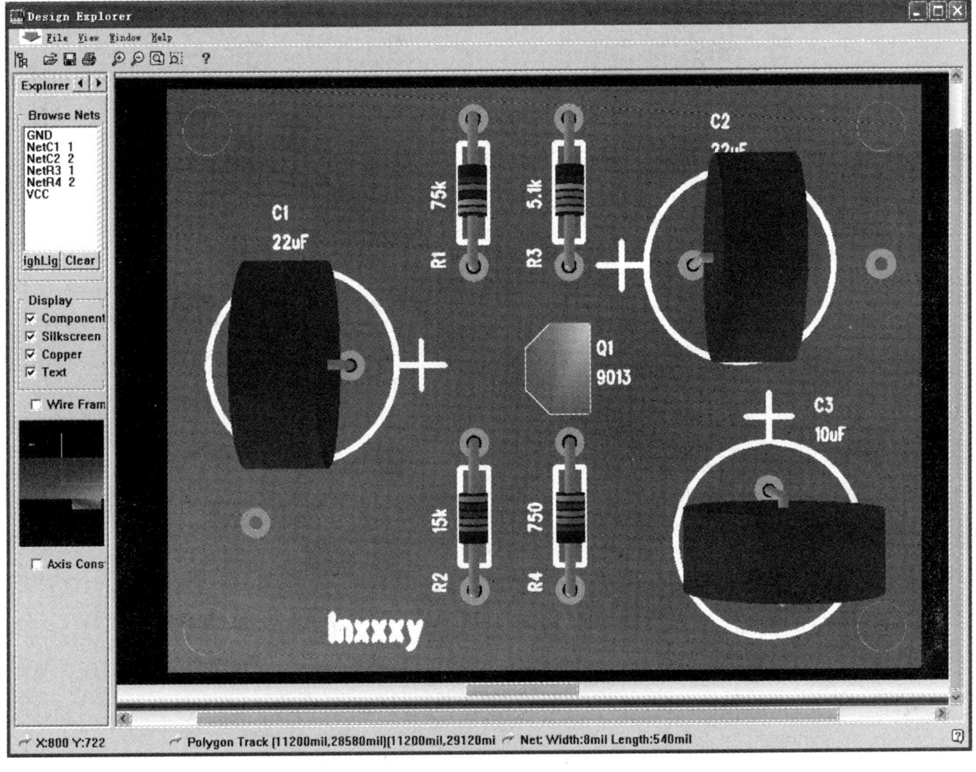

图 1－169　3D 预览

5. 印制电路板输出

印制电路板绘制好后，就可以输出印制电路板图，输出印制电路板图可以采用 Gerber 文件、绘图仪或一般打印机，采用前两种方法输出，精密度很高，但需要有价格昂贵的设备；采用打印机输出，精密度较差，但价格低，打印方便。下面介绍采用打印机输出的方法。

（1）打印预览。在 PCB 99 SE 中打印前必须先进行打印预览。执行菜单命令【File】/【Printer/Preview】，屏幕产生一个预览文件，在设计管理器中的 PCB 打印浏览器中显示该预览 PCB 文件中的工作层名称，如图 1－170 所示。

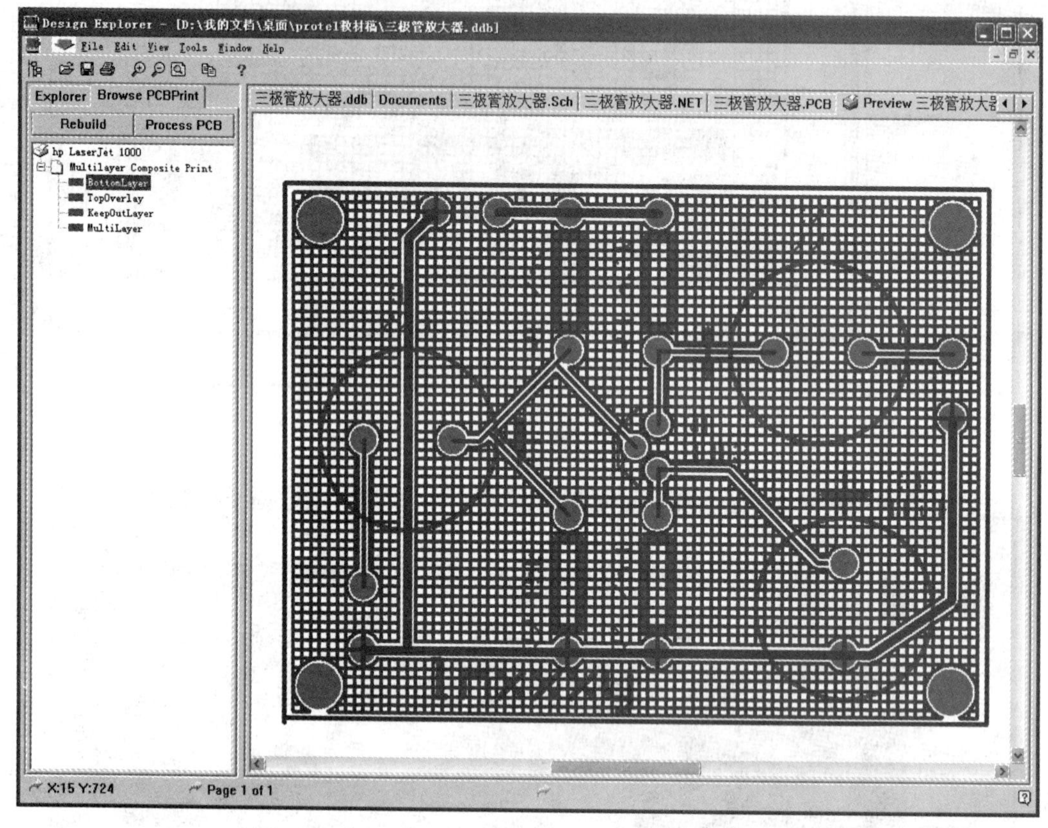

图 1－170　打印预览

图中 PCB 预览窗口显示输出的 PCB 图；左边 PCB 打印预览器中显示当前输出的工作面，输出的工作面可以自行设置。

（2）打印机设置。进入打印预览后，执行菜单命令【File】/【Setup Printer】进行打印设置，屏幕弹出如图 1－171 所示的打印设置对话框。

在图中“Printer”下拉列表框中，可以选择打印机；在“PCB Filename”框中显示要打印的文件名；在“Orientation”选择框中设置打印方向，包括纵向和横向；在“Print What”下拉列表框中可以选择打印的对象，包括标准打印、全板打印和打印显示区；在“Margins”区设置页边距；在“Print Scale”栏中设置打印比例。然后单击“OK”按钮完成打印设置。

（3）输出层面设置。设置好打印机后，可以根据需要设置输出的工作层面。在图 1－170 所示的 PCB 打印浏览器中单击鼠标右键，屏幕弹出如图 1－172 所示的打印层面设置菜单，选择“Insert Printout”，屏幕弹出如图 1－173 所示的输出文件设置对话框，其中“Printout Name”用于设置输出文件名；“Components”区用于设置输出的元件面；“Layers”区用于设置输出的工作层面，目前已默认输出“TopLayer”。

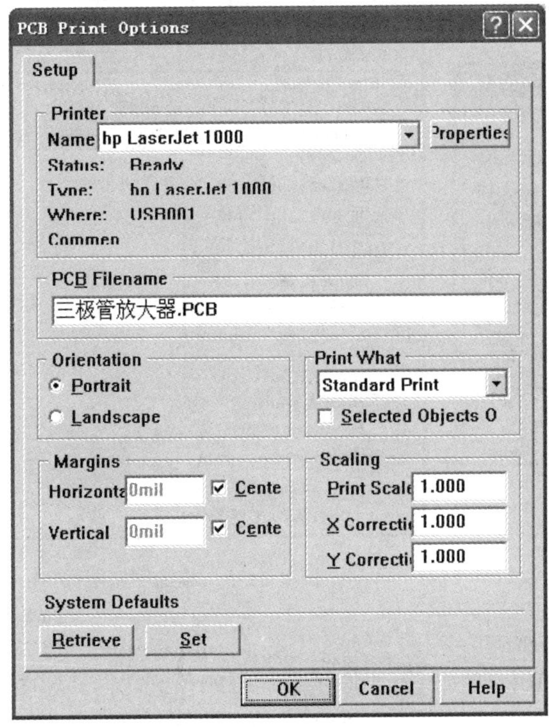

图 1－171 打印设置对话框

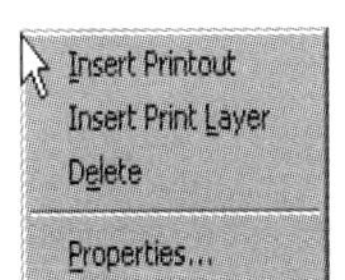

图 1－172 设置打印层

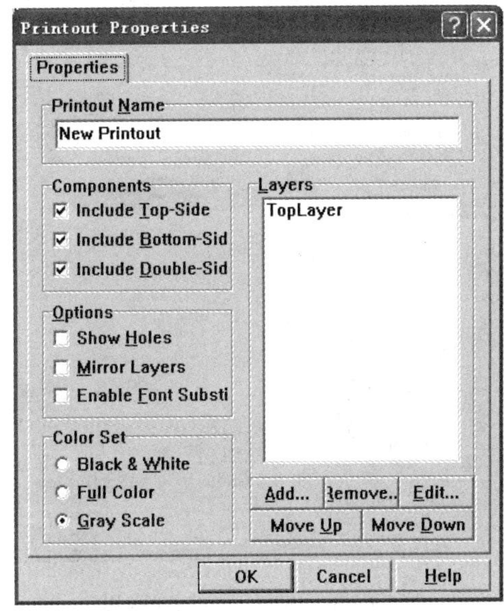

图 1－173 输出文件设置对话框

单击“Add”按钮，屏幕弹出如图1-174所示对话框。在图中选择需要添加的打印层面，如“BottomLayer”，单击“OK”按钮完成设置，得到图1-175。

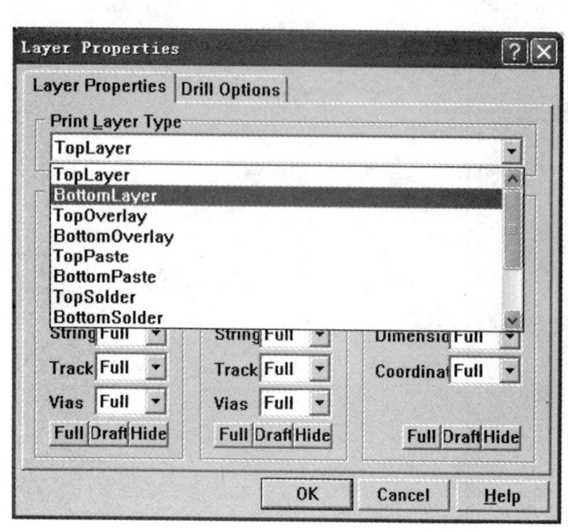

图1-174　输出层面设置

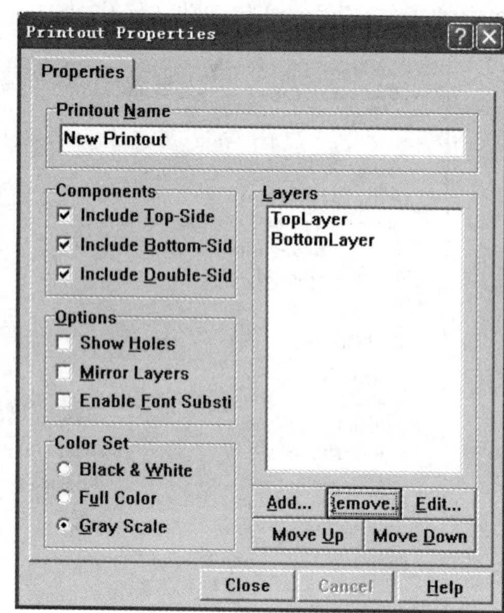

图1-175　添加输出层面

本例可输出三个层面，如图1-176所示。

单击“Close”按钮结束设置，在PCB打印浏览器中产生新的打印预览文件，如图1-177所示。从图中可以看出新设定的输出层面为Toplayer和TopOverlay、BottomLayer。

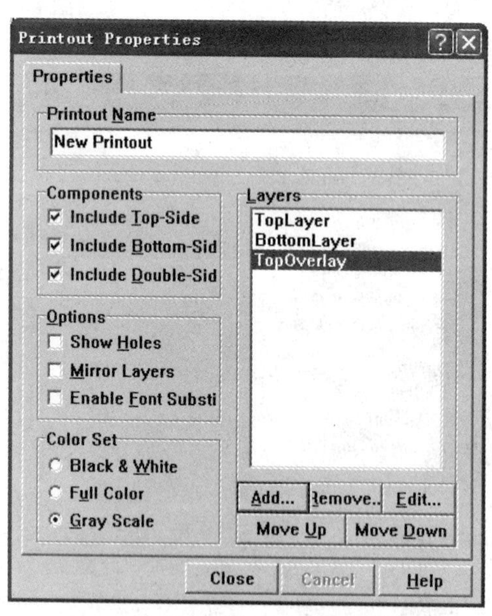

图1-176　设置三个层面输出

选中图1-176中的工作层，单击鼠标右键，在弹出的对话框中选择“Insert Print Layer”，可直接进入图1-174所示的添加输出层面设置对话框，进行输出层面设置。

选中图 1－176 中的工作层，单击鼠标右键，在弹出的对话框中选择“Delete”，可以删除当前输出层面。

选中图 1－174 中的工作层，单击鼠标右键，在弹出的对话框中选择“Properties”，可修改当前输出层面的设置。

（4）打印输出。设置输出层面后就可以打印电路图，输出的方式有 4 种，即执行菜单命令【File】/【Print All】打印所有图形；执行【File】/【Print Job】打印操作对象；执行【File】/【Print Page】打印指定的页面，执行【File】/【Print Current】，打印当前页。

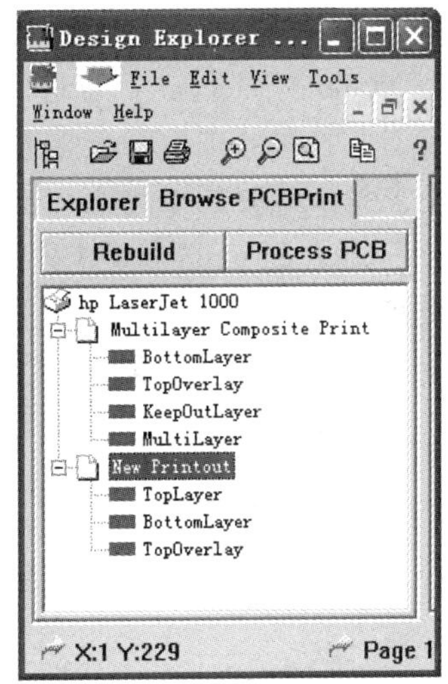

图 1－177 打印预览文件

四、拓展与提高——PCB 系统参数设置

PCB 系统参数包括光标显示、层颜色、系统默认设置、PCB 设置等。系统参数可根据个人喜好设定，从而为用户提供个性化的设计环境。

执行菜单命令【Tools】/【Preferences】，系统弹出如图 1－178 所示的“Preferences”对话框。该对话框共有 6 个选项卡，分别是“Options”选项卡、“Display”选项卡、“Colors”选项卡、“Show/Hide”选项卡、“Defaults”选项卡、“Signal Integrity”选项卡。

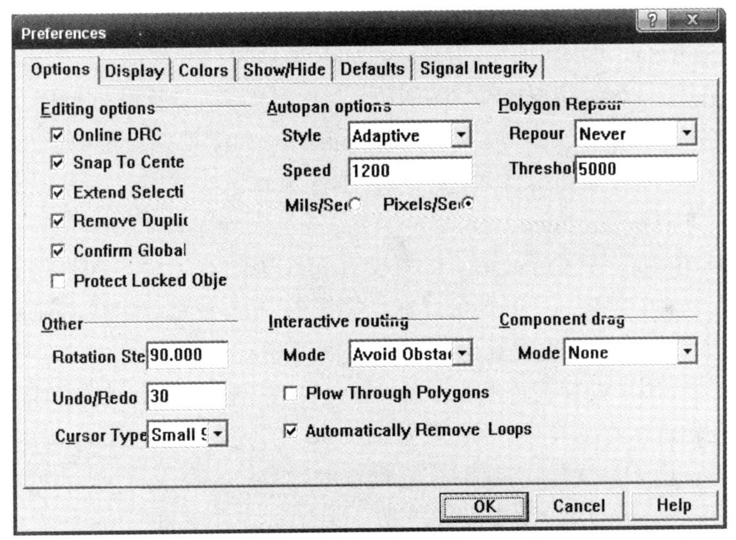

图 1－178 “Preferences”对话框

1. “Options”选项卡的设置

单击“Options”标签便可进入“Options”选项卡，如图 1－178 所示。“Options”选项卡用于设置一些特殊功能。它包含“Editing options”“Autopan options”“Undo/Redo”等。

（1）“Editing options”区域：用于设置编辑操作时的一些特性，包括如下选项。

“Online DRC”复选框：用于设置在线设计规则检查。若选中此项，在布线过程中，系统便自动根据设定的设计规则进行检查。

“Snap To Center”复选框：用于设置当移动元件封装或字符串时，光标是否自动移动到元件封装或字符串的参考点。系统默认时选中此项。

"Extend Selection"复选框：用于设置当选取印制电路板组件时，是否取消原来选取的组件。若选中此项，系统则不会取消原来选取的组件，连同新选取的组件一起处于选中状态。系统默认时选中此项。

"Remove Duplicates"复选框：用于设置系统是否自动删除重复的组件。系统默认时选中此项。

"Confirm Global Edit"复选框：用于设置在整体修改时，系统是否出现整体修改结果提示对话框。系统默认时选中此项。

"Protect Locked Objects"复选框：用于设置是否保护锁定的对象。选中此项有效。

（2）"Autopan options"区域：用于自动滚屏设置，一般设置为"Disable"。"Style"选项用于设置移动模式，系统提供了7种移动模式，如图1－179所示。

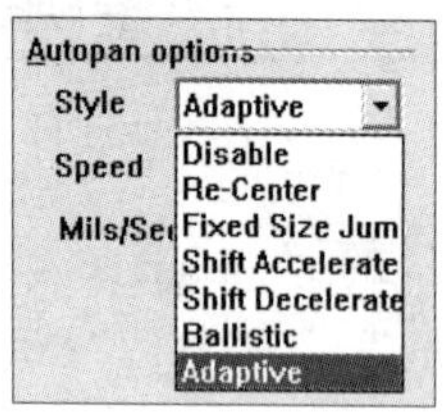

图1－179　移动模式

"Adaptive"：自适应模式。系统会根据当前图形的位置自适应选择移动方式。

"Disable"：取消移动功能。

"Re－Center"：当光标移动到编辑区边缘时，系统将光标所在位置设置为新的编辑区中心。

"Fixed Size Jump"：当光标移动到编辑区边缘时，系统将以Step项的设定值为移动量向未显示的部分移动。当按下"Shift"键后，系统将以Shift Step项的设定值为移动量向未显示的部分移动。

"Shift Accelerate"：系统将以Step Size项的设定值为移动步长进行平移。当按下"Shift"键后，系统将加速平移到最大的步长大小，即Shift Step Size项的设定值。

"Ballistic"：当光标移动到编辑区边缘时，越往编辑区边缘移动，移动速度越快。系统默认移动模式为"Fixed Size Jump"模式。

（3）"Polygon Repour"区域：用于设置交互布线中的避免障碍和推挤布线方式。如果"Polygon Repour"选为"Always"，则可以在已铺铜的PCB中修改走线，铺铜会自动重铺。

（4）"Other"区域：用于设置其他的显示项目。

"Rotation Step"：用于设置旋转角度。在放置组件时，按一次空格键，组件会旋转一个角度，这个旋转角度就是在此设置的。系统默认值为90°，即按一次空格键，组件会旋转90°。

"Undo/Redo"：用于设置撤销操作/重复操作的次数。

"Cursor Types"选项：用于设置光标类型。系统提供了3种光标类型，即"Small 90"（小的90°光标）、"Large 90"（大的90°光标）、"Small"（小的45°光标）。通常为了准确定位，选择大十字（Large 90）。

（5）"Interactive routing"区域：用于设置交互布线模式。有3种模式可供选择：Ignore Obstacle（忽略障碍）、Avoid Obstacle（避开障碍）、Push Obstacle（移开障碍）。

"Plow Through Polygons"复选框：若被选中，则布线时使用多边形来检测布线障碍。

"Automatically Remove Loops"复选框：用于设置自动回路删除。若选中此复选框，在绘制一条导线后，如果发现存在另一条回路，则系统将自动删除原来的回路。

（6）"Component drag"区域："Mode"下拉列表框中有两个选项，即"Component Tracks"和"None"。若选择"Component Tracks"项，在使用菜单命令【Edit】/【Move】/【Drag】移动

组件时，连接在该组件上的导线也随之移动，不会和组件断开；若选择“None”项，在使用菜单命令【Edit】/【Move】/【Drag】移动组件时，与组件连接的铜膜导线会和组件断开，此时菜单命令【Edit】/【Move】/【Drag】和【Edit】/【Move】/【Move】没有区别。

2. “Dispaly”选项卡的设置

单击“Display”标签便可进入“Display”选项卡，如图 1－180 所示。

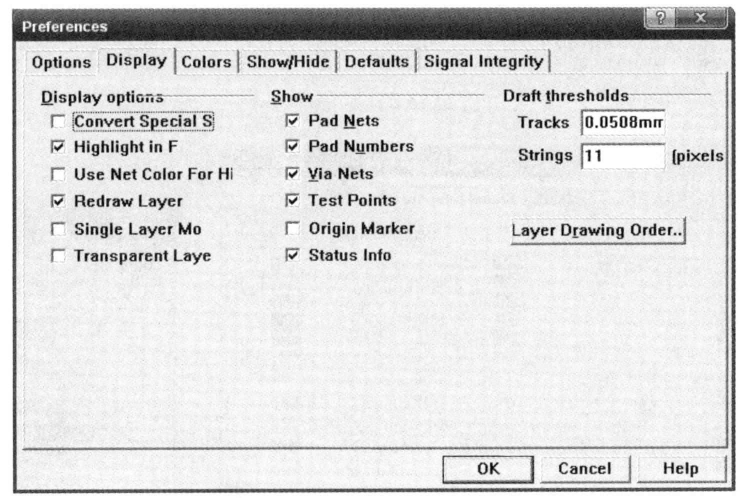

图 1－180 “Display”选项卡

“Dispaly”选项卡用于设置屏幕显示和元件显示模式，其中主要可设置选项如下。

（1）“Dispaly options”区域：用于屏幕显示设置。

“Convert Special Strings”复选框：是否将特殊字符串转化成它所代表的文字。

“Highlight in For Nets”复选框：是否高亮显示所选网络。

“Use Net Color For Highlight”复选框：是否使用网络颜色用于高亮显示。

“Redraw Layer”复选框：用于设置当重画印制电路板时，系统将一层一层地重画。当前的层最后才会重画，所以最清楚。

“Single Layer Mode”复选框：设置只显示当前编辑的层，其他层不被显示。

“Transparent Layer”复选框：用于设置所有的层都为透明状，若选择此项，所有的导线、焊盘都变为透明状。

（2）“Show”区域：用于 PCB 板显示设置。

“Pad Nets”复选框：设置是否显示焊盘网络名称。

“Pad Numbers”复选框：设置是否显示焊盘序号。

“Via Nets”复选框：设置是否显示过孔网络名称。

“Test Points”复选框：设置是否显示测试点。

“Origin Marker”复选框：设置是否显示指示绝对坐标的黑色带叉圆圈。

“Status Information”复选框：设置是否显示状态信息。

（3）“Draft thresholds”区域：用于设置显示图形显示极限，“Tracks”框设置的数目为导线显示极限，如果大于该值的导线，则以实际轮廓显示，否则只以简单直线显示；“Strings”框设置的数目为字符显示极限，如果像素大于该值的字符，则以文本显示，否则只以框显示。

3. “Colors” 选项卡的设置

在 PCB 设计中，由于层数多，为区分不同层上的铜膜线，必须将各层设置为不同颜色。单击“Colors”标签进入“Colors”选项卡，如图 1-181 所示，该选项卡用于设置层的颜色。设置层颜色时，单击层右边的颜色块即可打开如图 1-182 所示的颜色选择对话框。层颜色设置对话框中有一个“Default Colors”按钮，单击该按钮，层颜色被恢复成系统默认颜色。单击“Classic Colors”按钮系统会将层颜色指定为传统的设置颜色，即 DOS 中采用的黑底设计界面。一般情况下，使用系统默认的颜色。

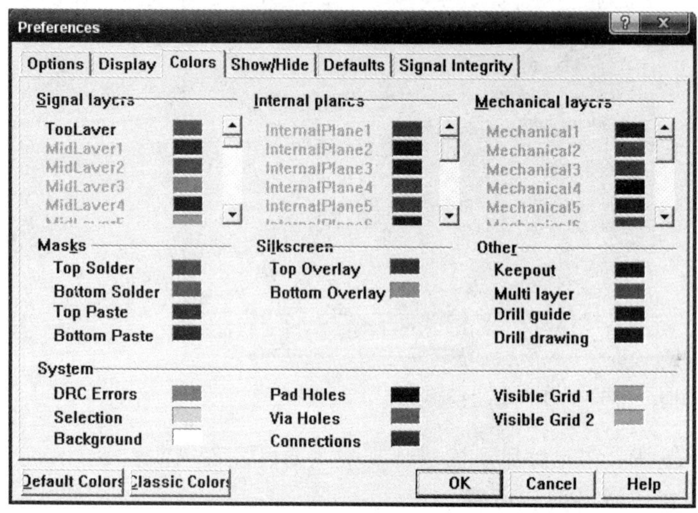

图 1-181 “Colors” 选项卡

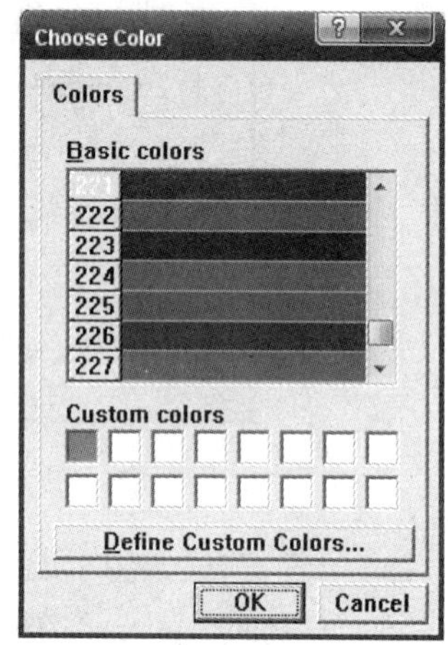

图 1-182 颜色选择对话框

4. “Show/Hide” 选项卡的设置

单击“Show/Hide”标签进入“Show/Hide”选项卡，如图 1-183 所示。“Show/Hide”选项卡用于设置各种图形的显示模式。

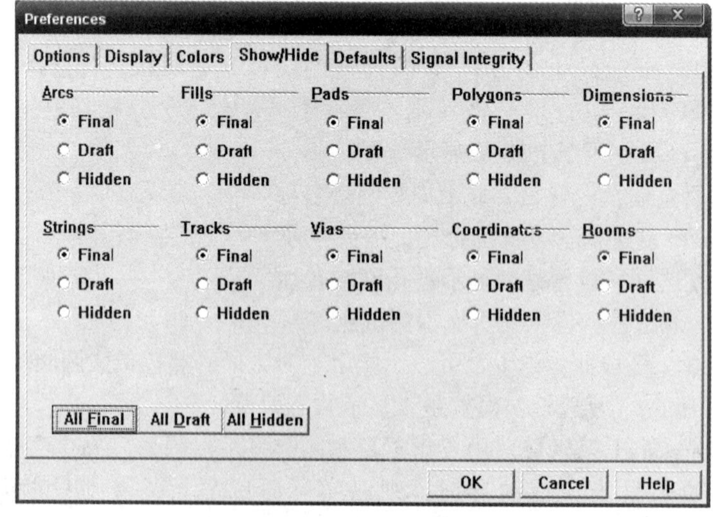

图 1-183 “Show/Hide” 选项卡

选项卡中的每一项都有相同的3种模式，即“Final”（精细）显示模式、“Draft”（简易）显示模式、“Hidden”（不显示）模式。在该选项卡中，用户可分别设置PCB板的几何对象的显示模式。

5. “Defaults” 选项卡的设置

单击“Defaults”标签进入“Defaults”选项卡，如图1－184所示。

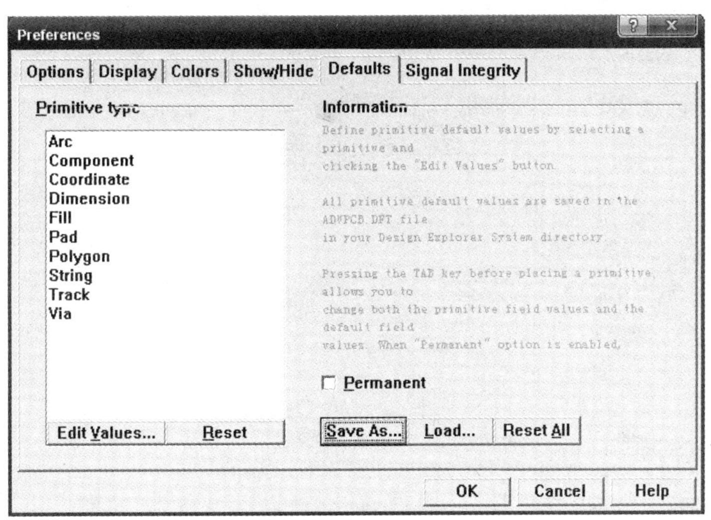

图1－184 “Defaults”选项卡

“Defaults”选项卡用于设置各个组件的系统默认设置。各个组件包括“Arc”（圆弧）、“Component”（元件封装）、“Coordinate”（坐标）、“Dimension”（尺寸）、“Fill”（金属填充）、“Pad”（焊盘）、“Polygon”（铺铜）、“String”（字符串）、“Track”（铜膜导线）、“Via”（过孔）等。若将系统设置为默认设置，在图1－184所示的对话框中，选中组件，单击“Edit Values”按钮便可进入编辑系统默认值编辑对话框。

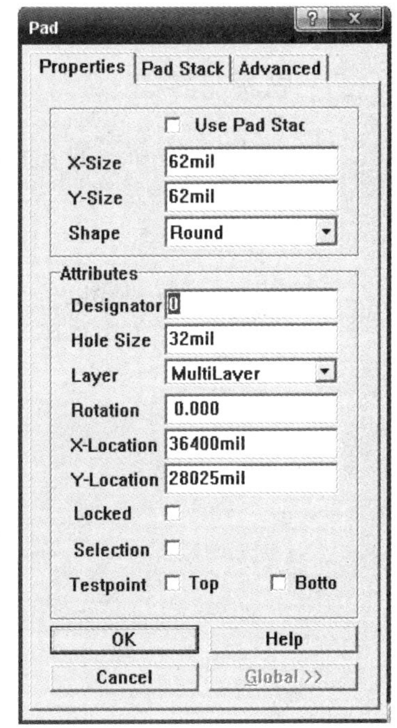

图1－185 焊盘默认值编辑对话框

假如选中了元件“Pad”（焊盘），则单击“Edit Values”按钮便可进入焊盘的系统默认值编辑对话框，如图1－185所示。各项修改会在放置焊盘时反映出来。图1－186为“Via”（过孔）系统默认值。单击图1－184中的“Reset”选项，恢复系统默认设置。

6. “Signal Integrity”（信号完整性）选项卡的设置

设置信号完整性选项卡如图1－187所示。通过该选项卡可设置元件标号和元件类型之间的对应关系，为信号完整性分析提供信息。

单击图中的“Add”按钮，系统将弹出元件标号设置对话框。在该对话框中，可输入所有的元件标号，设计者还需要从“Component Type”（元件类型）下拉列表框中选中元件类型，如“Capacitor”（电容)。在此添加完元件标号后，下一步就可进行 PCB 的 DRC 检查。

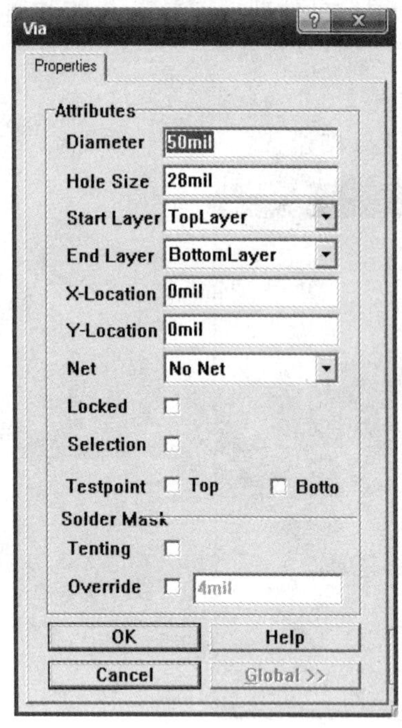

图 1－186　过孔默认值编辑对话框

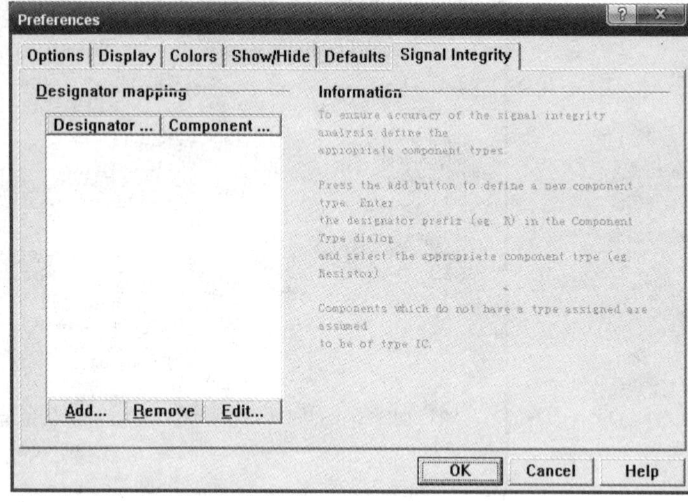

图 1－187　“Signal Integrity”选项卡

五、思考与练习

1. 利用图 1－70 所示的电路原理图绘制单层印制电路板图，要求布局合理，地线宽度为 1.5 mm，电源线宽度为 1.2 mm，手工放置电源线和接地焊盘，放置安装孔，将焊盘补泪滴，将整板铺铜并与地网络连接。

2. 请说明信号层和禁止布线层及丝印层（Overlay）的用途。

3. 如何选择系统为用户提供的一些多层板实例样板?

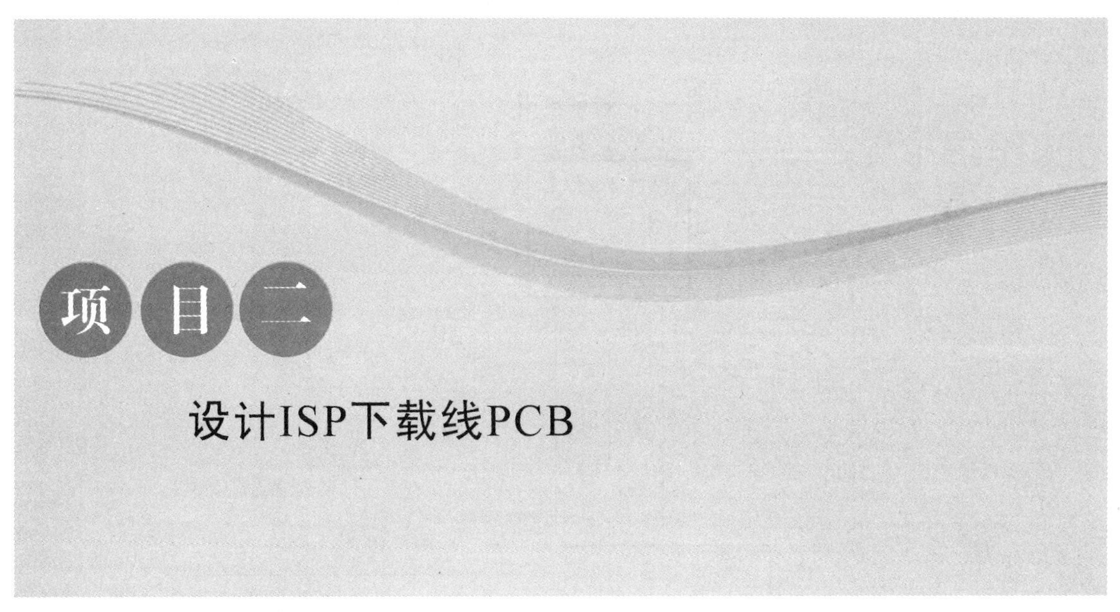

项目二

设计ISP下载线PCB

ISP（In－System Programming，在线系统编程）是一种无须将存储芯片（如 EPROM）从嵌入式设备上取出就能对其进行编程的过程。其优点是，即使器件焊接在印制电路板上，仍可对其（重新）进行编程。在系统可编程是 Flash 存储器的固有特性，Flash 几乎都采用这种方式编程。ISP 下载线就是一根用来在线下载程序的线，图 2－1 所示为生产完的下载线电路。本项目的教学目标是绘制 ISP 下载线电路图，如图 2－2 所示，并完成 ISP 下载线 PCB 设计，如图 2－3 所示。

图 2－1　ISP 下载线电路

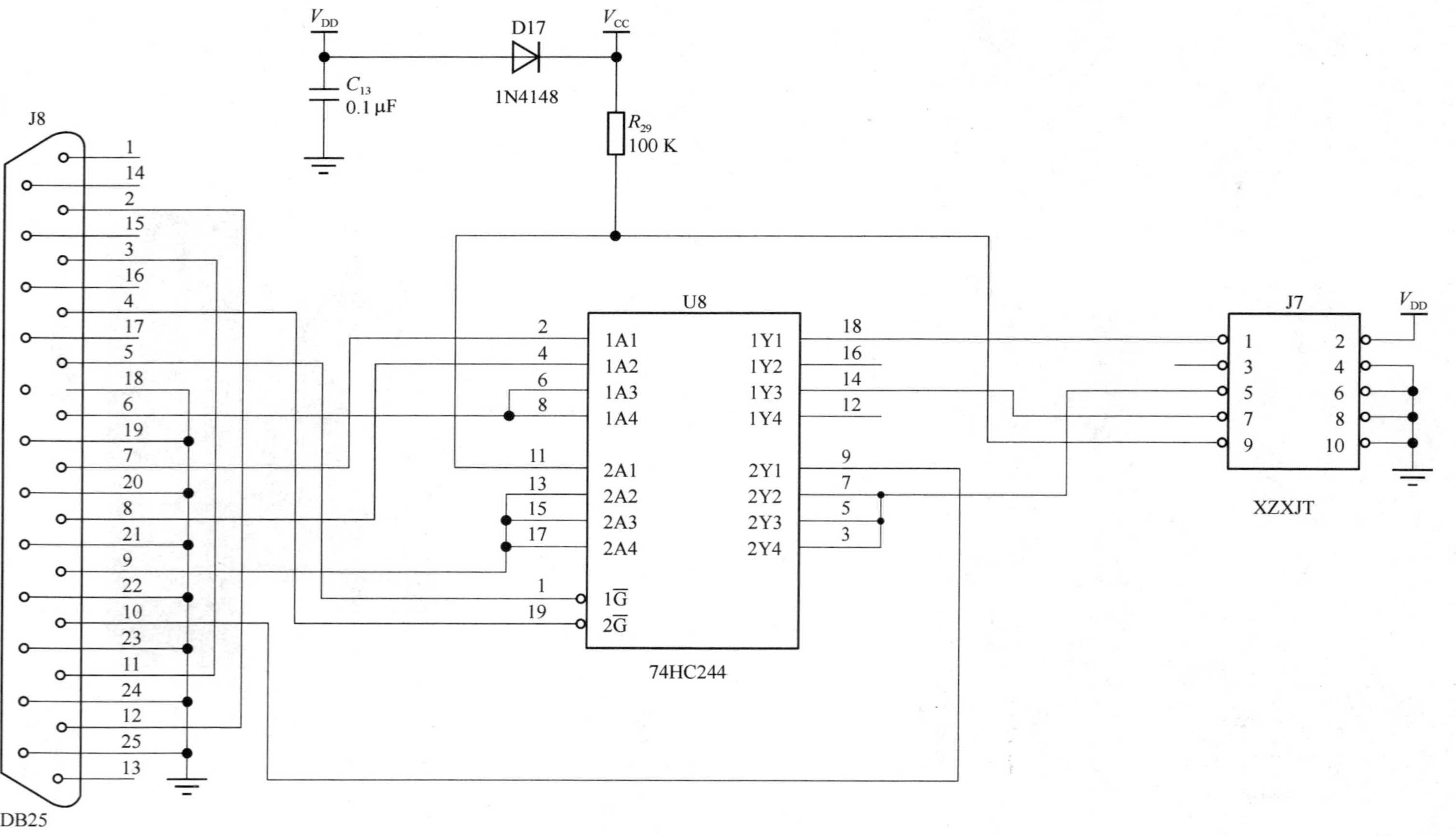

图 2-2　ISP 下载线电路图

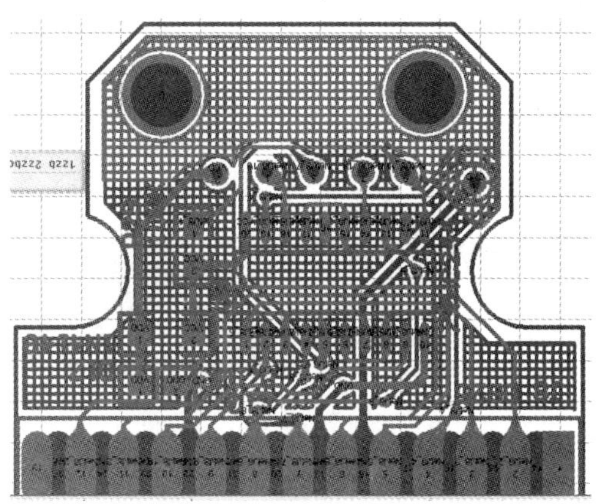

图 2－3 ISP 下载线 PCB

一、教学目标

(1) 理解 ISP 下载线电路原理，熟练操作绘图软件完成下载线电路图设计。
(2) 能熟练操作 PCB 设计软件，掌握双面 PCB 设计规则，完成双面 PCB 设计。
(3) 进一步理解 PCB 封装的意义，并掌握修改 PCB 元件封装的方法。

二、教学重点

(1) 绘制电路图。
(2) 双面板布局及布线规则及设置。

三、教学难点

PCB 加载网络表纠错、布线优化。

四、教学建议

(1) 采取“学、做、说”教学模式，学做一体，充分发挥学生的学习主动性。
(2) 多采用启发式教学，教学中多设置问题引导学生思考。

子项目一 绘制 ISP 下载线电路图

任务 绘制 ISP 下载线电路图

一、任务介绍

本任务是绘制图 2－2 所示下载线电路图。要求电路连接正确，并添加正确的元件封装。

二、任务分析

本电路比较简单。由于电路使用了集成电路，需要另外添加新的元件库。

三、任务实施

1. 建立“下载线电路.Sch”文件

新建下载线电路图，如图2-4所示。

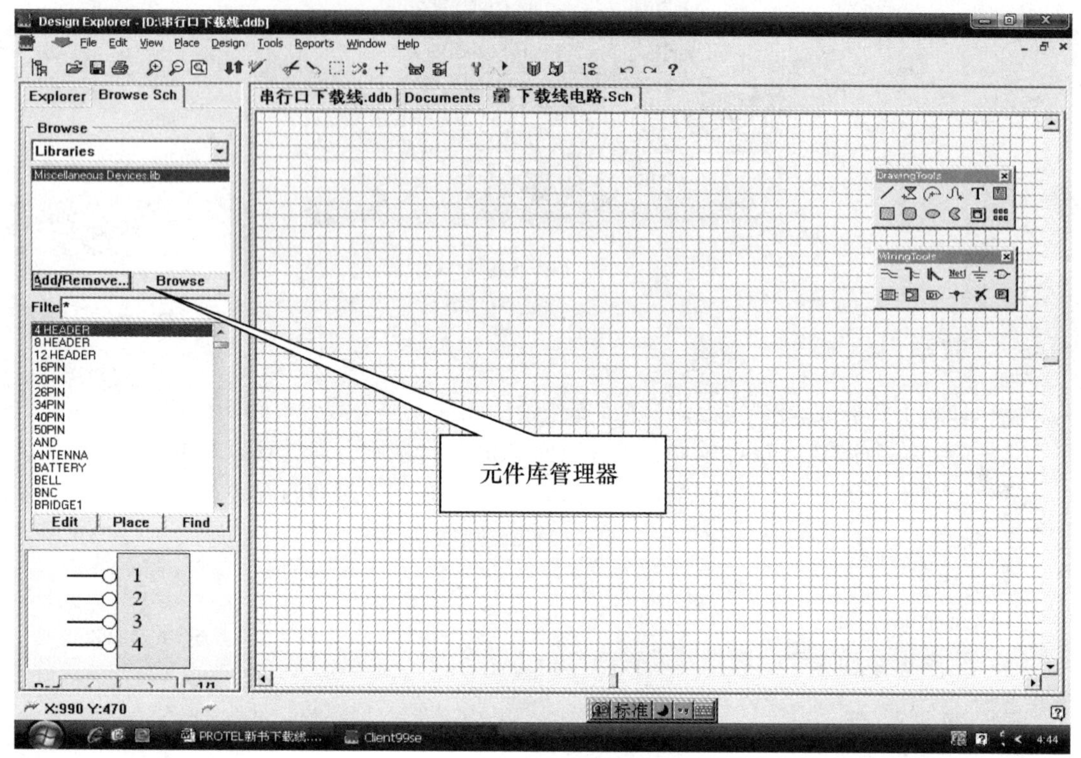

图2-4　电路图设计界面

2. 添加常用的集成元件库

单击图2-4元件库管理器中的“Add/Remove”按钮，打开变更元件库列表对话框，如图2-5所示。在Sch文件夹中选择“Protel DOS Schematic Libraries.ddb”文件，单击“Add”按钮添加该文件，如图2-6所示。

单击“OK”按钮完成添加元件库操作，如图2-7所示。Protel DOS Schematic Libraries.ddb元件库由多个子库构成。

3. 在图纸上放置元件

在元件库Miscellaneous Devices.lib中查找电容元件CAP、二极管元件DIODE、电阻元件RES2、接口元件DB25和HEADER 5×2，并将它们放置到图纸上；在元件库Protel DOS Schematic Libraries.ddb中的Protel DOS Schematic TTL.lib中寻找三态缓冲驱动器74HC244并放置在图纸上。图2-8所示为已放置完全部元件。

将图2-8中元件DB25镜像翻转（将光标对准元件DB25，按住鼠标左键单击“X”键），得到图2-9。

4. 连接导线

连接导线如图 2－10 所示。

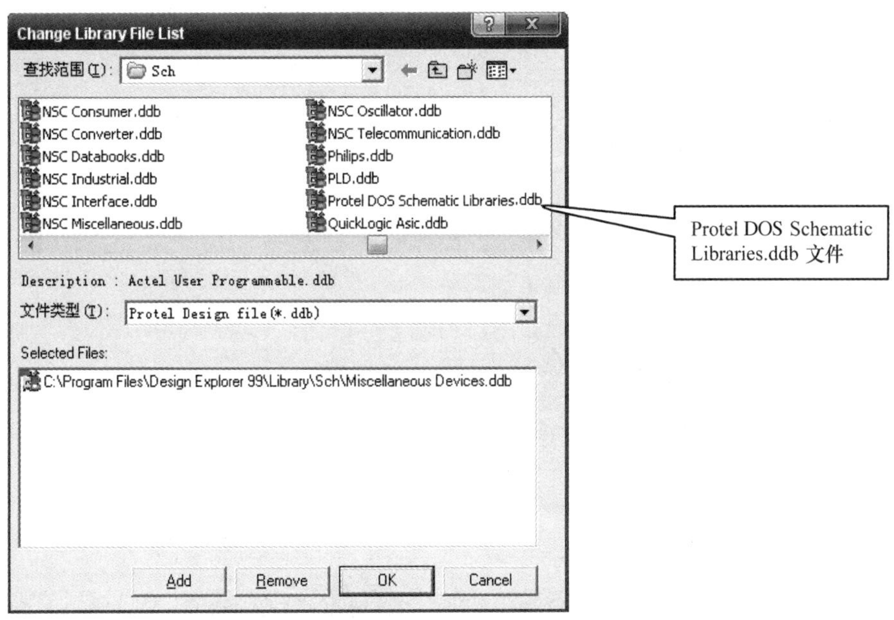

图 2－5 变更元件库列表对话框

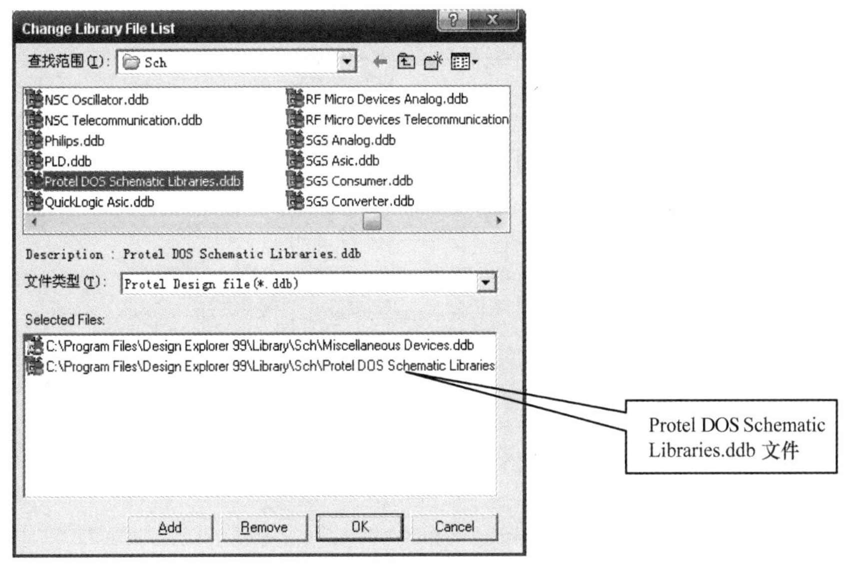

图 2－6 添加元件库

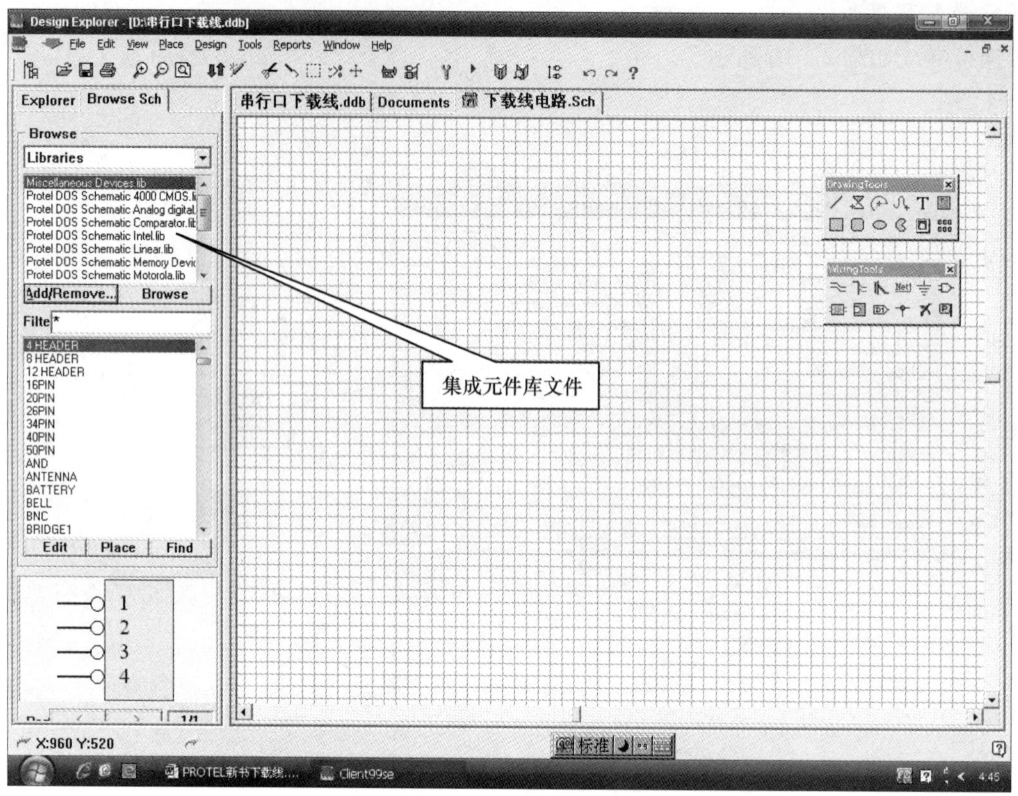

图 2-7　完成添加元件库

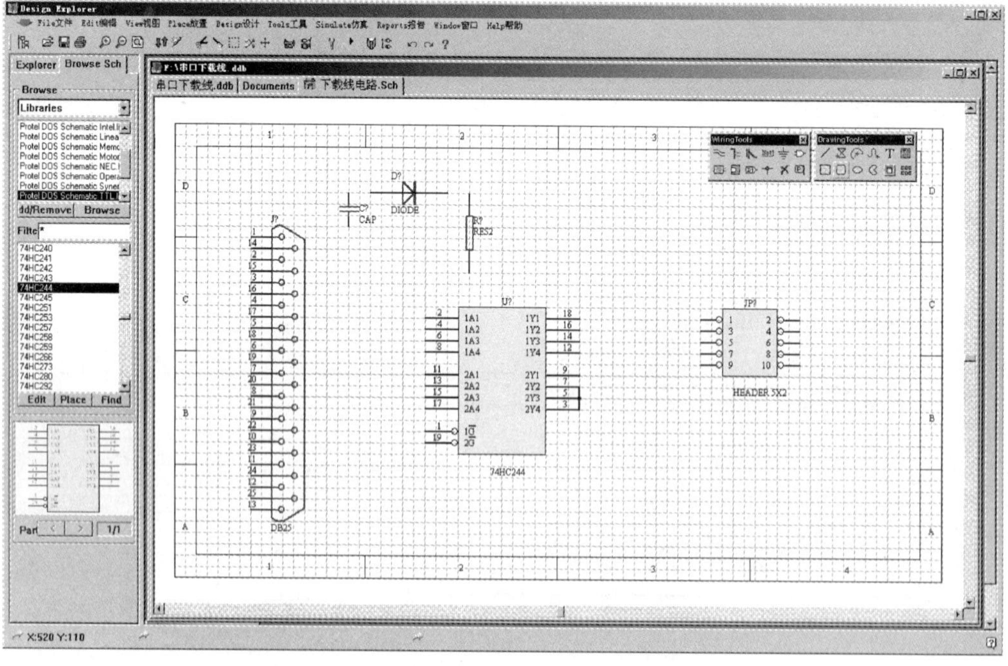

图 2-8　放置元件（1）

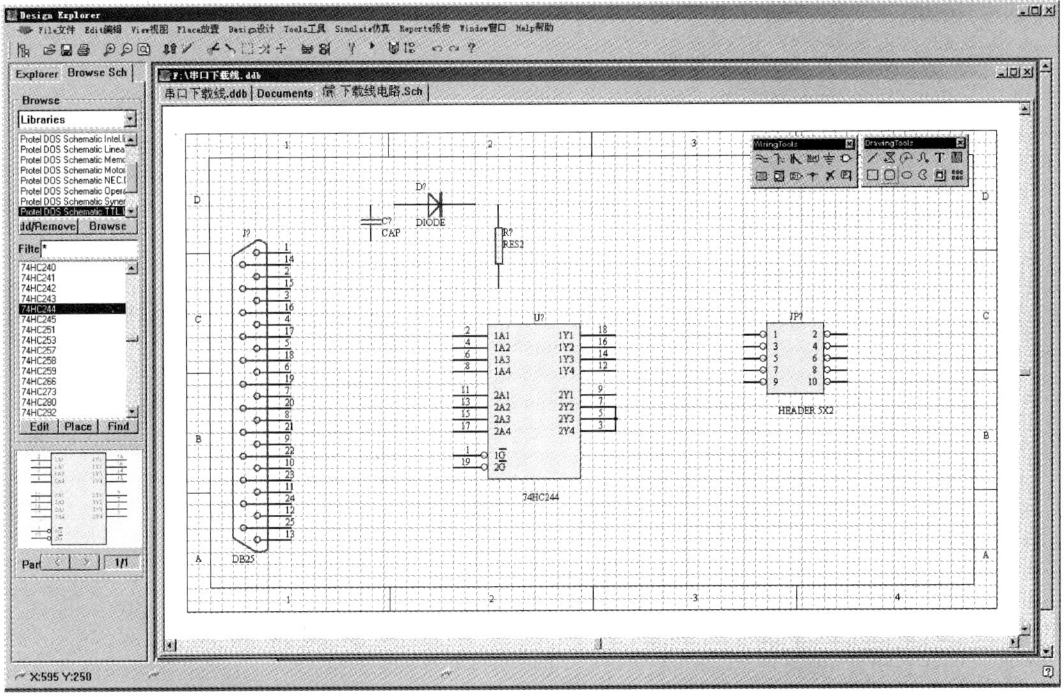

图 2－9　放置元件（2）

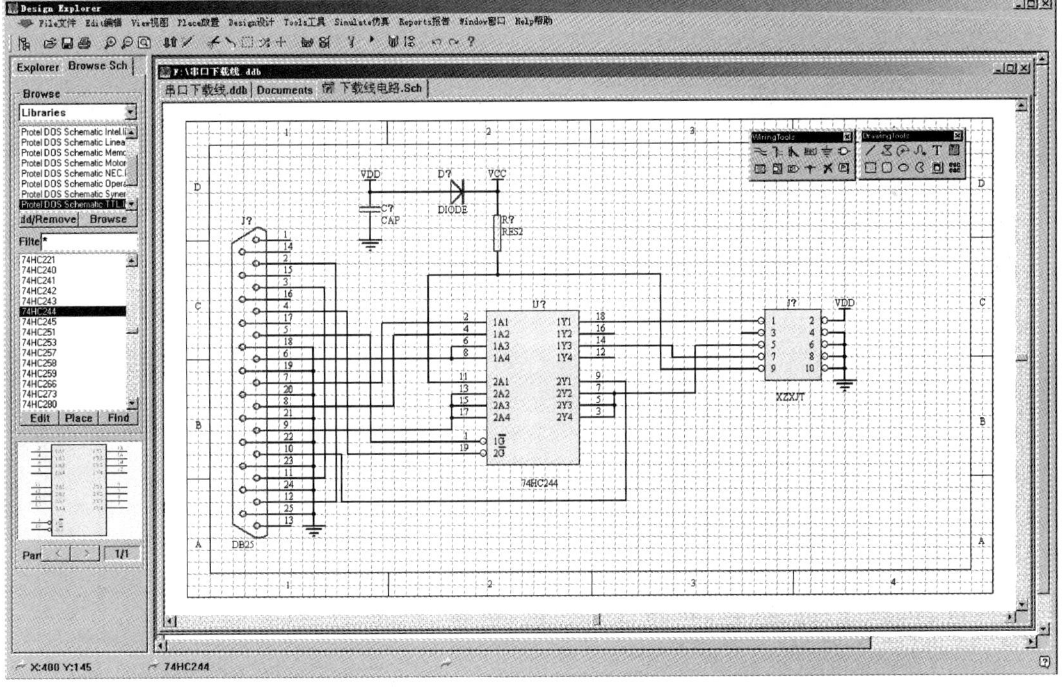

图 2－10　元件连线

5. 编辑元件属性

表2-1列出了下载线元件参数。依据表2-1编辑元件属性，完成电路图绘制，如图2-11所示。

表2-1　下载线电路元件参数

Designator （元件标号）	Part Type （元件类别或标称值）	Footprint （封装形式）
C_{13}	0.1 μF	0805
D17	1N4148	1206
U8	74HC244	SOJ-20
R_{29}	100K	0805
J8	DB25	MYDB25
J7	XZXJT	IDC10

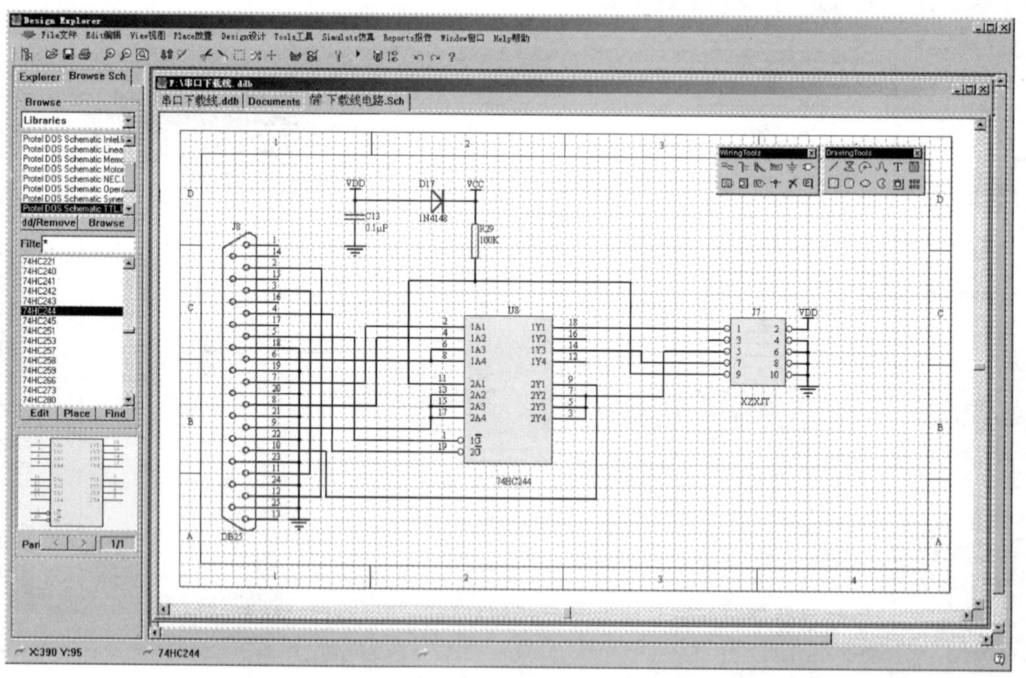

图2-11　编辑完成电路

6. 创建网络表

执行菜单命令【Design】/【Great Netlist】，创建网络表“下载线电路 . NET”。网络表内容如下：

[
C13
0805
0.1 μF
]
[
D17
1206
1N4148
]
[
J7
IDC10
XZXJT
]
[
J8
MYDB25
DB25
]
[
R29
0805
100K
]
[
U8
SOJ -20
74HC244
]
(
GND
C13 -2
J7 -4
J7 -6
J7 -8
J7 -10
J8 -18
J8 -19
J8 -20
J8 -21
J8 -22
J8 -23
J8 -24
J8 -25
U8 -10
)
(
NetJ8_2
J8 -2
J8 -12
)
(
NetJ8_3
J8 -3
J8 -11
)
(
NetJ8_4
J8 -4
U8 -19
)
(
NetJ8_5
J8 -5
U8 -1
)
(
NetJ8_6
J8 -6
U8 -6
U8 -8
)
(
NetJ8_7
J8 -7
U8 -2
)
(
NetJ8_8
J8 -8
U8 -4
)
(
NetJ8_9
J8 -9
U8 -13
U8 -15
U8 -17
)
(
NetJ8_10
J8 -10
U8 -9
)
(
NetU8_7
J7 -5
U8 -3
U8 -5
U8 -7
)
(
NetU8_11
J7 -9
R29 -1
U8 -11
)
(
NetU8_14
J7 -7
U8 -14
)
(
NetU8_18
J7 -1
U8 -18
)
(
VCC
D17 -2
R29 -2
U8 -20
)
(
VDD
C13 -1
D17 -1
J7 -2
)

四、拓展与提高——导线移动技巧

在绘制原理图时，经常要对导线进行编辑操作，因此，熟练地掌握导线的编辑方法将提高绘图的效率。区别一次画成的导线与多次绘制连成的导线方法是：用鼠标左键单击要区别的导线，在端点及拐点处出现灰色小方块标志，表明这几段导线是一次画成的。下面所介绍的操作就是针对一次绘制成的导线。

1. 移动一条单根直线

(1) 用鼠标左键单击将其点选中。

(2) 再次按住左键不放，移动鼠标即可拖动选中的导线。

(3) 当移动到合适位置之后，放开鼠标左键，完成移动。

2. 移动一条带有折弯的导线

(1) 执行菜单命令【Edit】/【Move】/【Move】。

(2) 将出现的十字光标放到要移动的导线上，单击鼠标左键。

(3) 这时导线将随鼠标一起移动，在合适位置再次单击左键放下导线，从而完成导线的移动操作。

3. 移动一条带有折弯导线中的一段直导线

(1) 用鼠标左键在某条导线上单击，点选整条导线。

(2) 再指向所要移动的那一段直导线的中部，按住左键不放移动，或是在导线中部单击一次之后再移动。

(3) 用这两种方法将导线移动到合适的位置后，再次单击左键放下导线。

4. 改变导线长度与方向

(1) 单击点选一条直导线，在导线端部出现的灰色小方块标志上单击鼠标左键，然后移动鼠标至合适位置，再次单击鼠标左键进行放置，实现导线端点移动操作，从而改变导线的长度与方向。

(2) 对于带有折弯的导线，采取同样的操作方法。

五、思考与练习

1. 如何加载元件库？
2. 上网查阅资料，说明下载线的工作原理。

子项目二　设计 ISP 下载线 PCB

任务一　设计计算机串行口封装

一、任务介绍

计算机串行通信接口如图 2－12 所示，应用 ISP 下载线可将计算机串行口与计算机连接起来。该接口实际应用时有两种安装方式，一种安装方式是将其 25 针引脚插入印制电路板相应焊盘内，其封装为插针式封装，如图 2－13 所示，该封装由系统库提供。另一种安装方式是将印制电路板夹在串行接口器件两排引脚间，其封装采用贴片方式，如图 2－14 所示，该封装需要自行设计。

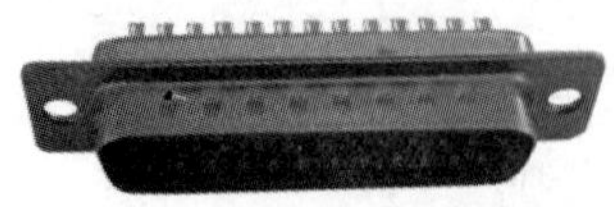

图 2－12　计算机串行通信接口

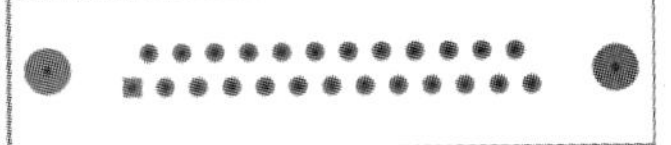

图 2-13 串行口插针式封装

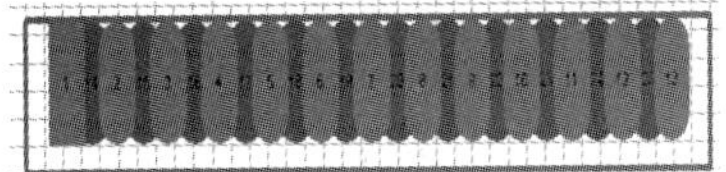

图 2-14 串行口贴片式封装

二、任务分析

封装设计最好的方式是用最简单的方法达到设计要求。由于串口封装有 25 个引脚，数量较多，如果完全重新绘制，在保障引脚间距参数的情况下工作量较大。通过对比两个封装，由于引脚间距是不变的，可以采取通过修改串行口插针式封装的方法设计串行口贴片式封装。

三、相关知识

前面设计“三极管放大器 . PCB”时，电路涉及的元件封装均来自 Protel 99 SE 系统自带的封装库文件“Advpcb. ddb”。尽管系统自带了很多元件封装库，并适时更新，但由于电子技术的迅猛发展，元件库的更新速度仍落后电子元件的发展更新速度。特别是大量非标准元件的使用，更难以在系统提供的库中找到合适的封装。因此，对于 PCB 设计人员，制作元件封装是一项必备的技能。

制作元件封装应注意以下事项：

（1）元件封装引脚编号应与电路原理图中对应的元件引脚编号相同，以保证正确的电气连接关系。

（2）元件封装焊盘的规格与相互间距应与实际元件引脚相符，以保证元件能恰好安装在 PCB 上。

（3）元件封装的外形轮廓，要与实际元件的轮廓大小一致。如果元件的外形轮廓画得太大，会浪费 PCB 的空间；如果画得太小，元件可能无法安装。

（4）应准确获取元件的具体封装信息。封装信息主要来源于元器件生产厂家提供的用户手册。若没有所需元器件的用户手册，可以上网查找元器件信息，通常可在元件厂商或供应商的网站获得相应信息，也可以在 www. 21ic. com 等电子网站上查询。如果有些元件找不到相关资料，则只能依靠实际测量，一般要配备游标卡尺，测量时要准确，特别是集成块的引脚间距。

制作封装有 3 种方法：修改法、手工绘制法、向导绘制法。

四、任务实施

1. 启动元件封装库编辑器

进入 Protel 99 SE，新建“我的封装库 . ddb”文件，如图 2-15 所示。

执行菜单命令【File】/【New】（或单击鼠标右键，在出现的对话框菜单中再单击【New】），再在系统弹出的对话框中双击图标，新建元件封装库，系统默认名为“PCBLIB1. LIB”，可将其修改为自己需要的名称，如“mypcb. lib”，用鼠标双击“mypcb. lib”文件，可以打开元件封装库编辑器，进入图 2-16 所示的元件封装库编辑器界面。

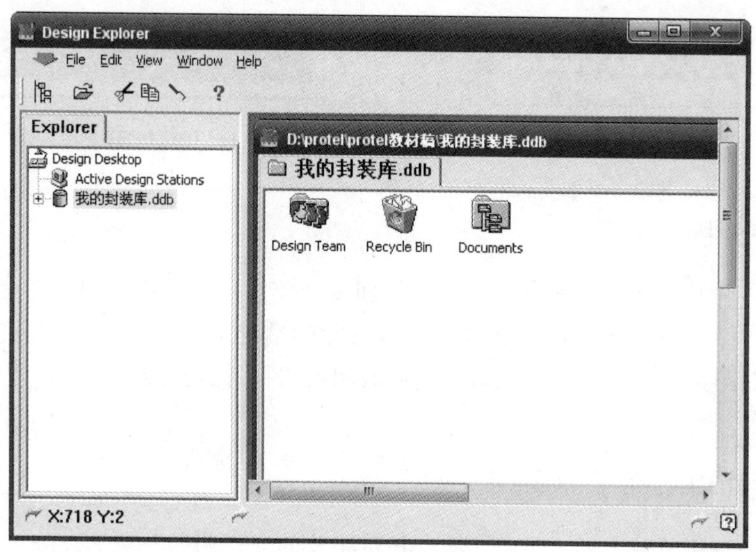

图 2－15　新建“我的封装库 . ddb”

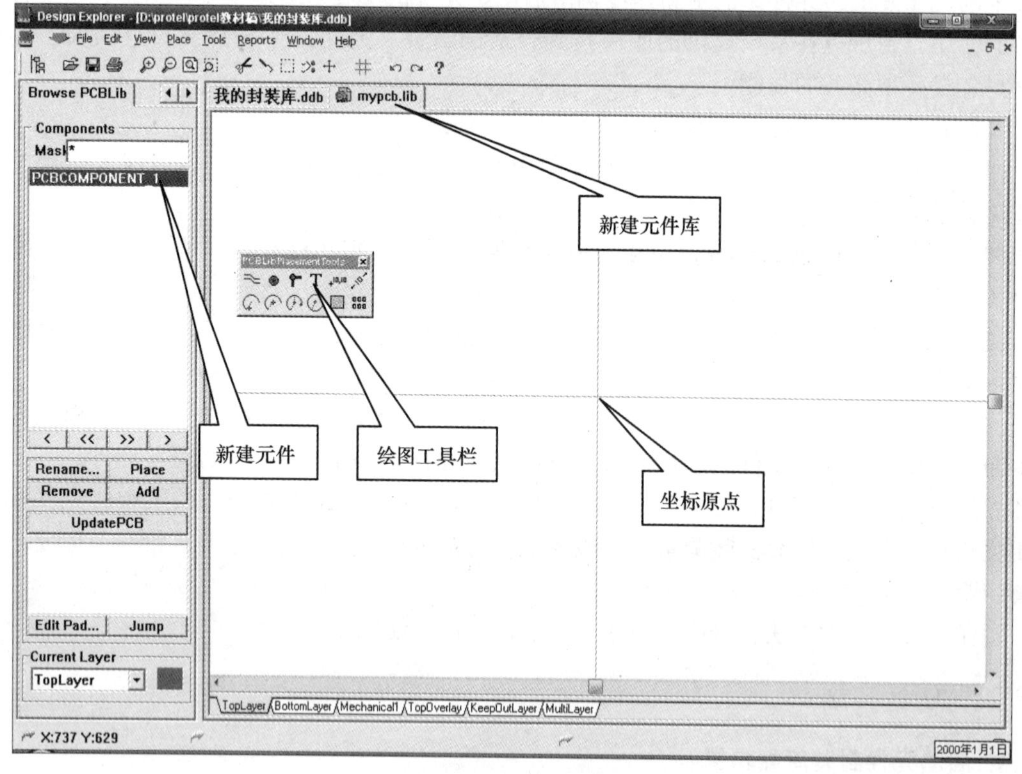

图 2－16　元件封装库编辑器

元件封装库编辑器主要由元件封装库管理器、主工具栏、菜单、绘图工具栏、编辑区等组成。

（1）主菜单。主菜单主要是给设计人员提供编辑、绘图命令，以便于创建一个新元件。

（2）主工具栏。主工具栏为用户提供了各种图标操作方式，可以让用户方便、快捷地执行命令和各项功能。如打印、存盘等操作均可以由主工具栏实现。

（3）绘图工具栏。绘图工具栏的作用类似于菜单命令“Place”，是在工作平面上放置各种图元，如焊点、线段、圆弧等。

（4）元件封装库管理器。元件封装库管理器主要用于对元件进行管理。

（5）状态栏与命令行。在屏幕的最下方为状态栏和命令行，它们用于提示用户系统当前的状态和正在执行的命令。

2. 修改串行口插针式封装为贴片式封装

（1）进入元件库编辑器后，执行菜单命令【Tools】/【New Component】，屏幕弹出元件设计向导，单击“Cancel”按钮，进入手工设计状态。

（2）执行菜单命令【Tools】/【Library Options】，系统弹出设置文档参数对话框，在“Layer”选项卡中，将可视栅格1设置为40 mil，可视栅格2设置为2 000 mil（默认值）；单击“Option”标签，进入“Option”选项卡，设置捕获栅格为5 mil。

（3）在“我的封装库.ddb”中新建一PCB文件，默认名为“PCB1. PCB”，打开该文件，如图2－17所示。

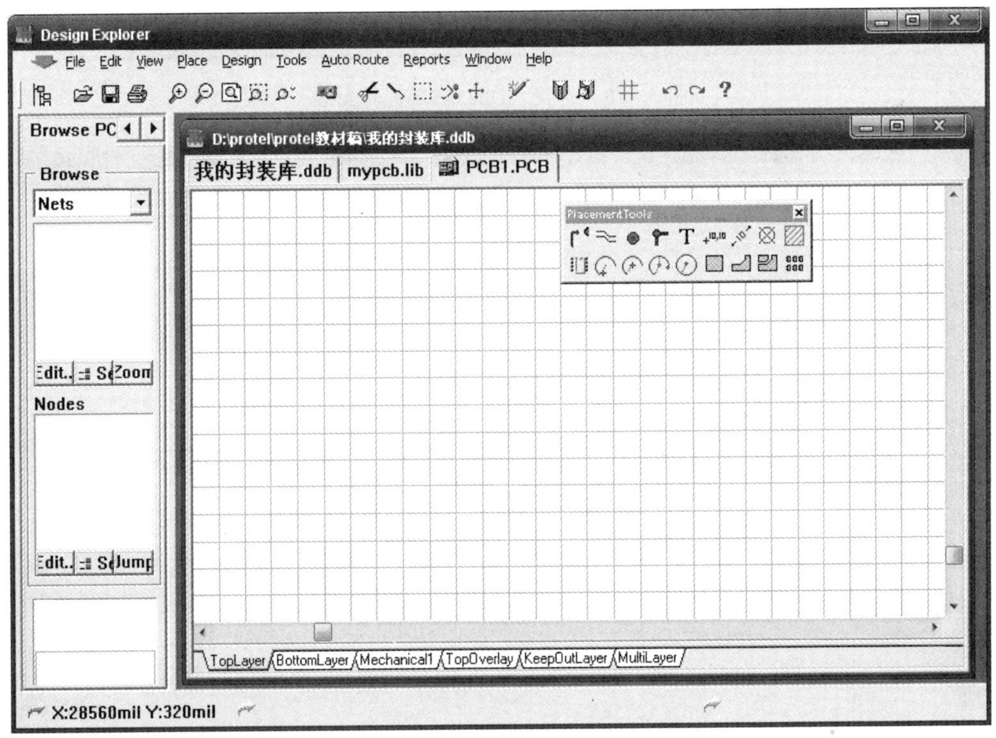

图2－17 新建一PCB文件

（4）在编辑器左边单击“Browse”下拉列表框下拉按钮，选择“Libraries”项，并在“Components”元件封装浏览器中查找到“DB25/F”元件封装，如图2－18所示。

（5）单击“Edit”按钮，编辑该元件封装，如图2－19所示。

（6）复制该元件封装。执行菜单命令【Edit】/【Select】/【All】或利用主工具栏上的框选按钮，选中该封装（选中状态元件呈黄色）；执行菜单命令【Edit】/【Copy】，光标呈十字形状，移动光标到元件上单击鼠标左键，将元件复制到粘贴板。

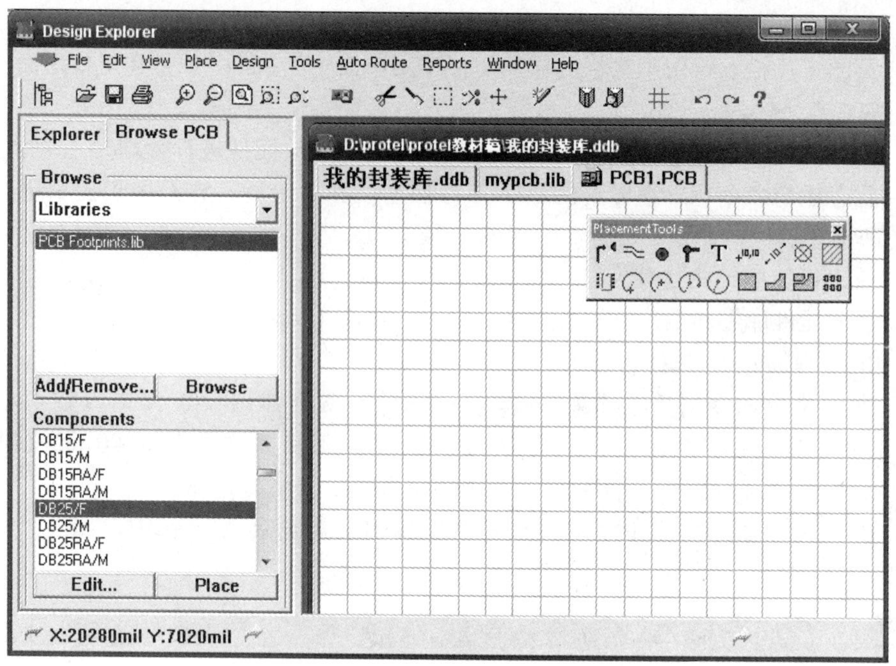

图 2 - 18　查找“DB25/F”元件封装

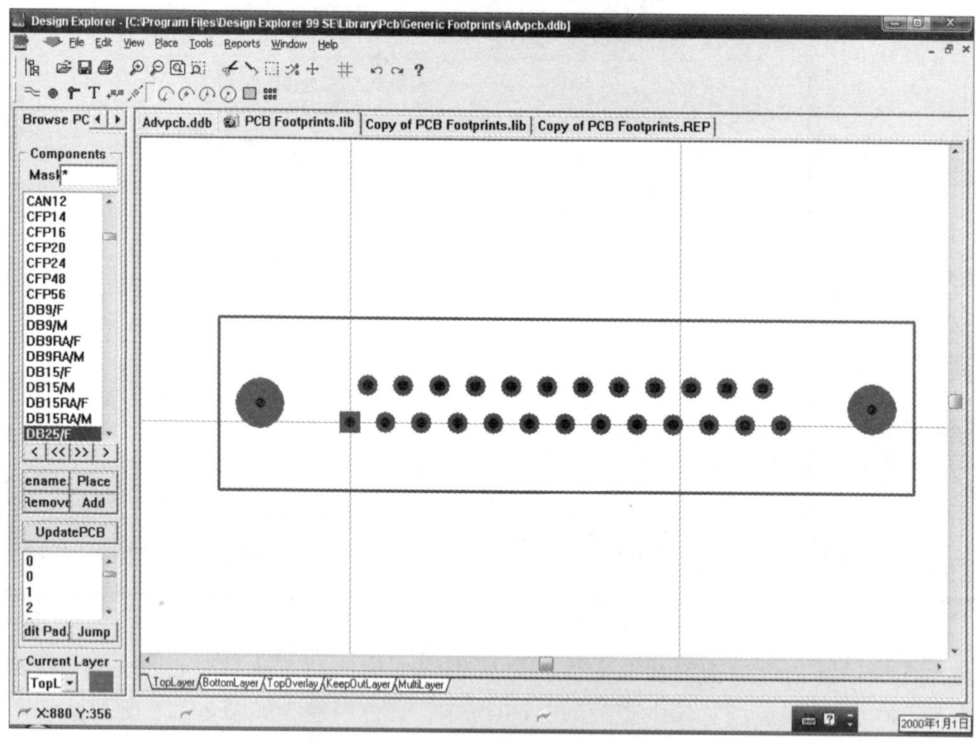

图 2 - 19　编辑“DB25/F”元件封装

（7）进入元件封装编辑器，单击主工具栏上的粘贴按钮，将元件复制到编辑器中，单击主工具栏上的取消选中按钮，取消元件选中状态，如图 2 - 20 所示。

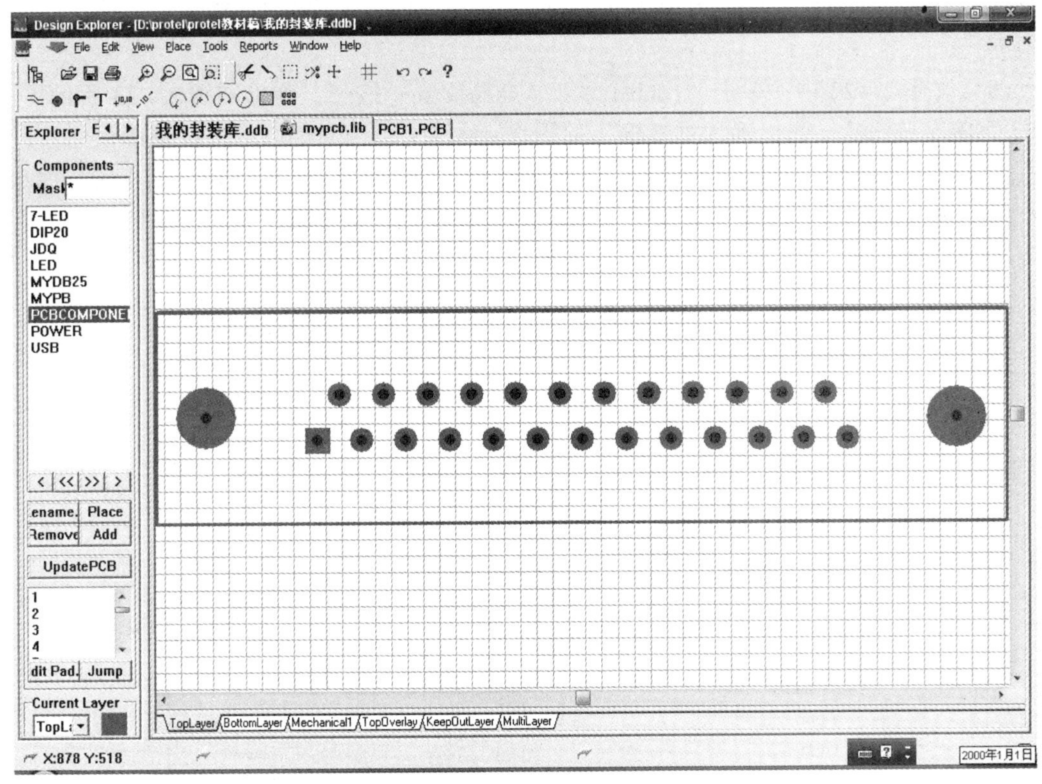

图 2－20　将“DB25/F”元件复制到元件封装编辑器中

（8）修改焊盘设置属性。双击焊盘 1，得到如图 2－21 所示的原焊盘属性设置对话框，修改焊盘大小后，如图 2－22 所示。修改后焊盘属性为：X－Size：78 mil；Y－Size：180 mil；

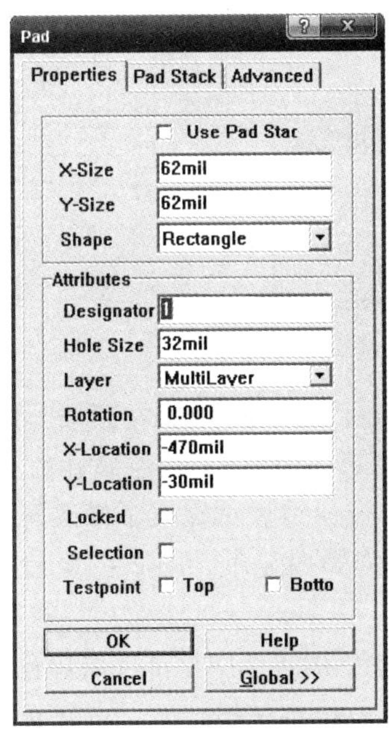

图 2－21　原焊盘属性设置对话框

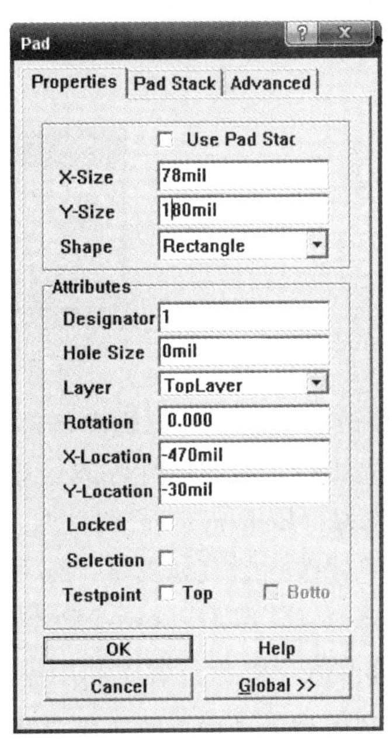

图 2－22　修改后焊盘属性设置对话框

Hole Size：0 mil（贴片式封装无须焊孔）；Layer ：TopLayer（焊盘由多层变为只在顶层）；其他不变。

（9）在图2－22中，单击“Global >>”（全局设置）按钮，弹出如图2－23所示界面。单击“OK”按钮后，弹出确认对话框，如图2－24所示。单击“Yes”按钮确认后，所有焊盘均设置为与焊盘1相同的属性。修改焊盘属性后封装如图2－25所示。图中所有焊盘均呈红色，表明焊盘均在PCB顶层（手工绘制贴片元件封装与前面介绍的手工绘制元件封装相同，只需将焊盘设置在顶层即可）。

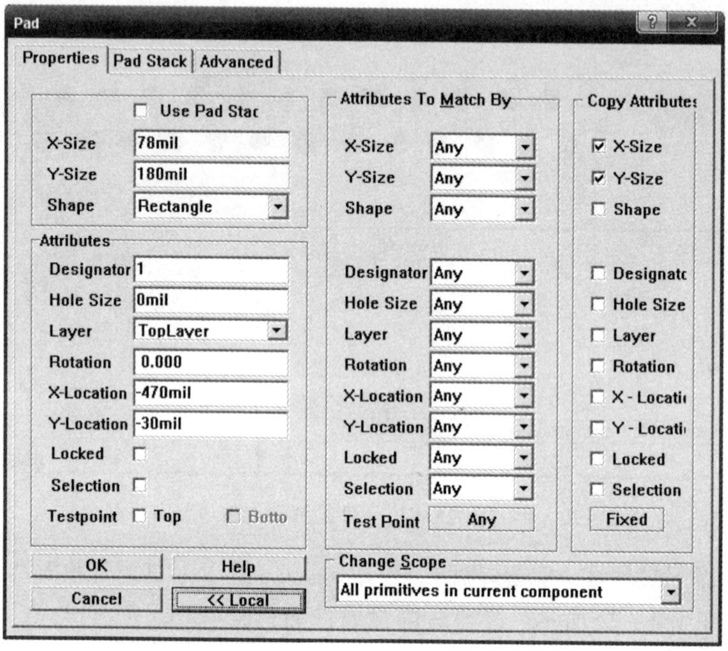

图2－23　全局修改焊盘属性

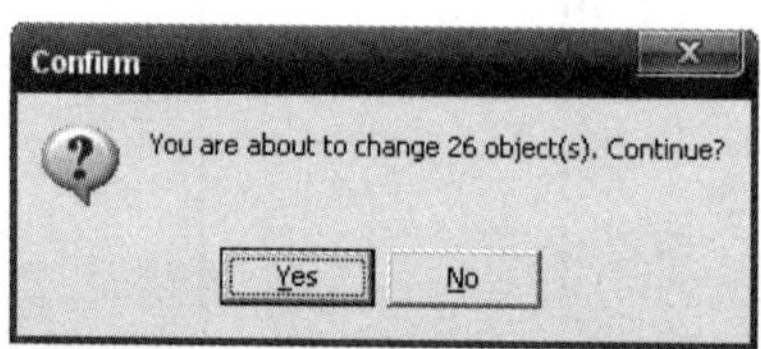

图2－24　全局修改确认对话框

（10）修改焊盘层。计算机串行口在进行贴片焊接时，1～13引脚在顶层，14～25引脚在底层，故需进行焊盘层属性修改。双击图2－25中焊盘14引脚，将层属性由“TopLayer”（顶层）修改为“BottomLayer”（底层），单击“OK”按钮后表示完成了修改。依次修改其他焊盘属性，修改后封装如图2－26所示。由于教材为黑白显示，图2－25与图2－26相同，实际工作时，修改后，14～25引脚焊盘呈蓝色。

（11）修改底层焊盘位置。利用主工具栏上的框选按钮选中全部底层焊盘，将其整体移动后，再利用主工具栏上的取消选中按钮取消底层焊盘选中状态，得到图2－27所示的封装。

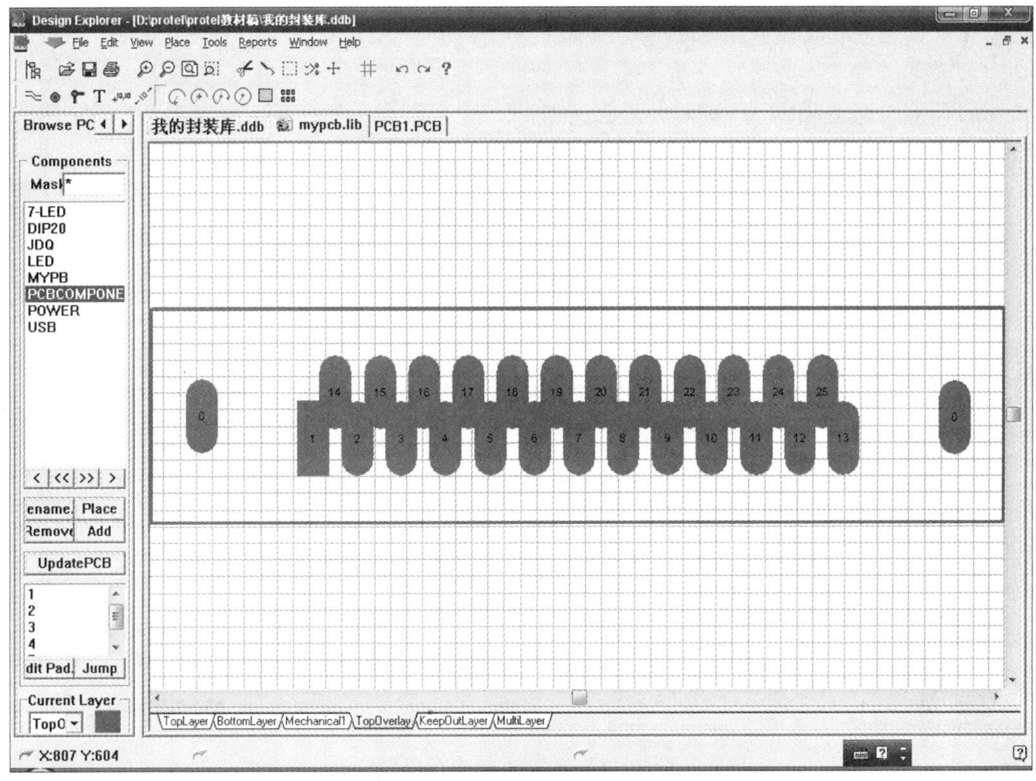

图 2 - 25　全局修改焊盘属性后的元件封装

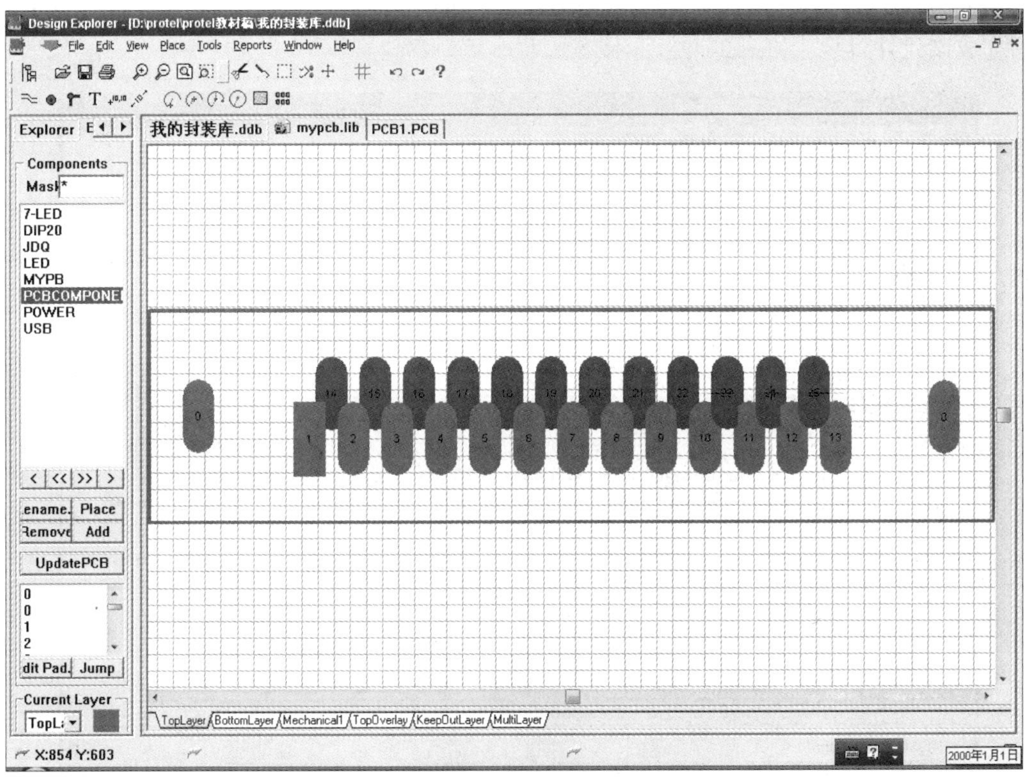

图 2 - 26　修改部分焊盘层属性后的元件封装

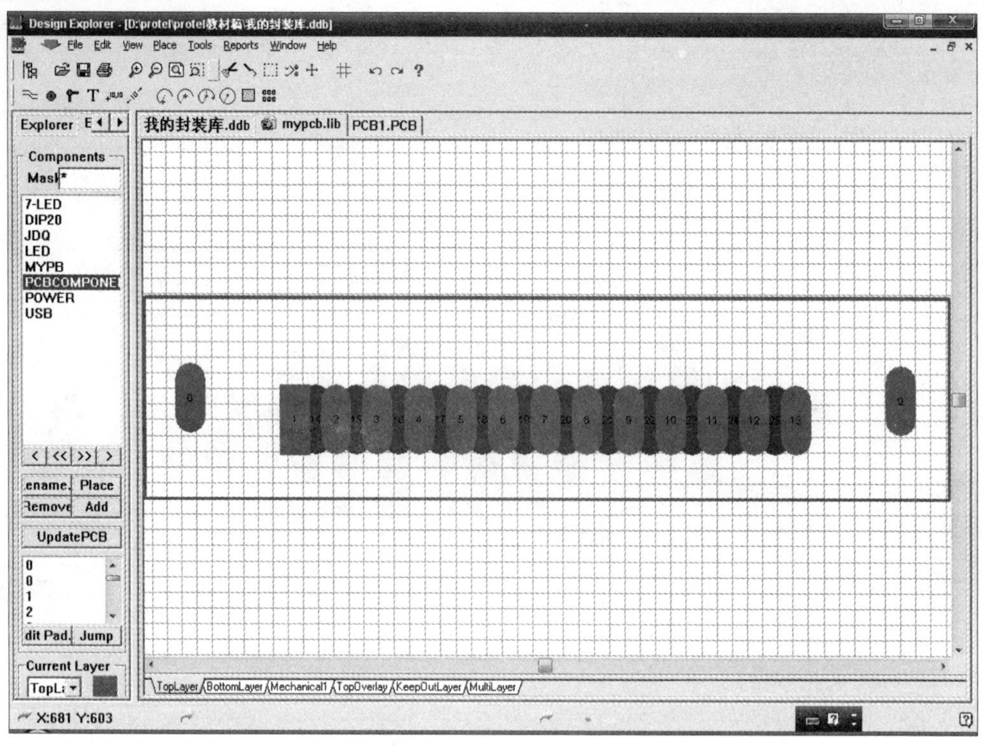

图 2 – 27　移动底层焊盘位置

（12）删去原封装安装孔，修改封装边框，将元件名称修改为 MYDB25，保存该元件。最后完成该元件封装，如图 2 – 28 所示。

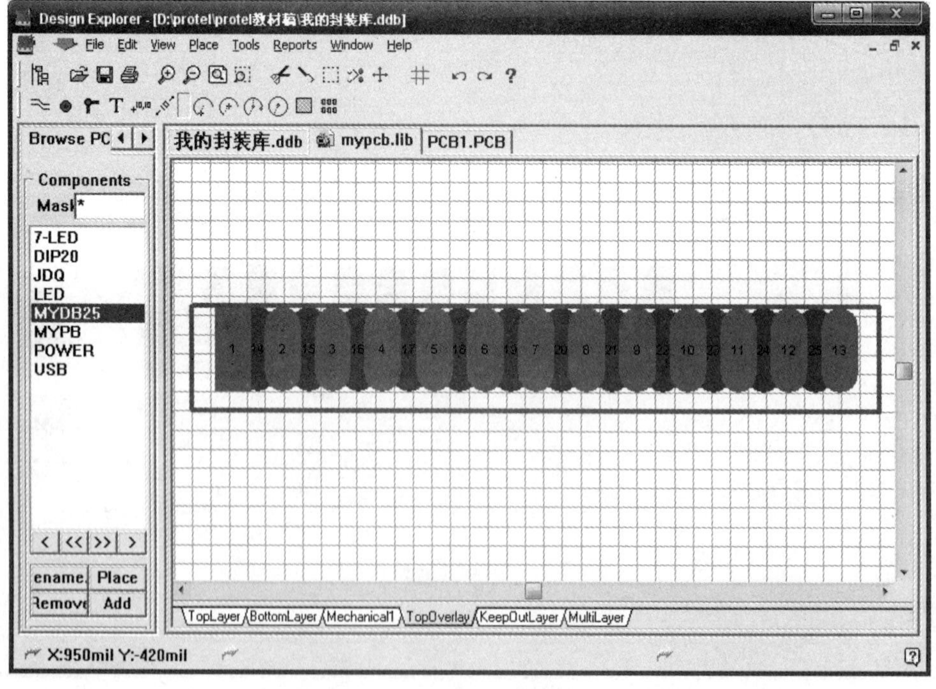

图 2 – 28　计算机串行口封装

五、拓展提高——编辑库元件封装

Protel 99 SE 系统提供了很多元件封装库，实际应用时，如果某个元件封装与实际需要有出入，除可以采用前面介绍的方法绘制元件封装外，也可以对系统已有的元件封装属性进行修改，使之符合要求。

若要修改元件封装库中的某个元件，先进入元件库编辑器，执行菜单命令【File】/【Open】，打开要编辑的元件库，在元件浏览器中选中要编辑的元件，窗口就会显示出此元件的封装图，若要修改元件封装的焊盘，用鼠标左键双击要修改的焊盘，出现此引脚焊盘的属性对话框，在对话框中就可以修改引脚焊盘的编号、形状、直径、钻孔直径等参数；若要修改元件外形，可以用鼠标点取某一条轮廓线，再次单击它的非控点部分，移动鼠标，即可改变其轮廓线的位置，或者删除原来的轮廓线，重新绘制新的轮廓线。元件修改后，执行菜单命令【File】/【Save】，将结果保存。

修改元件封装库的结果不会反映在以前绘制的印制电路板图中。如果按下 PCB 元件库编辑器上的“Update PCB”按钮，系统就会用修改后的元件更新印制电路板图中的同名元件。

采用此种方法修改元件封装的不足之处是系统提供的元件封装库已被修改。

绘制 PCB 时，若发现所采用的元件封装不符合要求，则需要加以修改，可以不退出 PCB 界面，直接进行修改。方法是：在元件浏览器中选中该元件，单击“Edit”按钮，系统自动进入元件编辑状态，其后的操作与上面相同。

实际设计电路时，在原理图中二极管元件引脚定义为 1、2，如图 2－29 所示（在元件属性对话框中选中“Hidden Pins”复选框，即可看到引脚名称），而在封装中定义为 A、K，如图 2－30 所示，两者不一致。此时可以通过编辑元件封装的方法，将焊盘由 A、K 修改为 1、2。实际上也可以通过修改元件符号的方法，将原理图中元件引脚由 1、2 修改为 A、K。

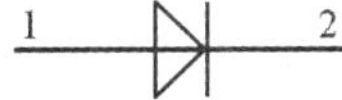

图 2－29 原理中二极管元件

图 2－30 二极管元件封装

六、思考与练习

1. 制作元件封装应注意什么问题？
2. 绘制如图 2－31 所示的元件封装（相邻引脚间距为 100 mil，两列引脚间距为 300 mil）。

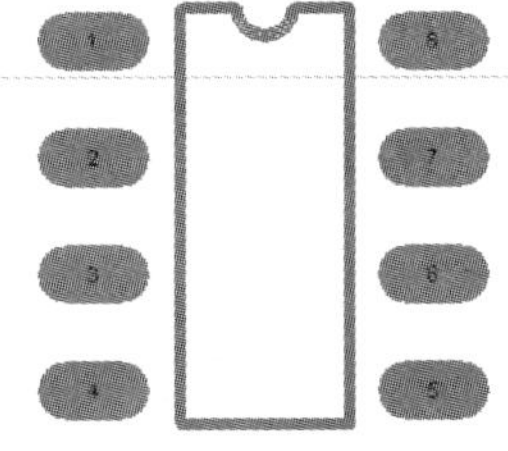

图 2－31 元件封装

任务二　设计 ISP 下载线 PCB

一、任务介绍

本任务是完成下载线 PCB 设计。采用双面 PCB 设计方法，可以实现 PCB 小型化，但由于 PCB 较小，所以元件布局需要认真仔细，避免发生违规无法布线问题。本设计采用贴片元件，也是为了实现 PCB 的小型化。

二、任务分析

本任务主要完成 3 个操作：规划 PCB、元件布局、PCB 布线。由于线路较简单，采取自动布线的方式，只要元件布局合理，PCB 布线可以顺利完成。

三、任务实施

1. 规划印制电路板

新建“下载线电路 . PCB”文件，并采取手工方式规划印制电路板，如图 2－32 所示，具体尺寸应根据下载线外壳结构设计。

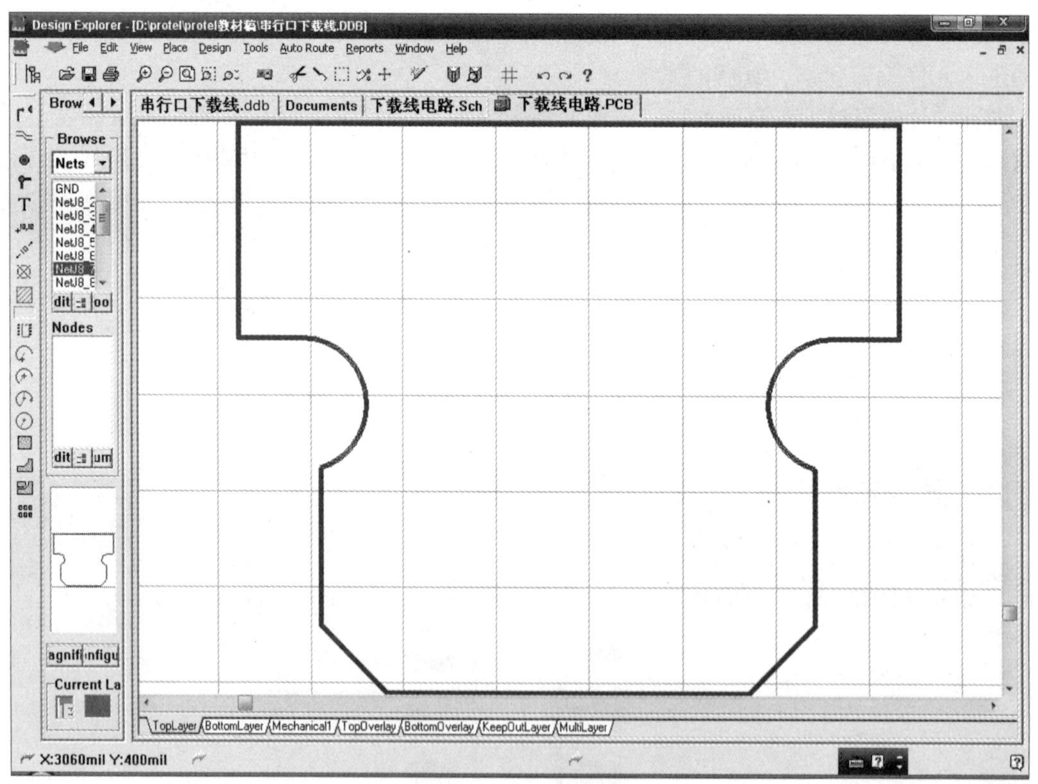

图 2－32　规划印制电路板

2. 装载元件库

由于在电路设计时要使用到自绘封装，故需装载“我的封装库.ddb”。

3. 装载网络表

执行菜单命令【Design】/【Load Nets】，装载“下载线电路.NET”网络表，装载成功后，如图2-33所示。

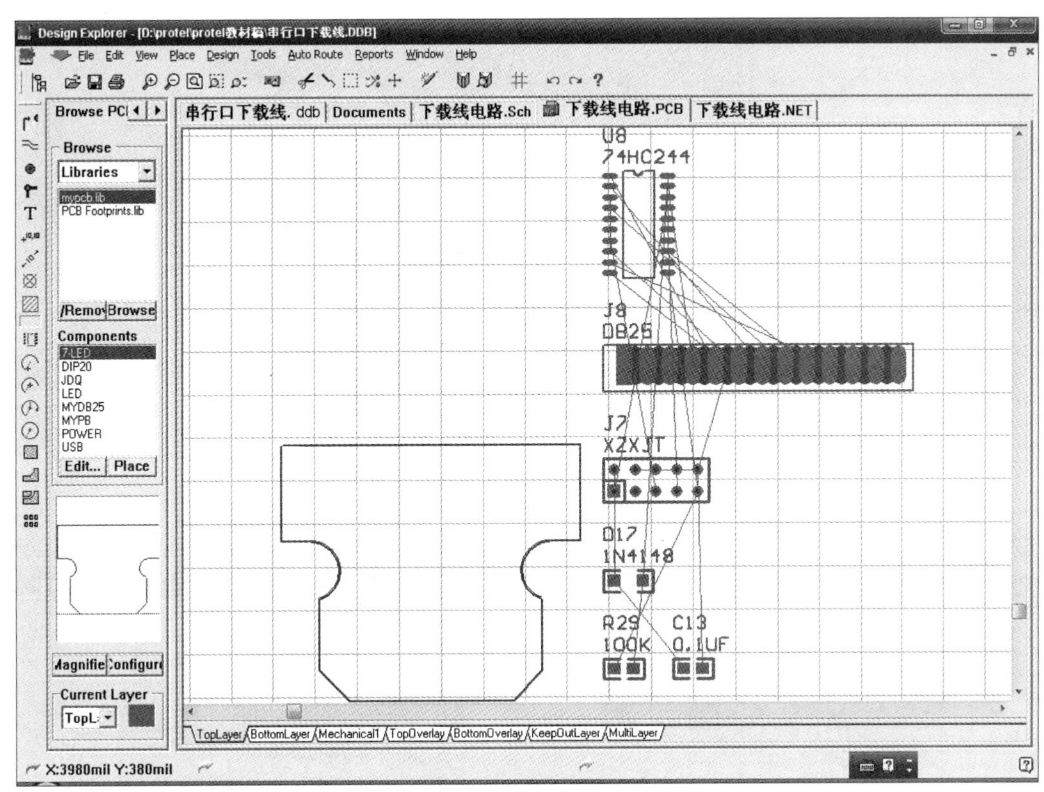

图2-33 装载网络表

4. 元件布局

在图2-33中，各元件分散摆放在印制电路板框外，需手工进行元件布局，如图2-34所示。

实际设计电路时，J7并没有使用专业下载线连接器，而是用导线直接焊接在相应焊盘上，故可对封装进行在线修改。在线修改元件封装过程如下：

鼠标左键双击J7元件封装，弹出如图2-35所示的元件对话框。取消“Lock Prims”复选框，解除元件封装锁定状态，如图2-36所示，此时可以对封装进行修改。由图2-2下载线电路原理图中发现：J7中3引脚为空脚，故可将相应焊盘去除；4、6、8、10引脚均接地，故只保留一个焊盘即可，焊接时将4根地线焊到一个地线焊盘；删去原封装边框，修改J7封装后元件布局如图2-37所示，图中另加了两个焊盘作为安装孔。

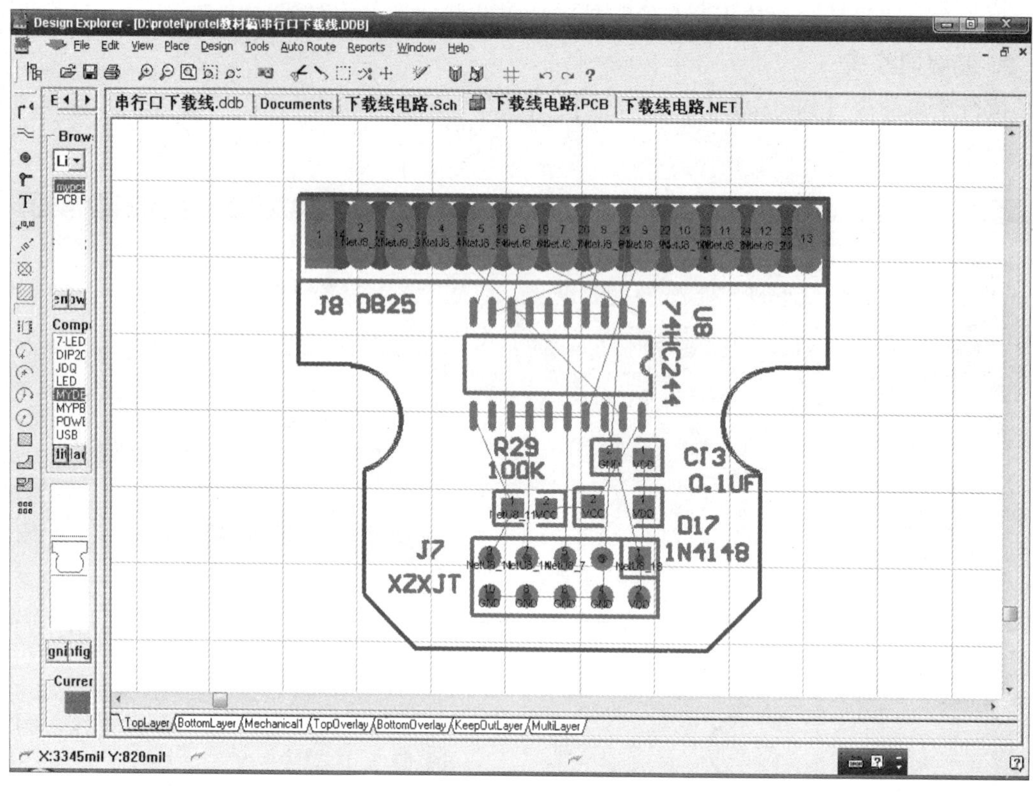

图 2－34　元件布局

Component

Properties | Designator | Comment

Designator	J7
Comment	XZXJT
Footprint	IDC10
Layer	Top Layer
Rotation	180.000
X - Location	2560mil
Y - Location	420mil
Lock Prims	☑
Locked	☐
Selection	☐

OK　Help　Cancel　Global >>

图 2－35　元件属性对话框

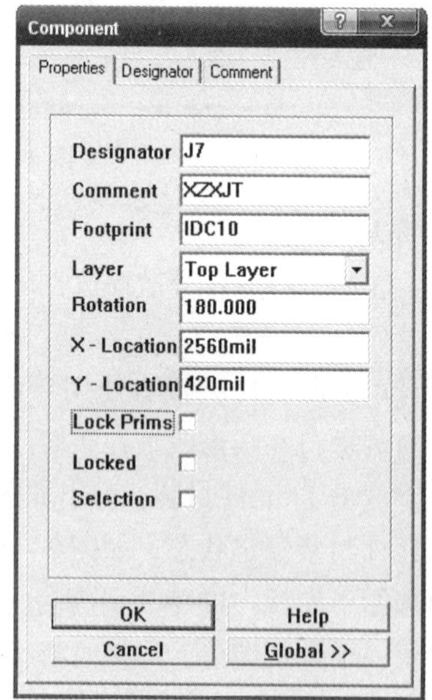

图 2－36　解除元件封装锁定

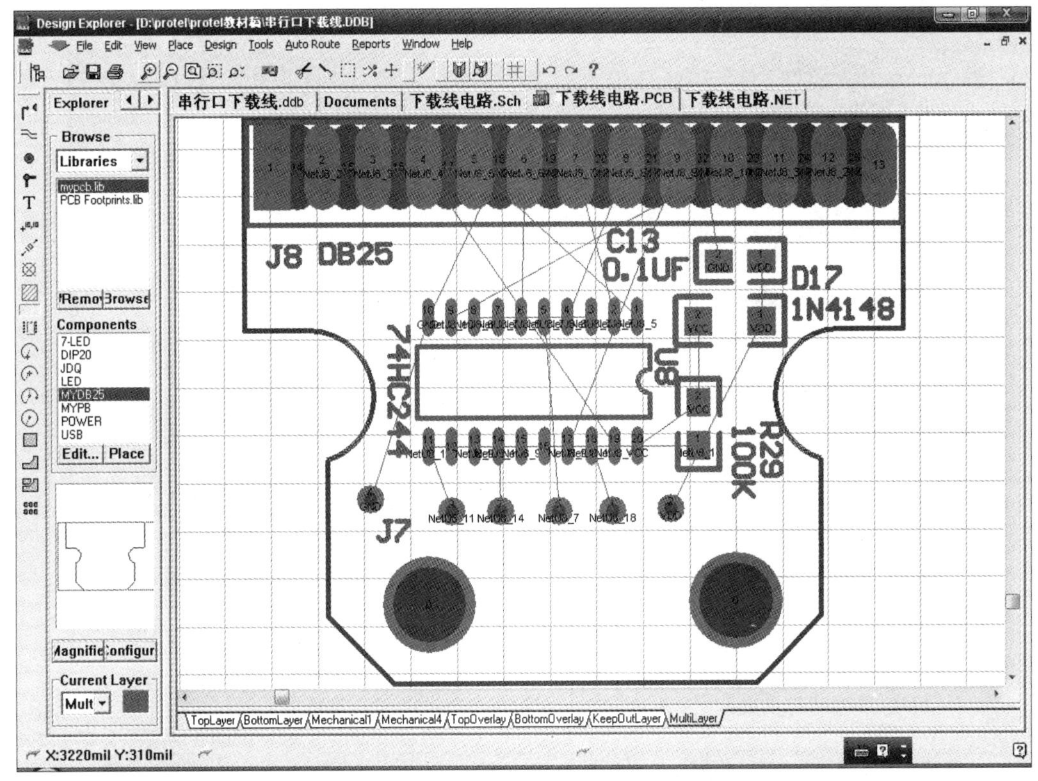

图 2-37 修改 J7 封装后的元件布局

5. 设置布线规则

（1）“Clearance Constraint”（安全间距）：设置为 15 mil。

（2）“Routing Corners”（拐弯方式）：取默认设置。

（3）“Routing Layers”（布线层）：系统默认为双层板，故可取默认设置，设置“Top Layer”为“Horizontal”（顶层水平布线），“Bottom Layer”为“Vertical”（底层垂直布线），其他层为“Not Used”（不使用）。

（4）“Routing Via Style”（过孔类型）：取默认设置。

（5）“SMD Neck - Down Constraint”（SMD 焊盘与导线的比例）：此规则用于设置 SMD 焊盘在连接导线处的焊盘宽度与导线宽度的比例，可定义一个百分比，取默认设置。

（6）“SMD To Corner Constraint”（SMD 焊盘与拐角处的最小间距）：此规则用于设置 SMD 焊盘与导线拐角的间距大小，取默认设置。

（7）“SMD To Plane Constraint”（SMD 焊盘与电源层过孔间的最小长度）：此规则用于设置 SMD 焊盘与电源层中过孔间的最短布线长度，取默认设置。

（8）设置导线宽度，如图 2-38 所示。

在设计管理器的“Browse”下拉列表框中，选择“Rules”，设置浏览器为规则浏览器，并选择“Width Constraint”，如图 2-39 所示。图中显示了 PCB 导线宽度设计规则。

单击“Edit”按钮，可以编辑（修改）相应设计规则，如图 2-40 所示。

6. 自动布线

执行菜单命令【Auto Route】/【All】，进行自动布线。自动布线成功后得到图 2-41。如果认为布线不合适，可重新调整元件布局或进行手工布线调整等。

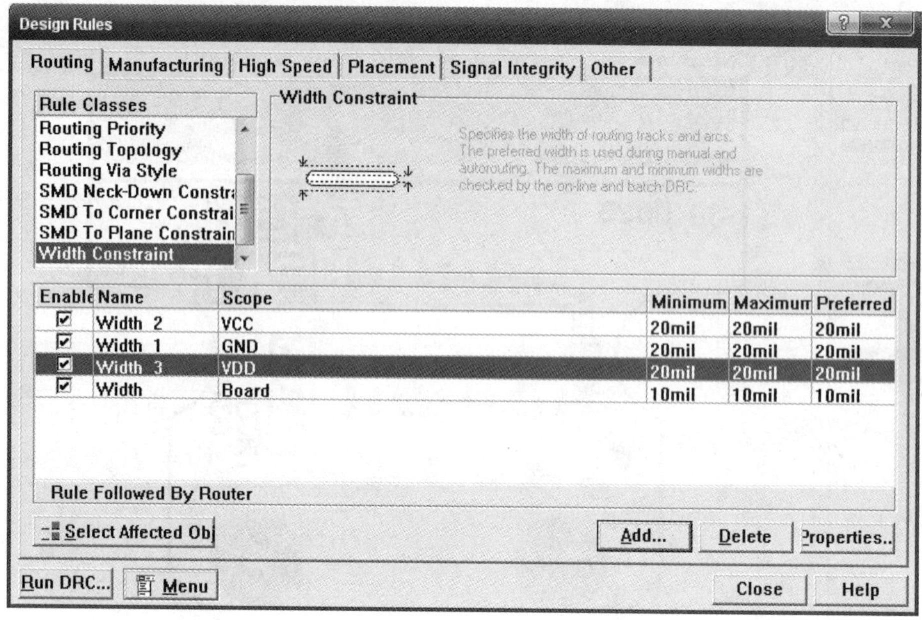

图2-38　设置导线宽度

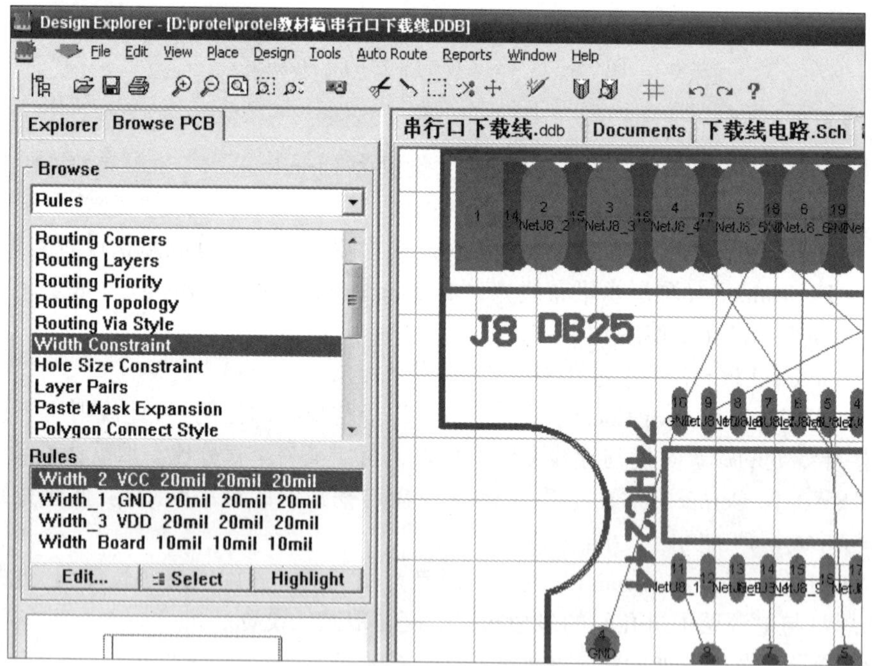

图2-39　利用浏览器显示设计规则

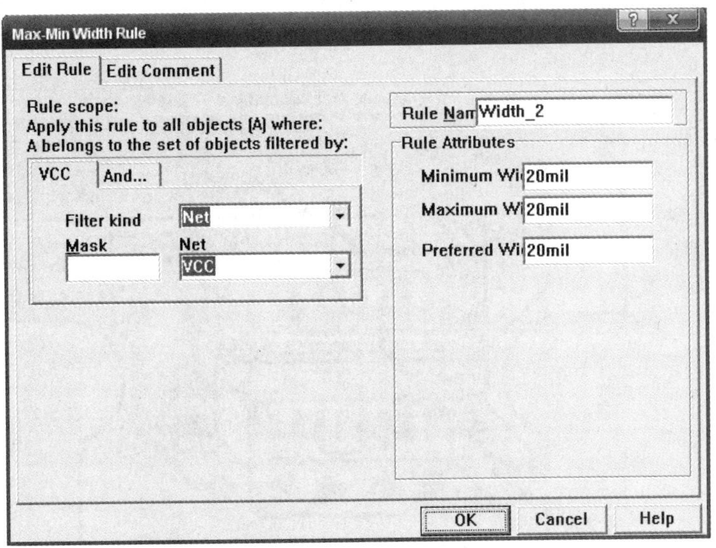

图 2－40　编辑设计规则

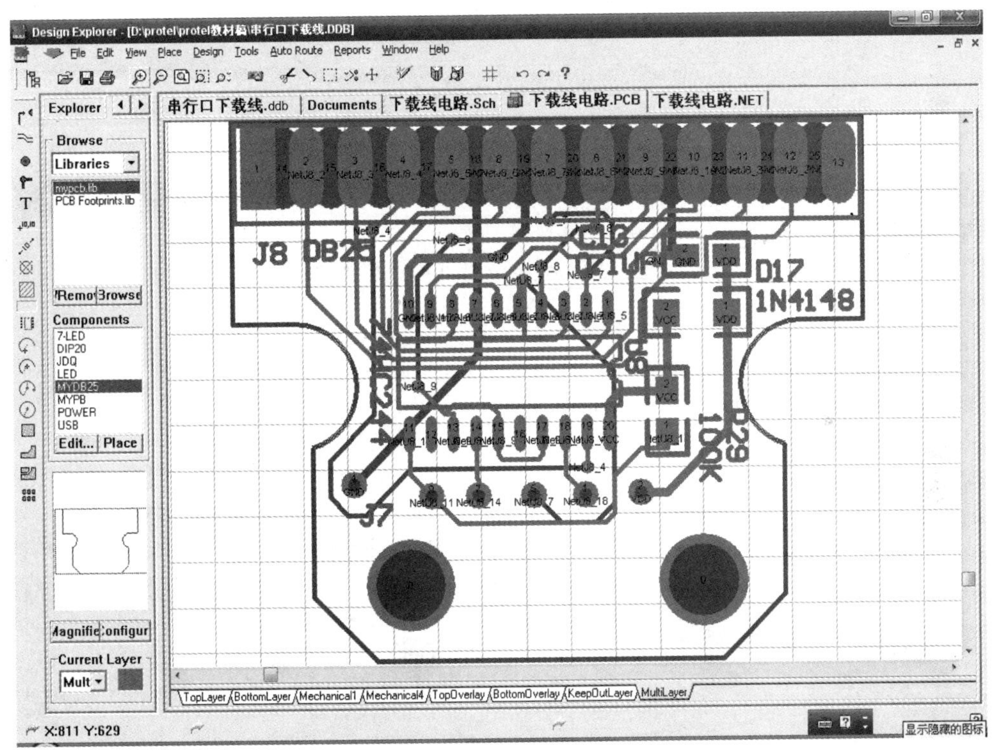

图 2－41　自动布线

7. 补泪滴

执行菜单命令【Tools】/【Teardrops】，屏幕弹出设置对话框，在此取默认设置，完成后 PCB 如图 2－42 所示。

单击 PCB 浏览器下方的“Magnifier”按钮，可以在监视器中放大显示工作区中指定的内容，如图 2－43 所示。此种方法适合查看大型复杂电路的局部电路设计。

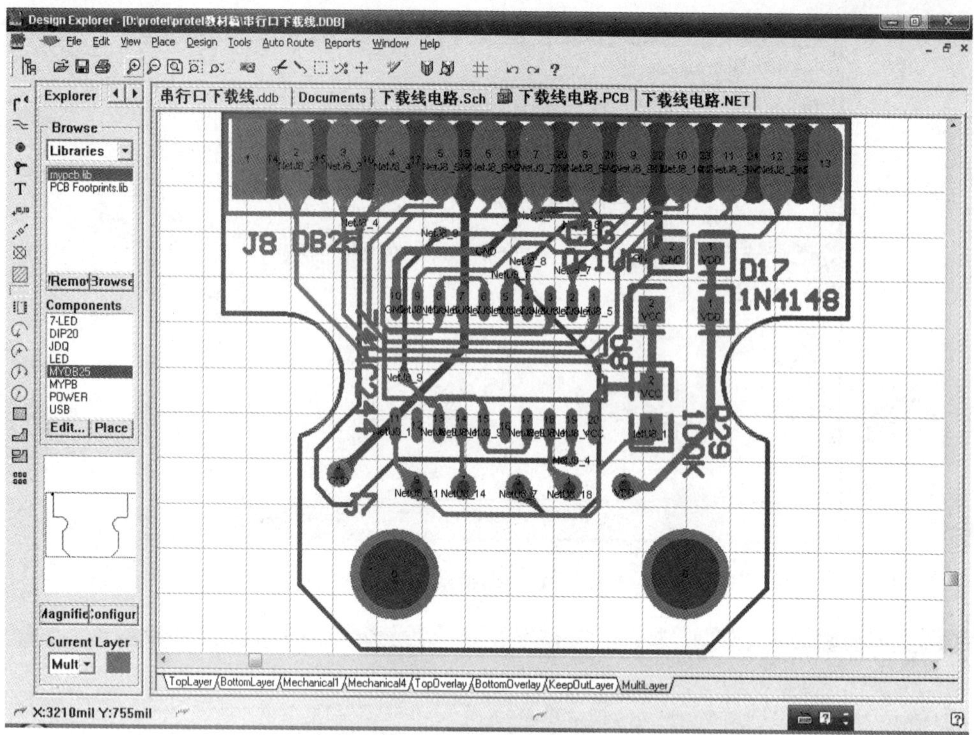

图 2－42　补泪滴

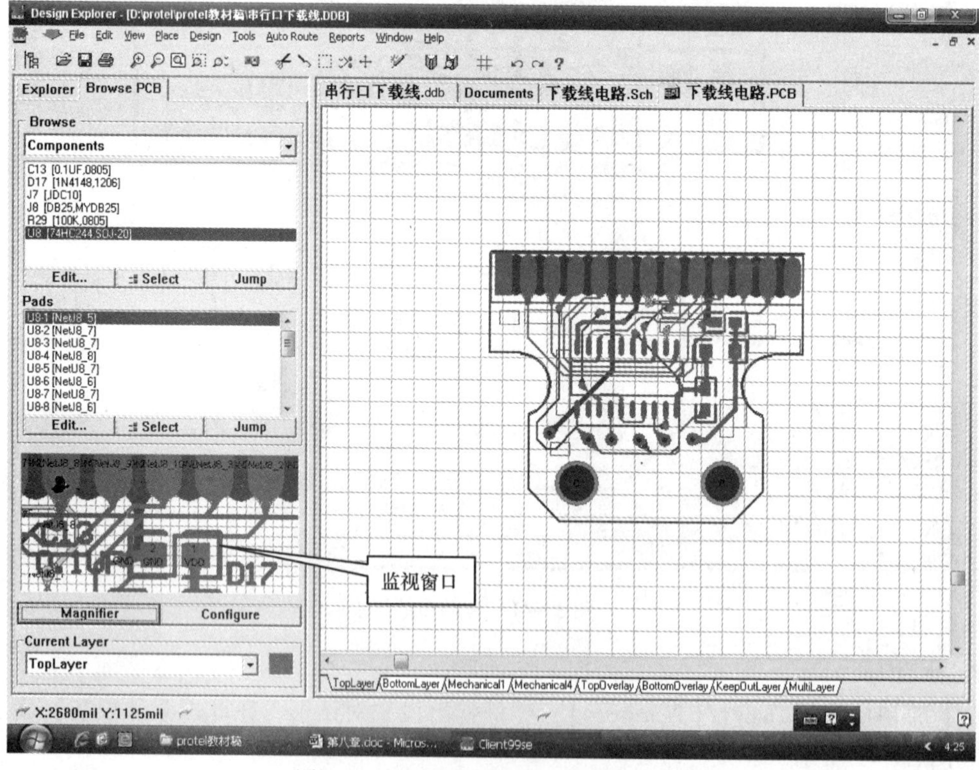

图 2－43　利用监视窗口查看局部电路

8. 放置铺铜

本电路采取双面铺铜。

单击编辑器下面的"Bottom Layer"，选择底层印制电路板。

执行菜单命令【Place】/【Polygon Plane】，或单击放置工具栏上的按钮，屏幕弹出放置多边形铺铜设置对话框，设置铺铜与地线（GND）相连，如图2－44所示。

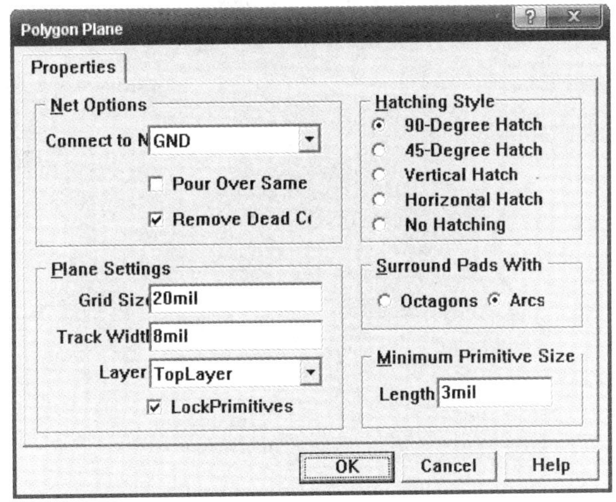

图2－44　铺铜设置

利用鼠标划定铺铜区域后完成铺铜，如图2－45所示。

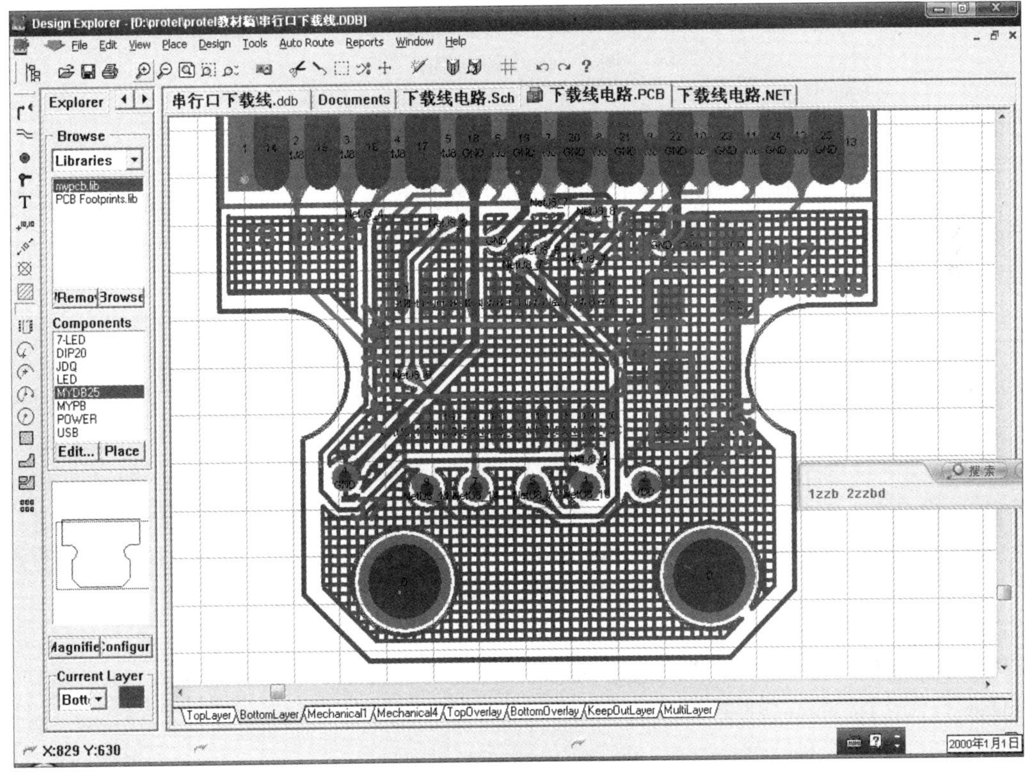

图2－45　底层铺铜

单击编辑器下面的“Top Layer”，选择顶层印制电路板，完成顶层铺铜，如图 2-46 所示。

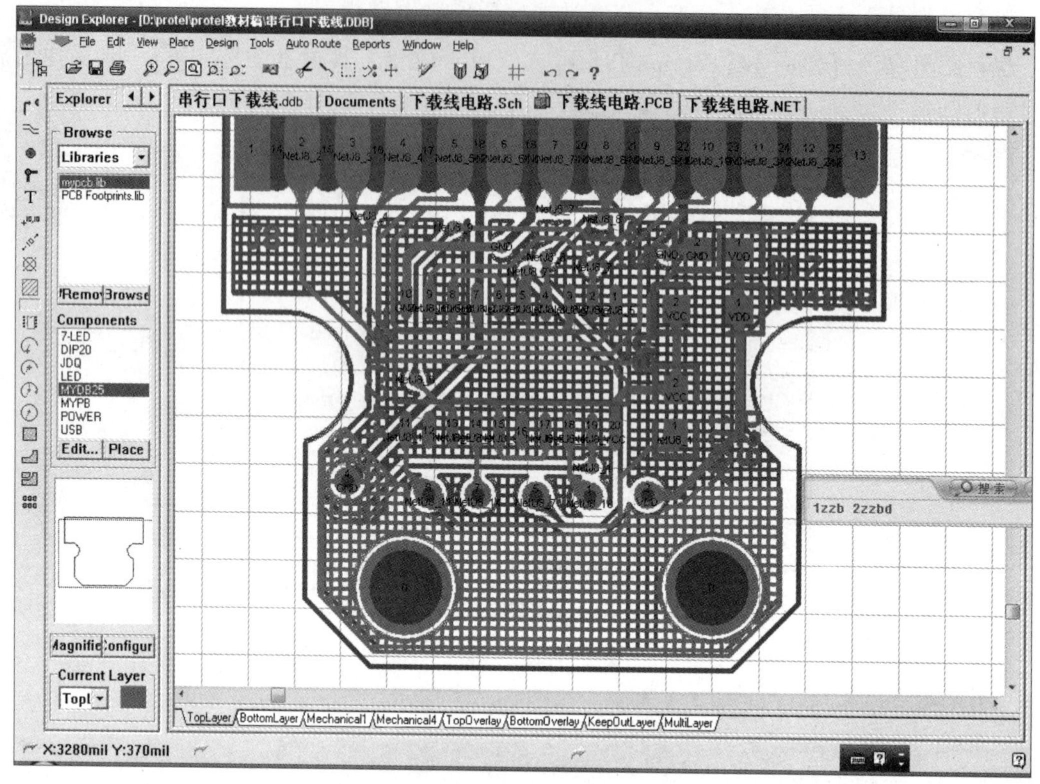

图 2-46　顶层铺铜

四、拓展与提高——设计规则检查

印制电路板布线完成后，设计者可以利用设计规则检查功能检查印制电路板是否符合前面的设计规则以及布线是否正确。设计规则检查有报表输出（Report）和在线检测（On-line）两种方式。

执行菜单命令【Tools】/【Design Rule Check】，屏幕出现图 2-47 所示的对话框，有两个选项卡，分别用于报表输出方式（Report）和在线检测方式（On-line）。

（1）报表输出方式（Report）。图 2-47 所示为“Report”选项卡，可以设置检查项目。其中“Routing Rules”“Manufacturing Rules”和“High Speed Rules”三区分别列出了与布线、制作及高速电路有关的规则，若需要利用某个规则作检查，则选取相应的复选框。在进行 DRC 检查前，必须在执行菜单命令【Design】/【Rules】中设置好要检查的设计规则，这样在 DRC 检查时才能被选中。按下“Run DRC”按钮，开始进行 DRC 检查，检查完毕后，将给出一个检查报告。下面为图 2-42 中“下载线电路. PCB”（未铺铜时）的检查报告。

Protel Design System Design Rule Check

PCB File ：Documents \ 下载线电路. PCB

Date　　：1-Jan-2000

Time　　：05：24：28

Processing Rule ：Hole Size Constraint (Min =1 mil) (Max =100 mil) (On the board)

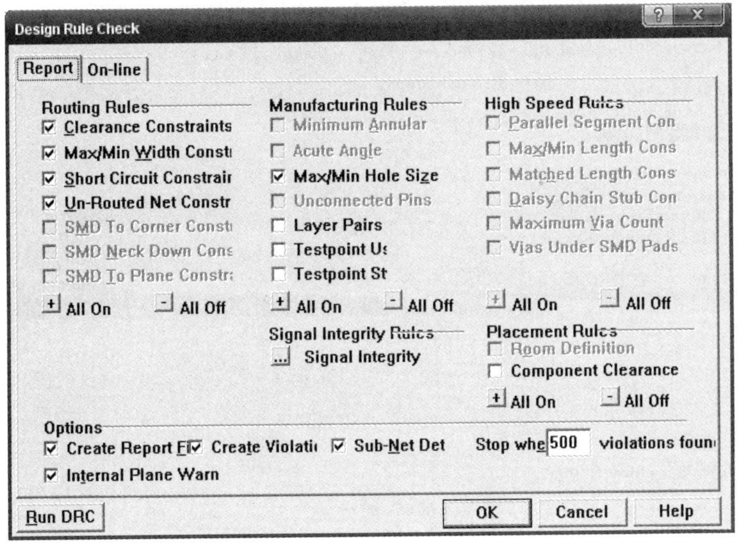

图 2－47　设计规则检查对话框

（规则中焊盘最大孔径为 100 mil，见图 2－48 中设置）

Violation　　　Pad Free－0（2700 mil，350 mil）　MultiLayer　Actual Hole Size＝160 mil

Violation　　　Pad Free－0（2040 mil，345 mil）　MultiLayer　Actual Hole Size＝160 mil

Rule Violations ：2（检测到 2 个违规：两个安装孔焊盘实际孔径达 160 mil，违反规则）

Processing Rule ：Width Constraint（Min＝20 mil）（Max＝20 mil）（Preferred＝20 mil）（Is on net VCC ）

Rule Violations ：0

Processing Rule ：Width Constraint（Min＝20 mil）（Max＝20 mil）（Preferred＝20 mil）（Is on net GND ）

Rule Violations ：0

Processing Rule ：Width Constraint（Min＝10 mil）（Max＝10 mil）（Preferred＝10 mil）（On the board ）

Rule Violations ：0

Processing Rule ：Clearance Constraint（Gap＝10 mil）（On the board ），（On the board ）

Rule Violations ：0

Processing Rule ：Short－Circuit Constraint（Allowed＝Not Allowed）（On the board ），（On the board ）

Rule Violations ：0

Processing Rule ：Broken－Net Constraint（On the board）

Rule Violations ：0

Processing Rule ：Width Constraint（Min＝20 mil）（Max＝20 mil）（Preferred＝20 mil）（Is on net VDD ）

Rule Violations ：0

Violations Detected ：2（检测到 2 处违规）

Time Elapsed　　　：00：00：01

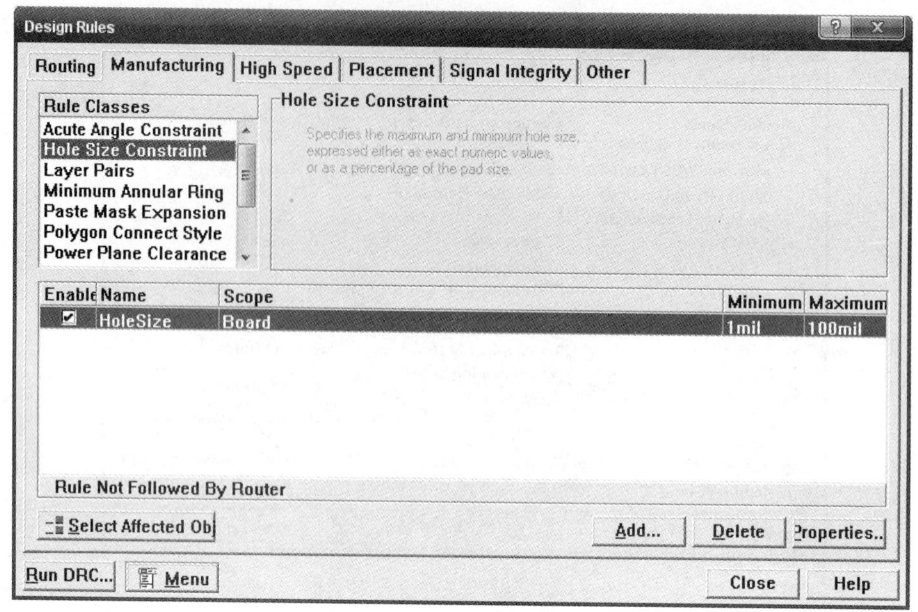

图 2－48　孔径参数设置

本例中虽有两处设计规则违规，但这是设计者实际设计需要，故不必进行修改。

(2) 在线检测方式（On－line）。执行菜单命令【Tools】/【Preferences】，在弹出的对话框中的"Editing options"区，选中"On－line DRC"复选框实现在线检测。设置在线检测后，在放置和移动图件时，程序自动根据规则进行检查，一旦发现违规，将高亮度显示违规内容。

(3) PCB 中违规错误的浏览。DRC 检查后，系统给出检查报告，违规的图件将高亮显示，此时利用违规浏览器可以方便地找到发生违规的位置及违规的具体内容。

在设计管理器的"Browse"下拉列表框中，选择"Violations"，设置浏览器为违规浏览器，如图 2－49 所示。

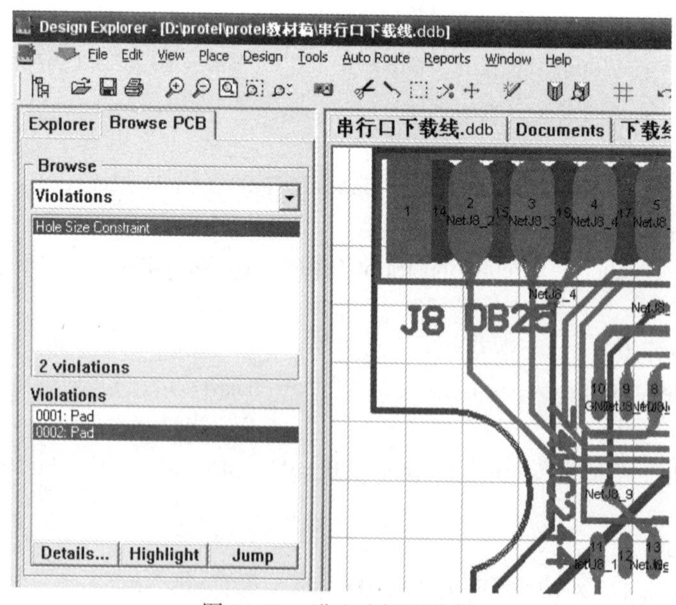

图 2－49　进入违规浏览器

单击“Details”按钮，屏幕弹出对话框，如图 2－50 所示，详细说明了违规的具体内容，包括违反的规则、违规的图件名和图件位置。

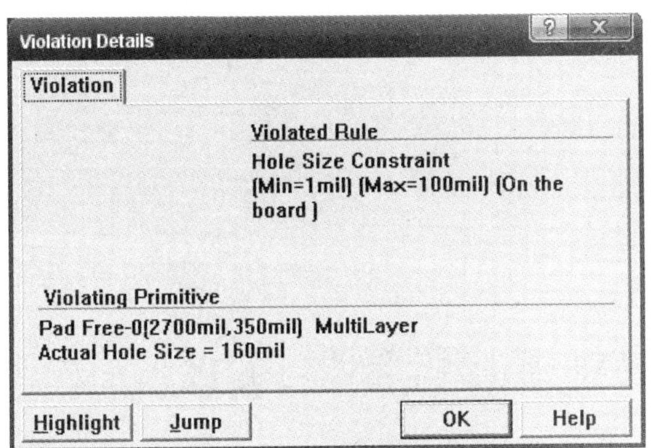

图 2－50　违规详细信息

单击“Jump”按钮，屏幕显示违规图件，如图 2－51 所示。

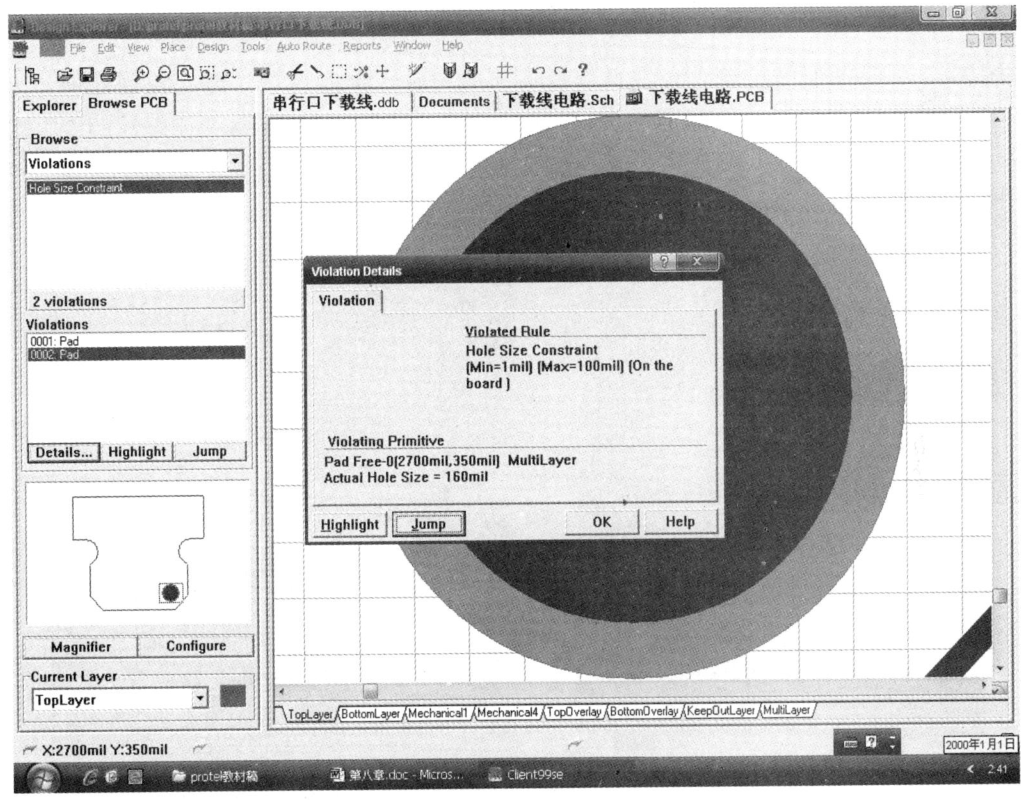

图 2－51　显示违规图件

五、思考与练习

1. 什么是双层印制电路板？简述双层印制电路板图设计的步骤。
2. 在制作印制电路板图的过程中，通常都设置哪些自动布线设计规则？

项目三 设计时钟温度控制器PCB

图 3 - 1 为时钟温度控制器。该系统具有实时时钟、温度计量、温度控制功能。采用 PCF8563 专用时钟芯片计时，功能强大、计时准确；采用 DS18B20 温度传感器测温，电路简单可靠；该系统同时可以实现各种数据通过 485 总线接口上传。图 3 - 2 为本项目完成目标：时钟温度控制器 PCB。

图 3 - 1　时钟温度控制器

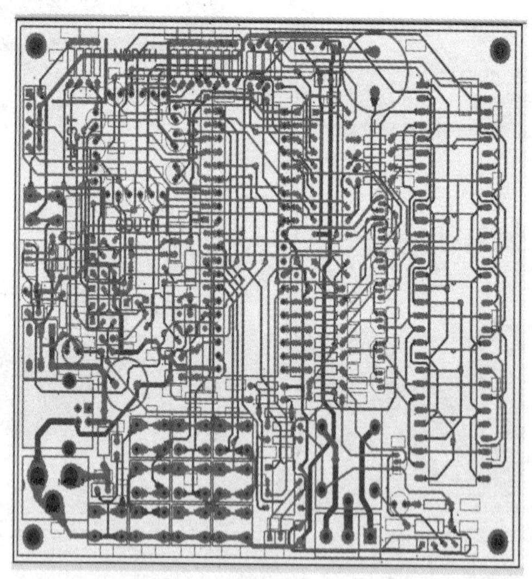

图 3 - 2　时钟温度控制器 PCB

一、教学目标

（1）掌握绘制层次电路图的方法，能完成复杂电路图绘制工作。

（2）掌握绘制非标准元件并建立元件库的方法。

（3）能快速查找电路图及 PCB 设计过程中存在的错误，能设计复杂电路 PCB。

(4) 能根据 ICE 标准，设计非标准元件封装。

二、教学重点

(1) 复杂电路图绘制。
(2) 绘制元件及制作元件封装。
(3) 复杂电路元件布局及手工布线调整。

三、教学难点

(1) PCB 加载网络表纠错、布线优化。
(2) 元件布局。
(3) 手工调整布线。

四、教学建议

(1) 采取“学、做、说”教学模式，学做一体，充分发挥学生的学习主动性。
(2) 多采用启发式教学，教学中多设置问题引导学生思考。

子项目一　绘制时钟温度控制器电路图

任务一　设计电路图元件

一、任务介绍

由于信息技术的快速发展，各种新器件、集成电路不断涌现，Protel 99 SE 系统提供的元件库已难以满足用户的需要，因此需要利用 Protel 99 SE 的元件库编辑器自己设计元件，并建立自己的元件库。在绘制温度控制器电路中，单片机芯片、数码管、集成电阻等多个元器件需要绘制或修改，下面将详细说明各元器件的设计方法。

二、任务分析

为尽快掌握元件设计方法，首先设计一个最简单的电阻元件，介绍元件设计相关工具的使用，再绘制较复杂数码管元件，通过修改元件库元件方法设计单片机芯片 89S52 及集成电阻元件。

三、任务实施

1. 设计电阻元件

(1) 进入 Protel 99 SE，新建一个“我的元件库 . ddb”文件，如图 3 - 3 所示。

执行菜单命令【File】/【New】（或单击鼠标右键，在出现的对话框菜单中再单击【New】），再在系统弹出的对话框中双击图标Schematic Library，新建元件库，系统默认名为 Schlib1. lib，可将其修改为自己需要的名称，如“my. Lib”，用鼠标双击“my. Lib”文件，可以打开原理图元件库编辑器，进入图 3 - 4 所示的元件库编辑器界面。

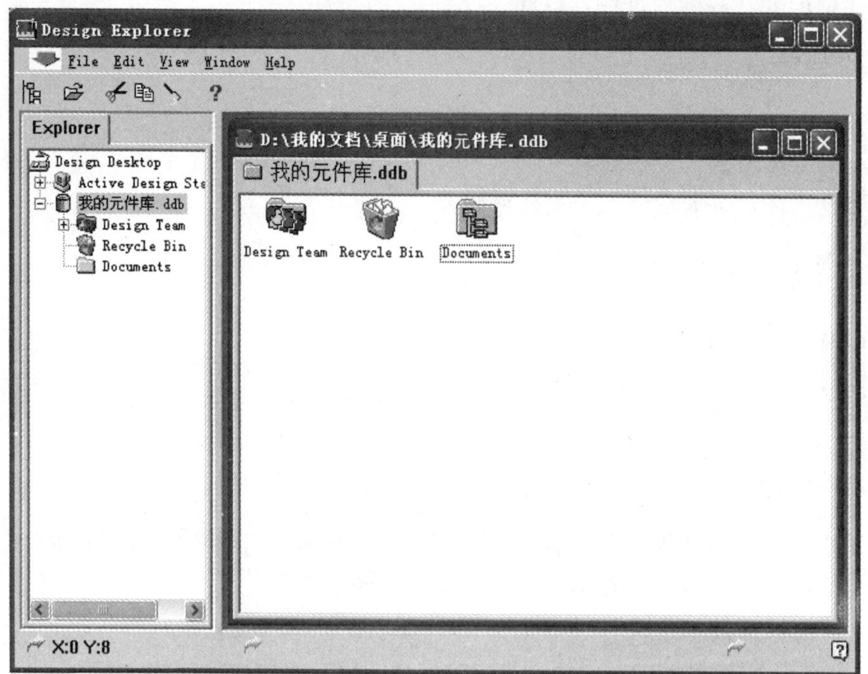

图 3－3　新建“我的元件库 . ddb”

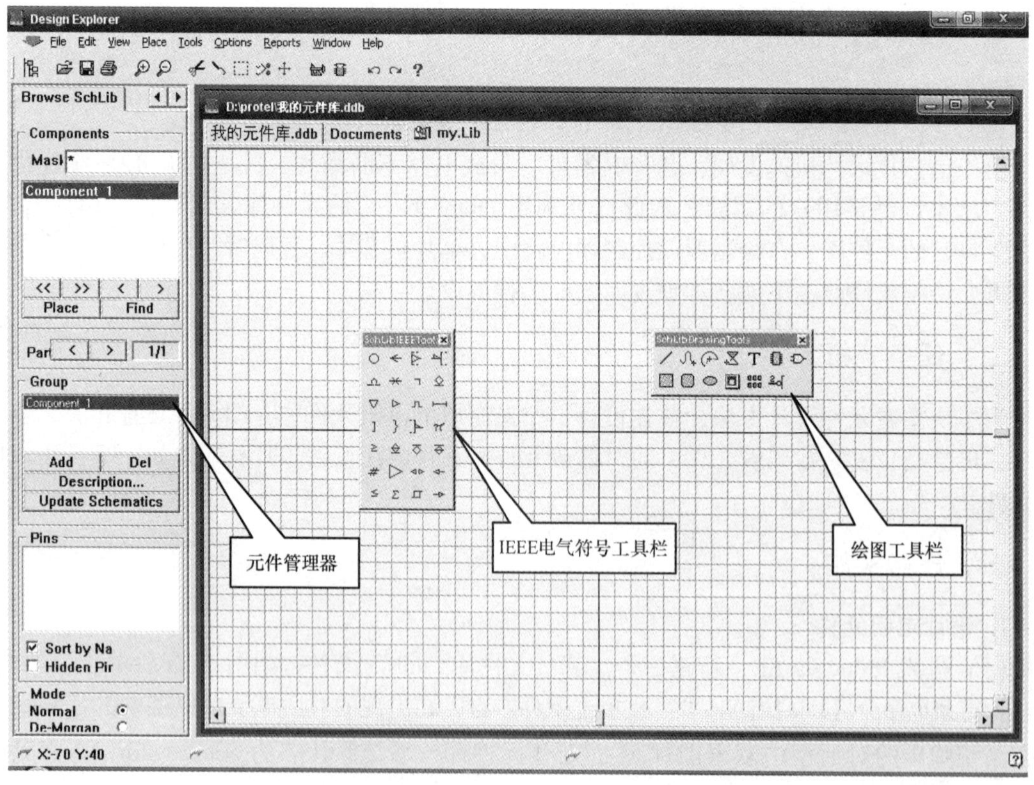

图 3－4　元件库编辑器

元件库编辑器主要由元件管理器、主工具栏、菜单、常用工具栏、编辑区等组成。元件库编辑器的工作区划分为4个象限，通常在第四象限进行元件的编辑工作。除主工具栏以外，元件库编辑器还提供了两个重要的常用工具栏，即绘图工具栏和IEEE电气符号工具栏，它们是制作新元件的重要工具。

绘图工具栏的打开与关闭可以通过选取主工具栏中的图标或执行菜单命令【View】/【Toolbars】/【Drawing Toolbar】实现。绘图工具栏如图3-4所示，用于绘制元件的外形。绘图工具栏各按钮功能如表3-1所示。

表3-1 绘图工具栏各按钮的功能

图标	功能	图标	功能	图标	功能	图标	功能
	画直线		画多边形		新建子件		画椭圆
	画曲线	T	放置文字		画矩形		粘贴图片
	画圆弧		新建元件		画圆角矩形		阵列粘贴
	放置引脚						

IEEE电气符号工具栏的打开与关闭可以通过选取主工具栏图标或执行菜单命令【View】/【Toolbars】/【IEEE Toolbar】实现。IEEE电气符号工具栏如图3-4所示，用于为元件符号加上常用的IEEE电气符号，主要用于逻辑电路。表3-2为IEEE电气符号工具栏各按钮的功能。

表3-2 IEEE电气符号工具栏各按钮的功能

图标	功能	图标	功能	图标	功能	图标	功能
	低电平有效		集电极开路符号		低电平有效输出		放置反相器信号
	放置信号流方向		高阻状态符号		放置π信号		双向I/O符号
	上升沿时钟脉冲		大电流输出信号	≥	放置“≥”符号		数据左移符号
	低电平触发有效		放置脉冲信号		上拉电阻集电极开路符号	≤	放置“≤”符号
	模拟信号输入端		放置延迟信号		发射极开路符号	Σ	放置求和符号
	无逻辑连接符号	]	多条I/O信号		下拉电阻发射极开路符号		施密特触发功能符号
	延迟特性符号	}	二进制组合信号	#	数字信号输入符号		数据右移符号

（2）修改元件名。在新建的元件库中，已有名为“Component_1”的元件，执行菜单【Tools】/【Rename Component】，将其改名为“MYRES”。

（3）放大工作窗口并执行菜单命令【Edit】/【Jump】/【Origin】，将光标定位到原点处（可利用鼠标直接定位在原点处）。

（4）执行菜单命令【Place】/【Line】或单击画线按钮，进入画直线状态，在坐标原点单击左键，向右移动光标至坐标（30，0）处单击左键，定下直线，再移动光标，分别在坐标（30，-10）、（0，-10）及（0，0）处单击左键，画好电阻外框，如图3-5所示。

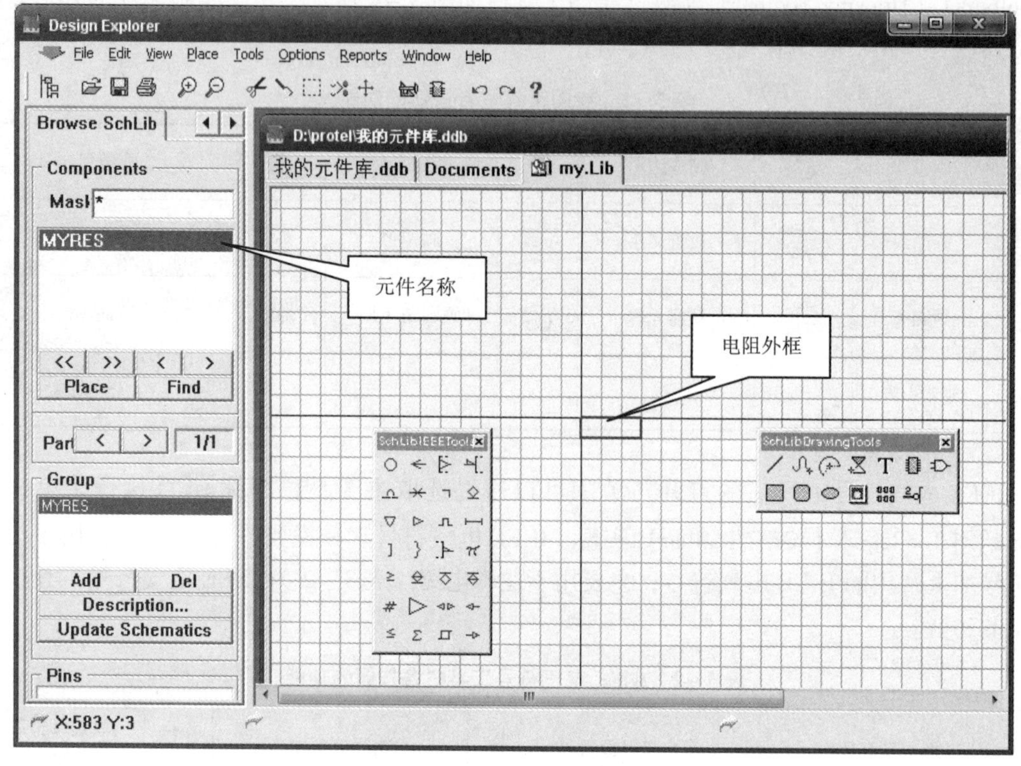

图3-5 绘制电阻外框

（5）执行菜单命令【Options】/【Document Options】，打开工作参数设置对话框。在"Grids"区中设置捕获栅格（Snap）尺寸为5 mil，如图3-6所示。

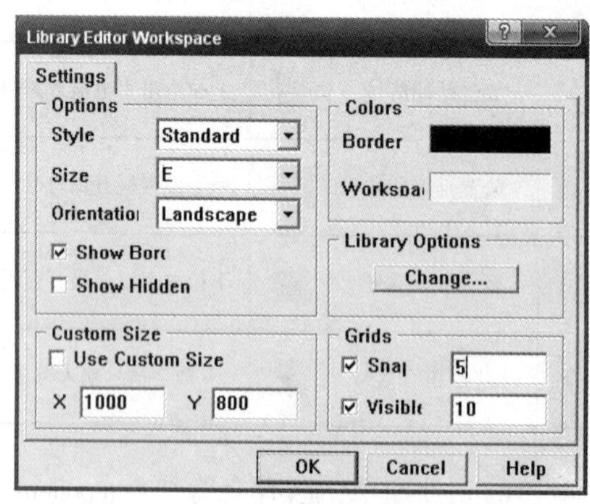

图3-6 设置栅格尺寸

（6）执行菜单命令【Place】/【Pins】，或单击引脚按钮，按“Tab”键，打开属性对话框，如图3－7所示，各引脚选项的意义如下：

“Name”编辑框：设计引脚名称。

“Number”编辑框：设置引脚号。

“X－Location”编辑框：引脚 X 向位置。

“Y－Location”编辑框：引脚 Y 向位置。

“Orientation”下拉列表框：引脚方向可设置0°、90°、180°和270°四种旋转角度。

“Color”编辑框：引脚颜色设置。

“Dot Symbol”复选框：选中后引脚末端出现一个小圆圈，代表该引脚为低电平有效。

“Clk Symbol”复选框：选中后引脚末端出现一个小三角形，代表该引脚为时钟信号引脚。

“Electrical Type”下拉列表框：设置引脚的类型，共有8种引脚类型，即“Input”（输入型）、“I/O”（输入/输出型）、“Output”（输出型）、“Open Collector”（集电极开路输出型）、“Passive”（无源型）、“Hiz”（三态输出型）、“Open Emitter”（发射极开路输出型）、“Power”（电源型。）

“Hidden”复选框：选中后引脚具有隐藏特性，引脚不显示。

“Show Name”复选框：是否显示引脚名。选中为显示，否则为不显示。

“Show Number”复选框：是否显示引脚号。选中为显示，否则不显示。

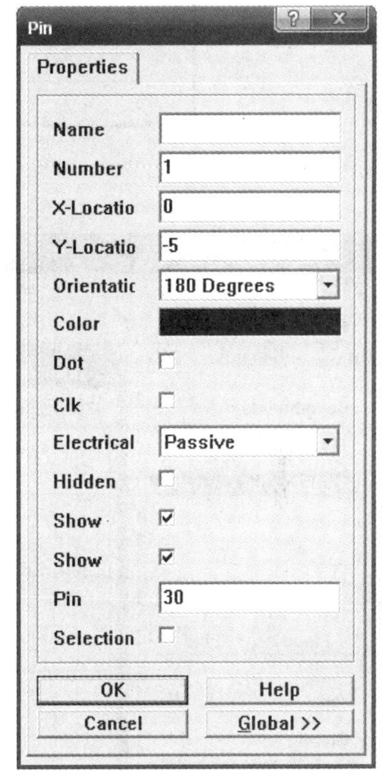

图3－7 引脚属性对话框

“Pin Length”编辑框：设置引脚的长度。

“Selection”复选框：确定是否选中该引脚。

设置“Name”为空，“Number”为“1”，其他取默认设置，单击“OK”按钮；移动光标到电阻外框左端，利用空格键调整电阻引脚方向（十字光标端连接电阻外框），单击左键，放下第一个引脚；再移动光标到电阻外框右端，调整引脚方向，单击左键，放下第二个引脚，这时，引脚号自动加1。

（7）执行菜单命令【Tools】/【Description】，或单击元件管理中的 Description... 按钮，打开元件信息设置对话框，进行元件信息设置，如图3－8所示。其中“Default Designator”为默认标号类型，这里设置为“R?”；“Footprint”为元件封装形式设置，可设置多个，这里设置为“AXIAL0.3”。“Description”为元件属性说明，通过此设置了解元件功能。

（8）执行菜单命令【File】/【Save】，保存该电阻元件，如图3－9所示。

Component Text Fields
Designator | Library Fields | Part Field Names
Default R?
Sheet Part
Footprint AXIAL0.3
Footprint
Footprint
Footprint
Descripti
OK Cancel Help

图 3－8　元件信息设置对话框

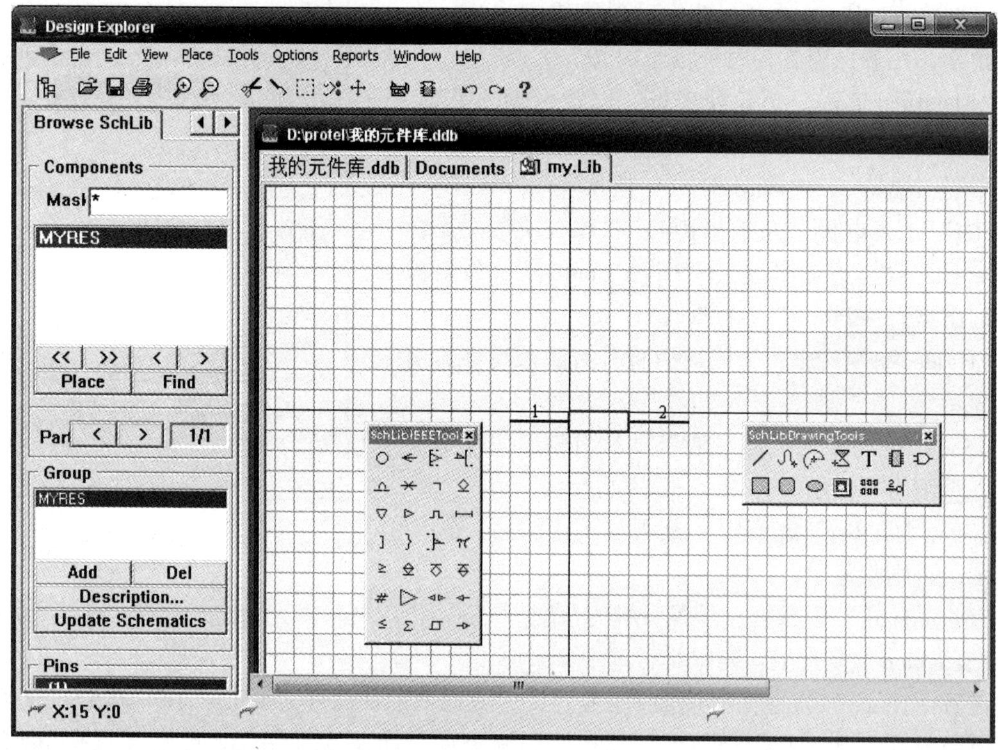

图 3－9　绘完的电阻元件

2. 设计数码管元件

数码管是一种常用的显示器件。实际绘制电路图时，根据绘图需要，利用自制的数码管元件可能更方便，下面举例说明该元件的画法。

（1）执行菜单命令【Tools】/【New Component】，单击工具栏上的按钮，新建一个元件，并更改元件名称为“MYDPY”，如图 3－10 所示，然后单击“OK”按钮。

（2）执行菜单命令【Place】/【Rectangle】或单击画矩形的按钮，进入画矩形状态，在坐标原点单击左键，移动光标至坐标（90，－130）处再次单击左键，完成矩形绘制，单击鼠标右键退出画矩形状态；执行菜单命令【Place】/【Line】或单击画直线的按钮，进入画直线状态，在矩形图内画一“8”字形7段示意图；执行菜单命令【Place】/【Ellipses】或单击画椭圆的按钮，画一圆形小数点符号。

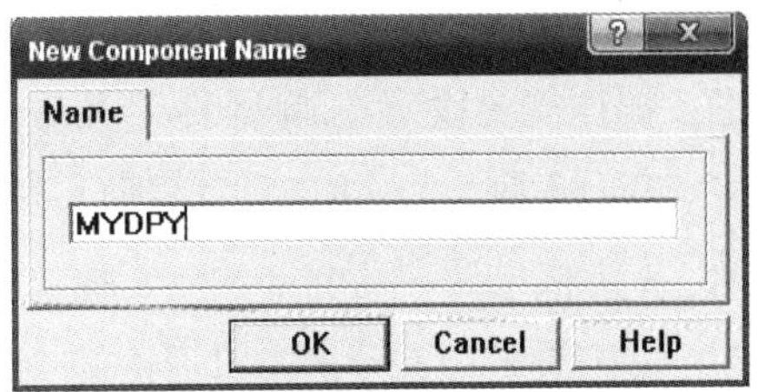

图3-10　元件命名对话框

(3) 执行菜单命令【Place】/【Pins】，或单击引脚按钮，按“Tab”键，打开属性对话框，根据需要设置引脚名称及编号。依次放置各引脚，完成数码管元件如图3-11所示。

(4) 执行菜单命令【Tools】/【Description】，进行元件信息设置。其中“Default Designator”为默认标号类型，这里设置为“DPY?”；“Footprint”设置为“7-LED”。

(5) 存盘退出。

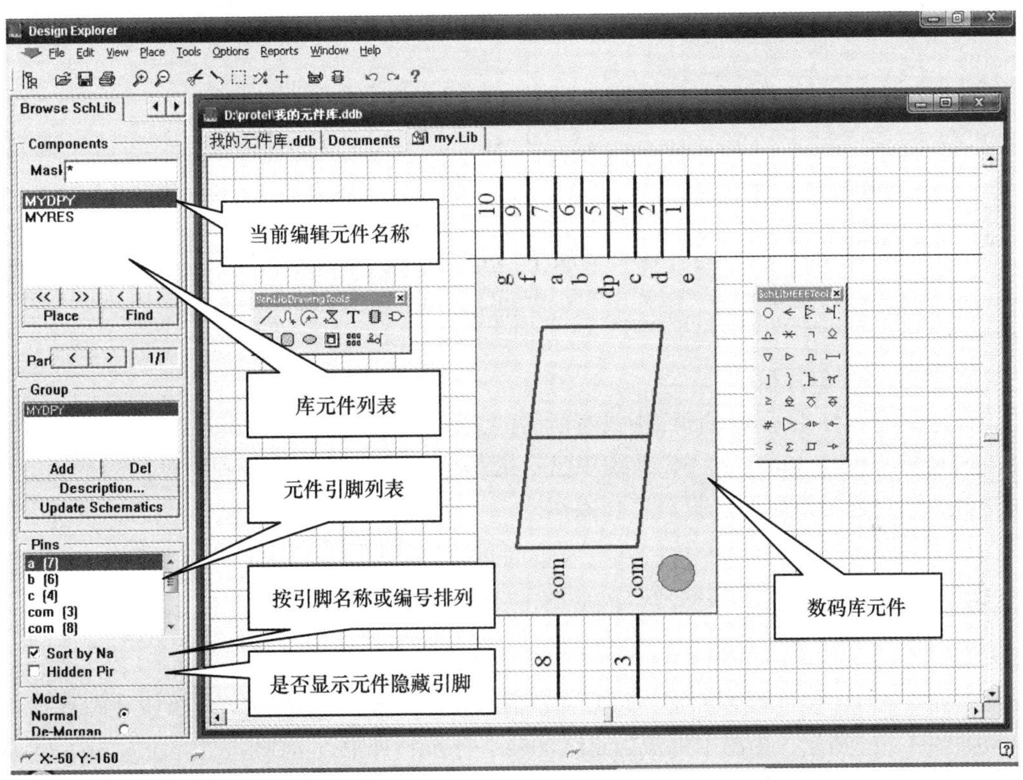

图3-11　数码管元件图

3. 画一时钟芯片 PCF8563

(1) 执行菜单命令【Tools】/【New Component】，或单击工具栏上的按钮，新建一个元件，并更改元件名称为“PCF8563”，然后单击“OK”按钮。

(2) 执行菜单命令【Place】/【Rectangle】或单击画矩形的按钮，进入画矩形状态，在坐标原点单击左键，移动光标至坐标（90，-130）处再次单击左键，完成矩形绘制，单击鼠标右键退出画矩形状态。

（3）执行菜单命令【Place】/【Pins】，或单击引脚按钮，按“Tab”键，打开属性对话框，根据需要设置引脚属性。其中 OSCI（1 脚）、SCL（6 脚）为输入引脚；OSCO（2 脚）、$\overline{\text{INT}}$（3 脚）、CLKOUT（7 脚）为输出引脚；SDA（5 脚）为双向输入输出引脚；4 脚接地、8 脚接电源，可将 4 脚、8 脚隐藏；设置引脚$\overline{\text{INT}}$（3 脚）名称格式为“I\ N\ T\ ”。图 3－12、图 3－13 分别为没有隐藏电源引脚和隐藏电源引脚芯片图。

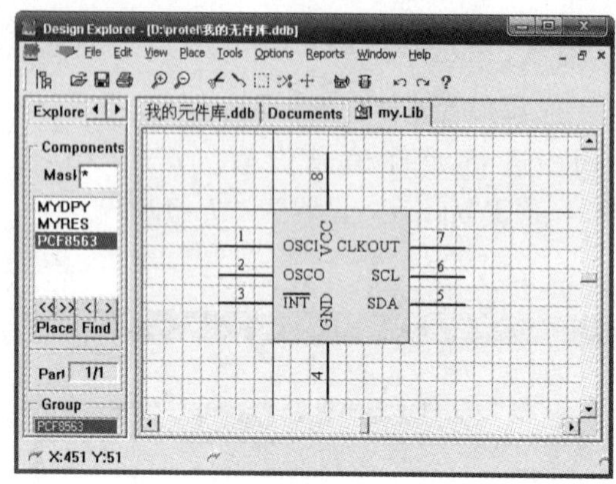

图 3－12　PCF8563 芯片图（不隐藏电源引脚）

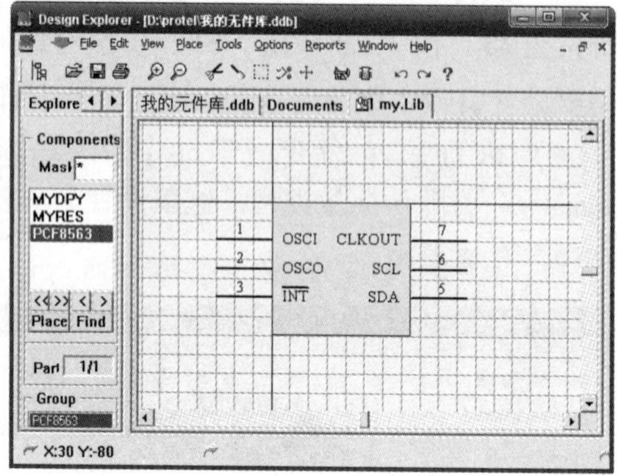

图 3－13　PCF8563 芯片图（隐藏电源引脚）

（4）执行菜单命令【Tools】/【Description】，进行元件信息设置。其中“Default Designator”为默认标号类型，这里设置为“U?”；“Footprint”设置为“DIP8”。

（5）存盘退出。

4. 绘制 89S52 单片机

设计电路时，如果系统元件库中没有所需的元件，除了利用前面讲过的方法自己绘制新元件外，也可以利用 Protel 99 SE 系统中已有的相似元件通过修改得到自己所需的新元件。采用这种方法可以节省时间，提高工作效率。

（1）执行菜单命令【Tools】/【New Component】，或单击工具栏上的按钮，新建一个元件，并更改元件名称为“89S52”，然后单击“OK”按钮。

（2）执行菜单命令【Tools】/【Find Component】，或单击元件库管理器中的**Find**按钮，查找与 89S52 最接近的芯片 8052。输入待查元件名称 8052，单击**Find Now**按钮开始查找，查找结果如图 3－14 所示。由图中可知，元件 8052 位于元件库 Protel DOS Schematic Intel. lib 中。

（3）单击图 3－14 中的**Edit**按钮，系统自动进入编辑 Protel DOS Schematic Intel. lib 元件库状态，屏幕上显示当前元件 8052 的图形符号，如图 3－15 所示。

（4）执行菜单命令【Edit】/【Select】/【All】，选中图 3－15 编辑区中的 8052 图形符号，再执行菜单命令【Edit】/【Copy】，此时光标呈十字状，利用鼠标左键单击已处于选中状态的 8052，即可复制该元件。

（5）将工作界面切换到 89S52 库元件编辑界面，执行菜单命令【Edit】/【Paste】，或单击主工具栏上的粘贴按钮，将元件复制到坐标原点附近，单击主工具栏上的按钮，取消元件的选中状态。

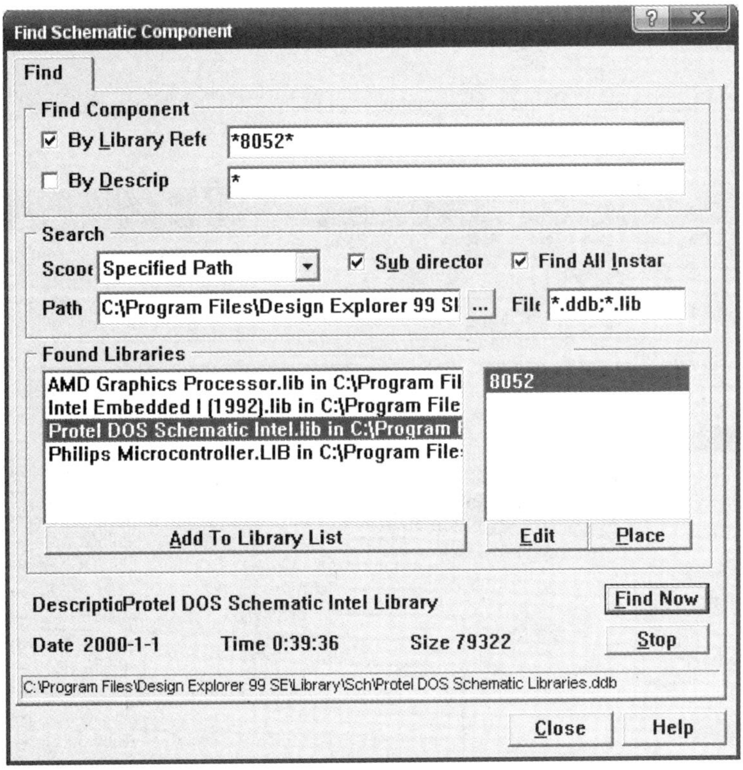

图 3 – 14　查找元件对话框

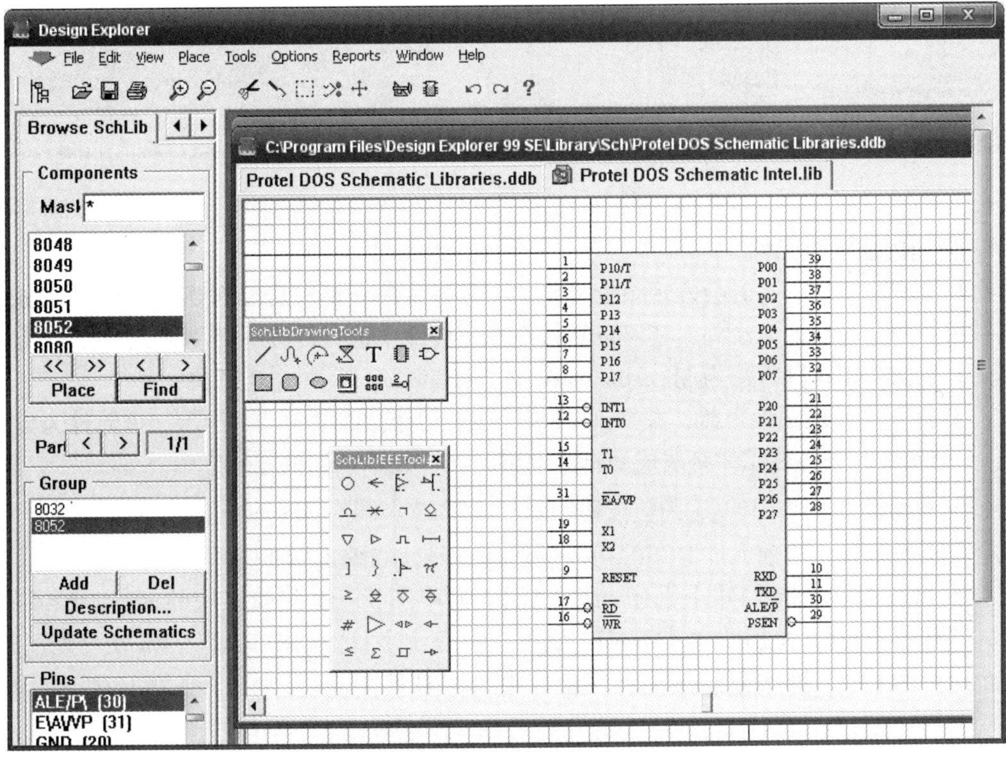

图 3 – 15　8052 元件图

（6）在工作区中，根据需要修改8052元件相关引脚，得到图3－16所示的89S52元件图形。

（7）设置元件信息。将“Default Designator”设置为“U?”；“Footprint”设置为“DIP40”。

（8）存盘退出。

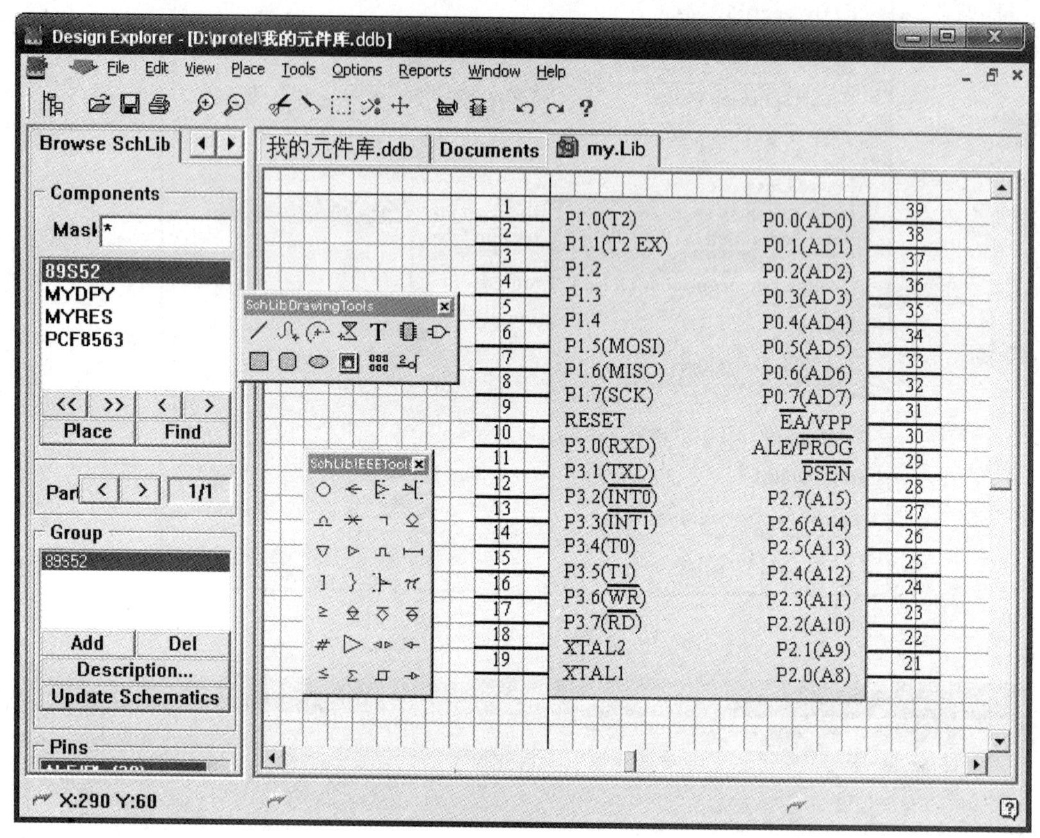

图3－16　89S52元件图形

5. 设计集成电阻元件

实际绘制电路时，有时会发现系统提供的元件库中的元件与实际需要的元件不一致。除可以采用前两节介绍的方法外，还可以直接在本元件库中进行修改，并将新元件添加到该元件库中。下面采用这种方法为Miscellaneous Device. ddb添加一排电阻元件。

（1）打开一原理图编辑器，并找到RESPACK4元件，如果3－17所示。该元件为集成8电阻16脚元件，再将该元件修改成9脚排电阻元件，并添加到该元件库中。

（2）单击图3－17中的 **Edit** 按钮，系统自动进入编辑Miscellaneous Device. ddb元件库状态，屏幕上显示当前元件RESPACK4的图形符号，如图3－18所示。

（3）执行菜单命令【Edit】/【Select】/【All】，选中图3－18编辑区中的RESPACK4图形符号，再执行菜单命令【Edit】/【Copy】，此时光标呈十字状，利用鼠标左键单击已处于选中状态的RESPACK4，即可复制该元件。再单击主工具栏上的按钮，取消该元件的选中状态。

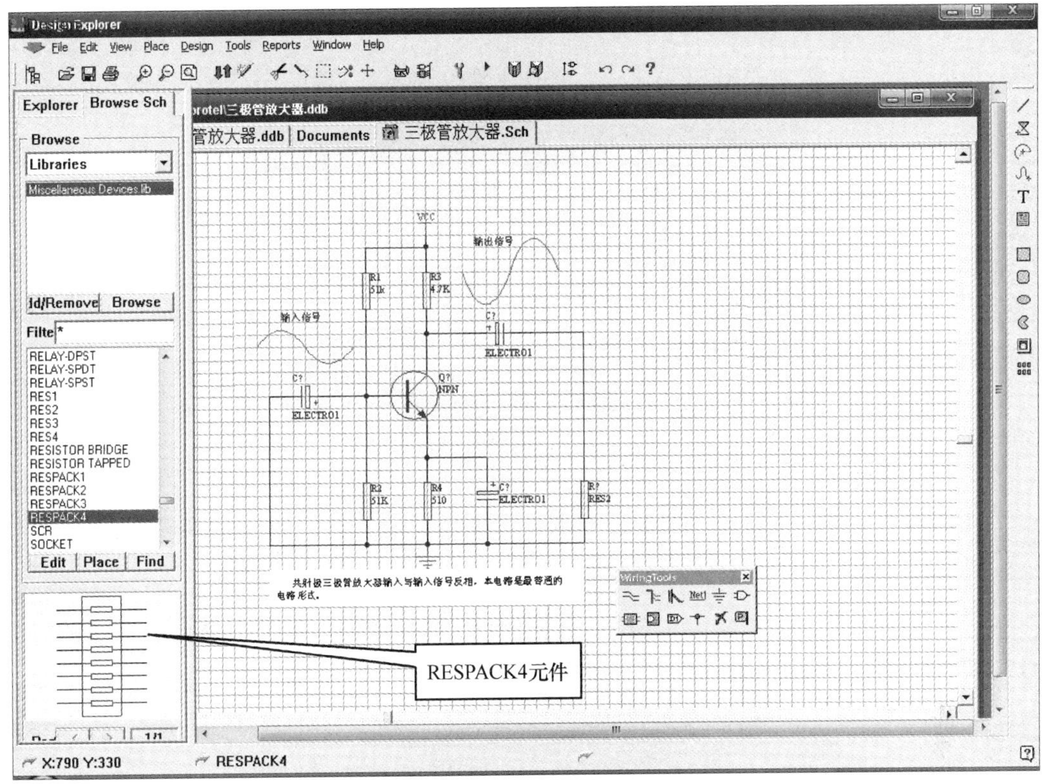

图 3－17　打开一原理图编辑器

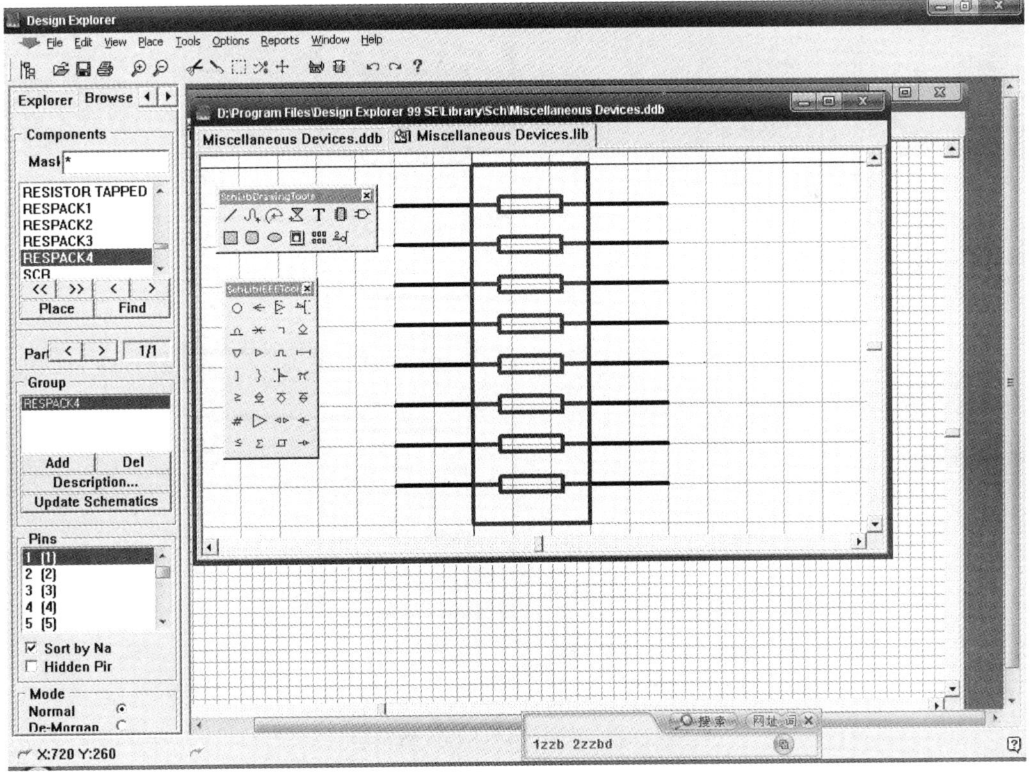

图 3－18　RESPACK4 元件编辑器

（4）执行菜单命令【Tools】/【New Component】，或单击工具栏上的按钮，新建一个元件，并更改元件名称为“RESPACK5”，如图 3－19 所示，然后单击“OK”按钮。

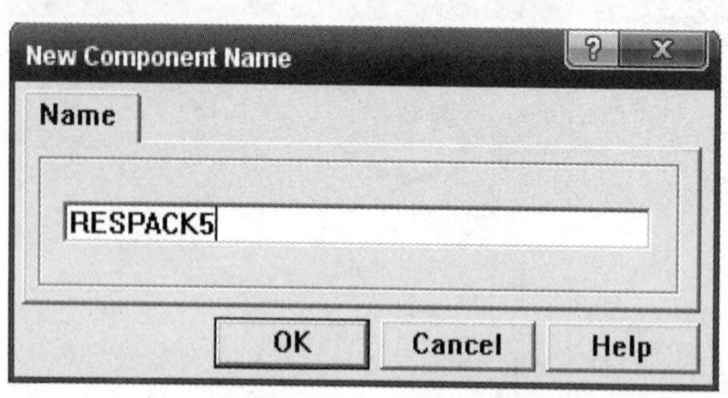

图 3－19　元件命名对话框

（5）执行菜单命令【Edit】/【Paste】，或单击主工具栏上的粘贴按钮，将元件复制到坐标原点附近，单击主工具栏上的按钮，取消元件的选中状态。

（6）在工作区中，根据需要修改 RESPACK5 元件的相关引脚，设置各引脚名称隐藏，编号显示，得到图 3－20 所示 RESPACK5 元件图形。

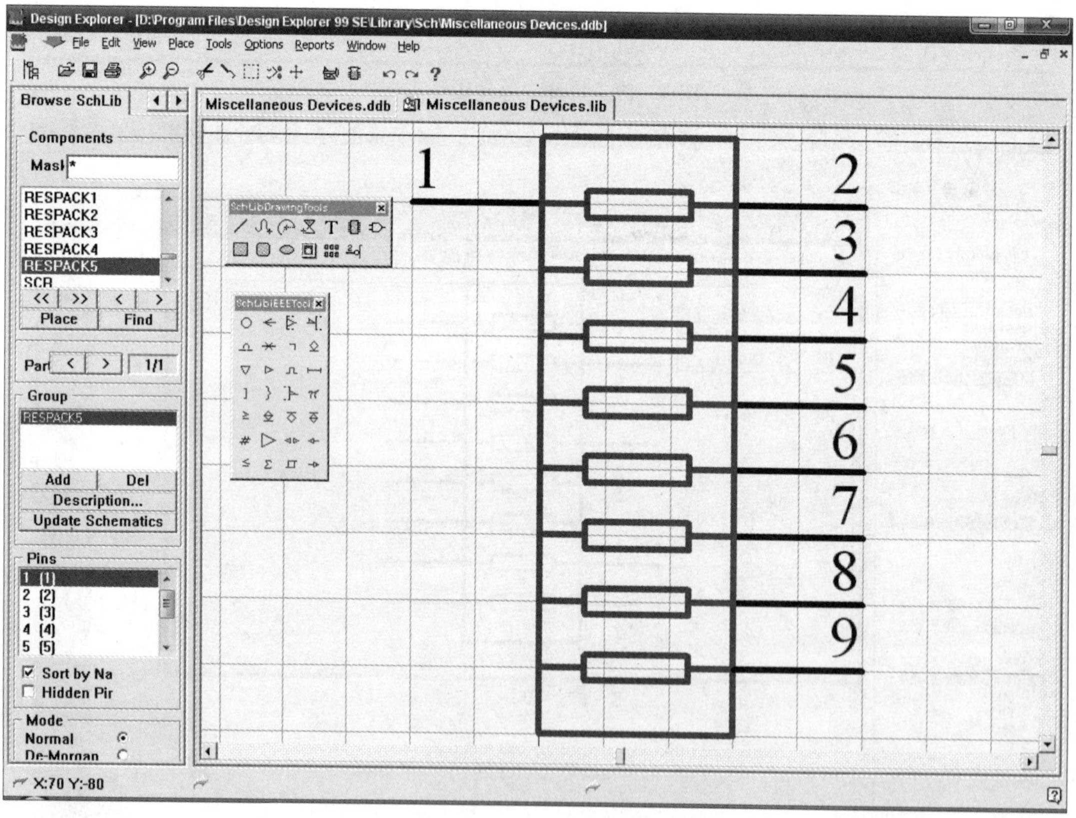

图 3－20　RESPACK5 元件编辑器

(7) 设置元件信息。将“Default Designator”设置为“RP?”; “Footprint”设置为“SIP9”。

(8) 存盘并关闭元件库编辑器。此时会发现元件管理器 Miscellaneous Device. lib 中已增加一元件 RESPACK5，如图 3-21 所示。

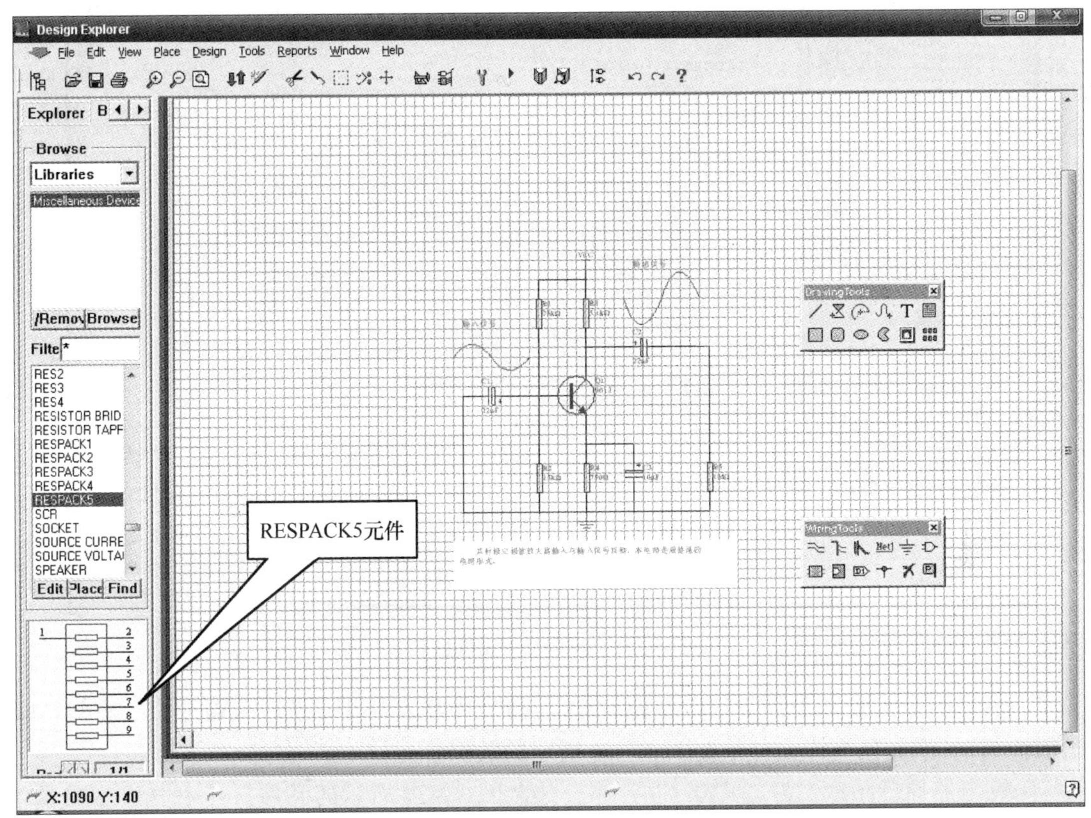

图 3-21 RESPACK5 元件添加到元件管理器

四、拓展与提高——产生元件报表

在元件库编辑器中可以产生以下 3 种报表：元件报表 (Component Report)、元件库报表 (Library Report)、元件规则检查报表 (Component Rule Check Report)。在此仅介绍元件报表。

在元件编辑界面上，执行菜单命令【Report】/【Component】，将产生当前编辑窗口的元件报表，元件报表文件以 . cmp 为扩展名。图 3-22 所示为图 3-13 所示元件 PCF8563 元件报表信息。

五、思考与练习

1. 绘制原理图符号的步骤有哪些? 绘制引脚时要注意什么? 如何使用自建元件?

2. 在“F:\”下的设计数据库文件“LX. ddb”中建立一个名为“KYJ. Lib”的电路原理图库文件，绘制图 3-23 所示的元件。

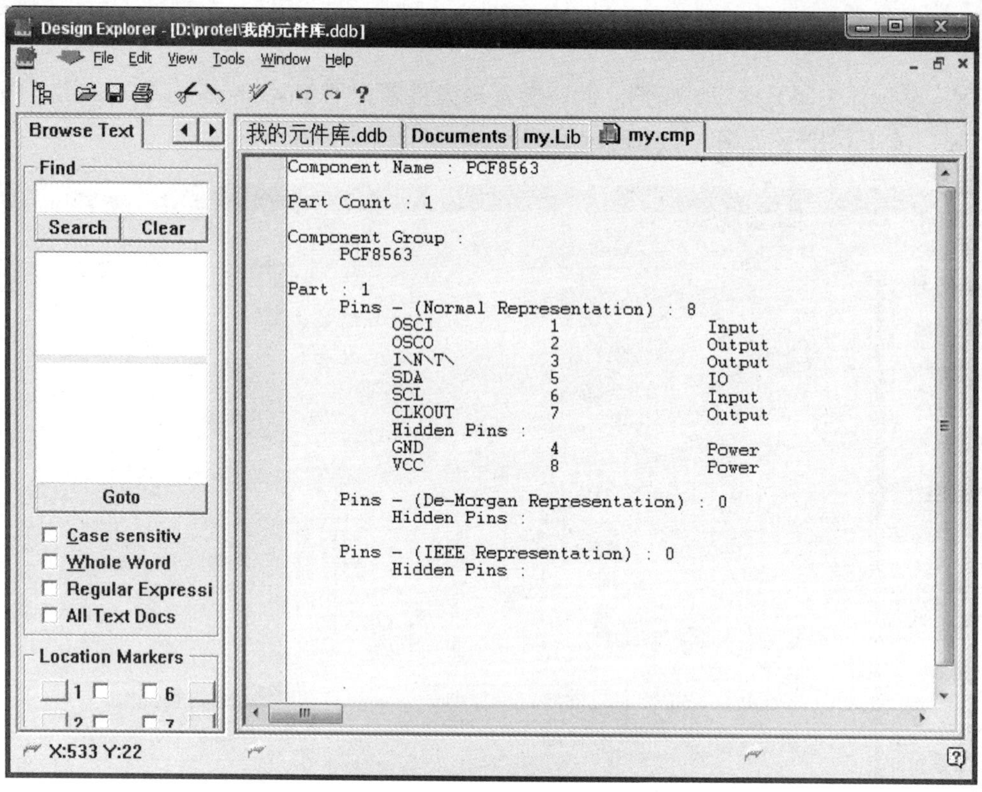

图 3-22 PCF8563 元件报表

3. 在“F:\”下的设计数据库文件“LX. ddb”中建立一个名为“KYJ. Lib”的电路原理图库文件，利用已有库元件绘制图 3-11 所示的数码管元件。

4. 在电路原理图库文件“KYJ. Lib”中，绘制图 3-24 所示的元件，其中电源（20 脚）和地（10 脚）引脚隐藏，1、11、3、4、7、8、13、14、17、18 脚为输入引脚，剩余引脚为输出引脚，元件封装为“DIP20”。

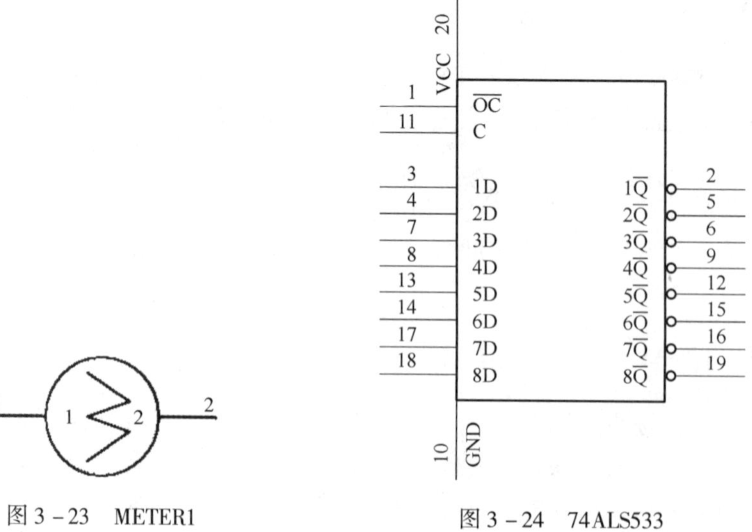

图 3-23 METER1

图 3-24 74ALS533

任务二　设计单片机最小系统（总线方式）

一、任务介绍

单片机最小系统是时钟温控器的核心电路，也是线路较复杂的电路。通过该电路设计学生可以掌握复杂电路的设计方法，特别是总线技术的应用方法。

二、任务分析

设计单片机最小系统可以采用普通的导线连接方式，电路连接关系清晰，易于识读，但线路复杂，不适于复杂电路设计。总线方式线路清晰，适于复杂电路设计。为便于理解，采用多种设计方法，通过对比理解每种设计方法的优缺点。

三、任务实施

1. 利用普通导线连接方式设计单片机最小系统

（1）新建一个原理图文件。在 Protel 99 SE 主窗口中执行菜单命令【File】/【New】，建立一个新的项目文件“单片机最小系统 . ddb”，再次执行菜单命令【File】/【New】，新建一个原理图文件，并将文件名改为“MCU1. Sch”。双击该文件图标，进入原理图编辑器。

（2）设置图纸参数。执行菜单命令【Design】/【Options】，设置图纸大小为 A4，其余默认。

（3）装入元件库。首先加载分立元件库（Miscellaneous Device. ddb），该元件库通常已默认加载在元件管理器中。再加载自己制作的元件库“我的元件库 . ddb”，里面含有前面制作的 89S52 元件。加载元件库后，原理图编辑器如图 3－25 所示。

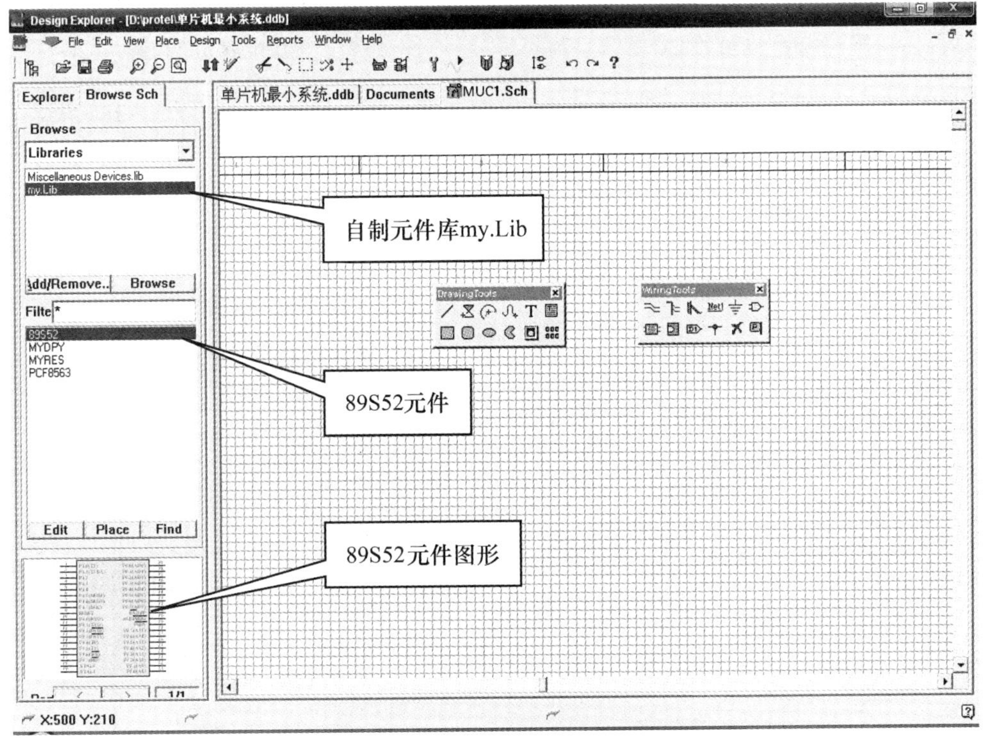

图 3－25　MCU1. Sch 原理图编辑器

（4）放置元件，同时修改元件属性。元件属性可以在连接电路后设置，也可以在放置元件时同时进行参数设置，可根据实际绘图时个人需要灵活安排。

放置电阻元件：选择“Miscellaneous Device. ddb”元件库，在元件列表中选中元件“RES2”，第一个电阻设置如图 3－26 所示，每单击鼠标左键一次，将放置一个电阻，同时电阻元件编号自动加 1，依次放置以下电阻：R_7、R_8、R_9、R_{10}、R_{11}、R_{12}、R_{13}、R_{14}、R_{16}、R_{17}、R_{18}、R_{19}、R_{21}。本例中没有电阻 R_{15}、R_{20}，故放置后可删去。

放置电解电容元件：选中“ELECTRO1”放置电解电容，设置参数如图 3－27 所示。

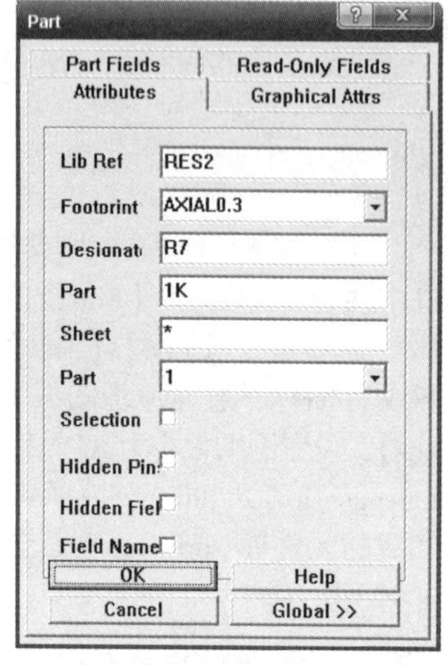

图 3－26　电阻元件设置

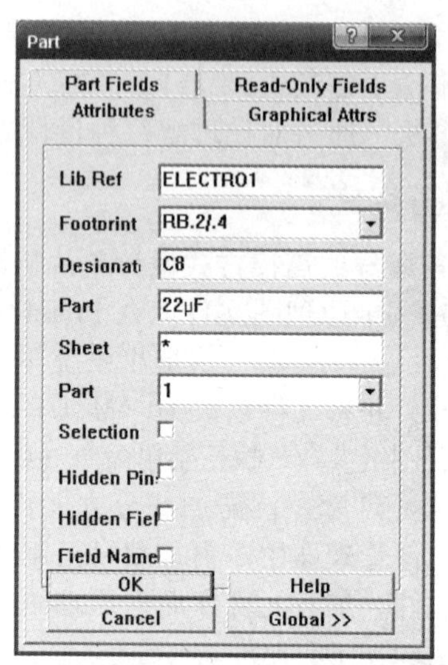

图 3－27　电解电容元件设置

放置瓷片电容元件：选中“CAP”放置瓷片电容元件，设置参数如图 3－28 所示，依次放置 C_9、C_{10} 两个元件。

放置发光二极管元件：选中“LED”元件，并按图 3－29 进行参数设置，依次放置 D1～D12 发光二极管。

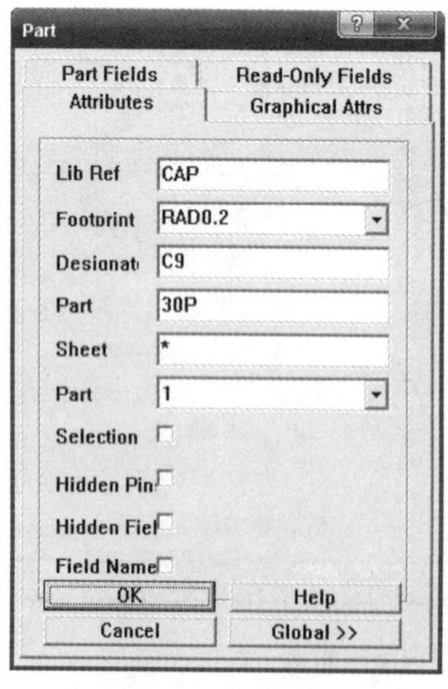

图 3－28　瓷片电容元件设置

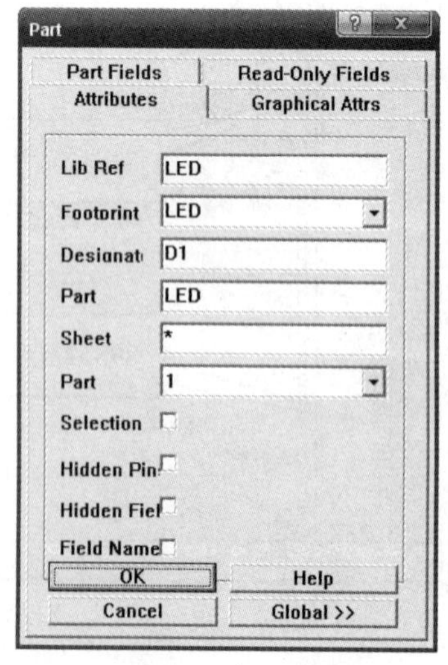

图 3－29　LED 元件设置

放置开关：选中“SW SPDT”元件，设置参数如图 3－30 所示，依次放置 S11、S13、S14、S15、S16 五个元件。

放置排电阻元件：选中“RESPACK5”元件（自建元件模型，前面已介绍），并按图 3－31 进行参数设置，依次放置 RP1～RP4 四个排电阻元件。

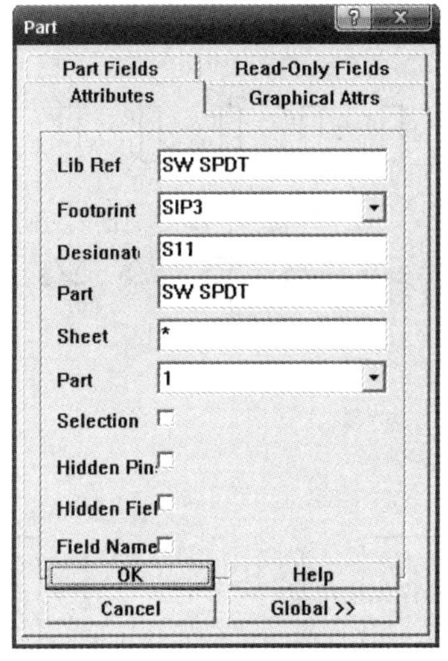

图 3－30　开关元件设置

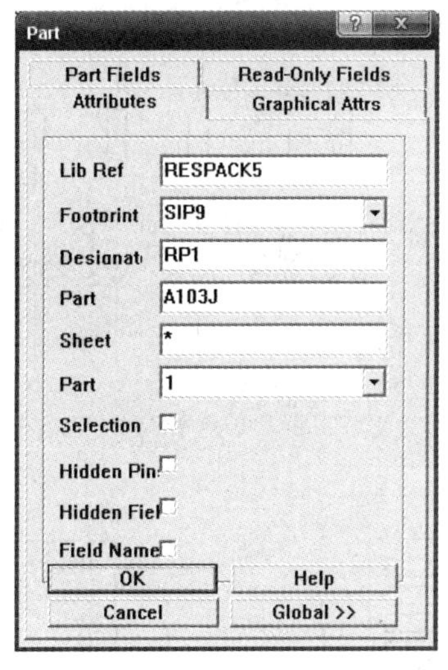

图 3－31　排电阻元件设置

放置按钮元件：选中“SW－PB”元件，并按图 3－32 进行参数设置。元件封装需要自己设计，将在后续内容中介绍。

放置晶体元件：选中“CRYSTAL”元件，并按图 3－33 进行参数设置。

放置单片机元件：选择“my. Lib”元件库，选中“89S52”元件，并按图 3－34 进行参数设置。

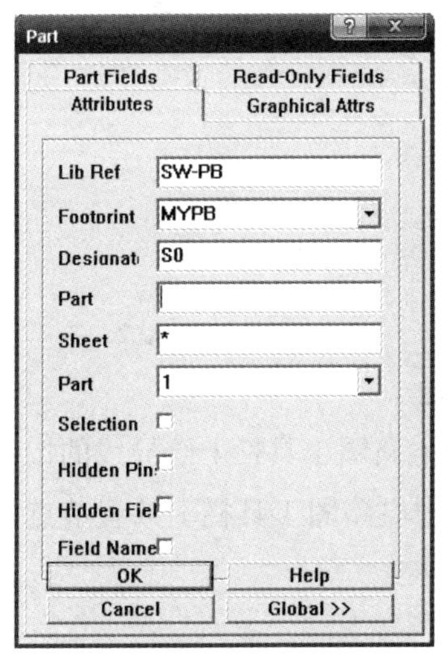

图 3－32　按钮元件设置

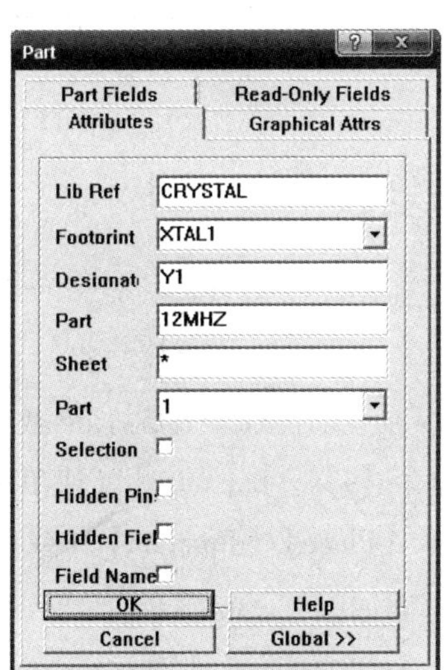

图 3－33　晶体元件设置

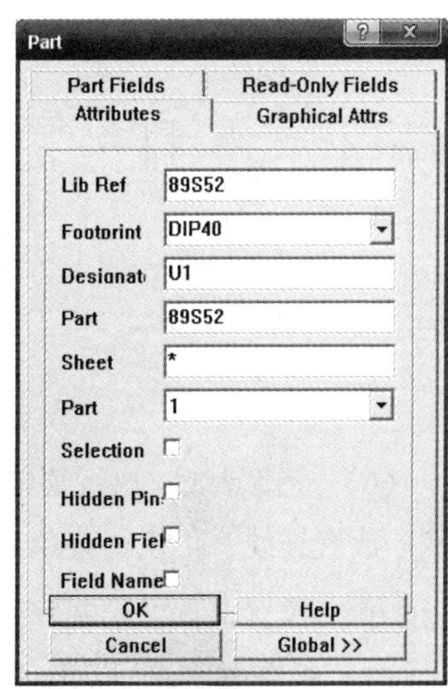

图 3－34　单片机元件设置

放置电源与接地符号：本电路只采用一组电源，但在设计电路时可以根据需要放置多个电源与接地符号，同名的电源与接地符号在电气上是相连的。本例中 89S52 元件电源与接地引脚被设置为隐藏方式，但在电气上与图中电源及接地符号是对应相连的。

（5）调整元件位置。选中需要调整的元件，通过移动、旋转等方式，将各元件调整摆放到合适的位置，如图 3－35 所示。

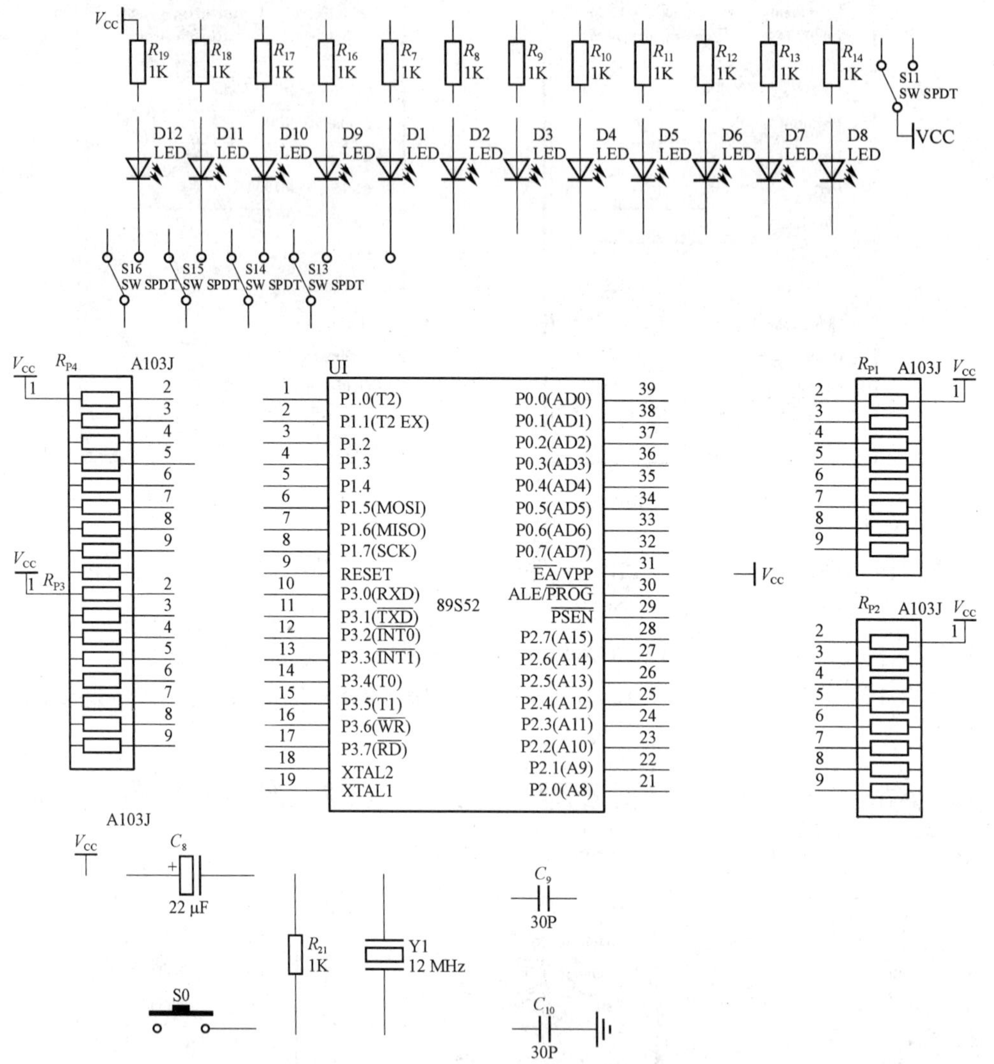

图 3－35　元件位置调整后的元件放置图

（6）连接导线。执行菜单命令【Place】/【Wire】（或单击电路图工具栏上绘导线的按钮）放置连线，再执行菜单命令【Place】/【Junction】（或单击电路图工具栏上放置节点的按钮）放置节点。绘制完的电路如图 3－36 所示。

（7）保存电路。

2. 利用总线方式设计单片机最小系统

图 3－36 所示电路各元件均采用普通的导线连接方式，电路直观，可读性强，但线路略

显繁杂，特别是对于复杂电路，这种绘制电路的方法由于线路密集，将给设计者带来很多不便。下面介绍采用总线方式绘制电路的方法。

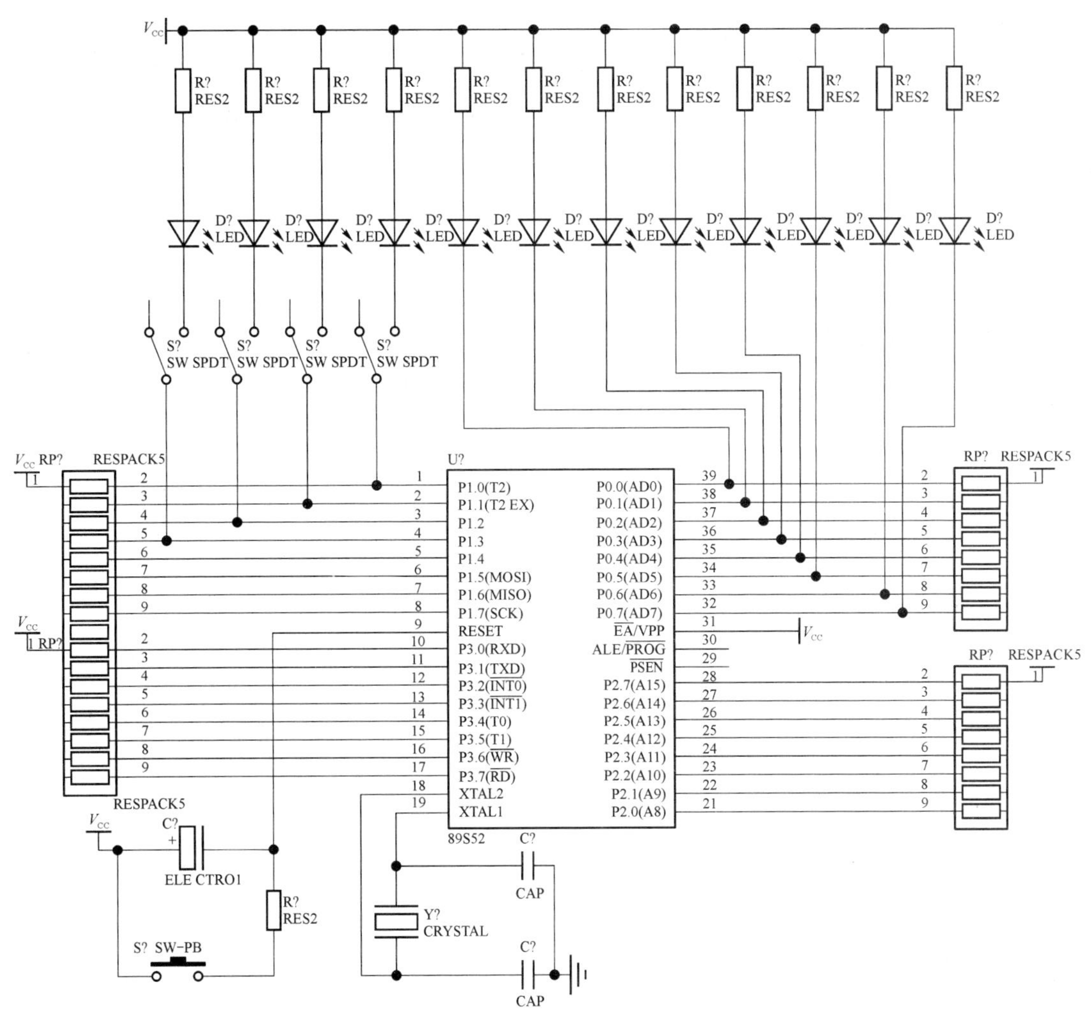

图 3－36 单片机最小系统 MCU1. Sch 电路图

总线是一些功能相似的导线的集合。使用一条粗线作为总线，用来表示多条并行导线，以便简化电路连接。使用总线来代替一组导线，需要与总线分支和网络标号相配合。这是因为总线本身并没有实质的电气连接意义，必须由总线接出的各个单一入口导线上的网络标号来完成电气意义上的连接，具有相同网络标号的导线在电气上是连接的，这样做既可以节省原理图的空间，又便于读图。

（1）建立新文件。在原项目文件“单片机最小系统 . ddb”下，新建一原理图文件，并将文件名改为“MCU2. Sch”。双击该文件图标，进入原理图编辑器。

（2）设置图纸参数。执行菜单命令【Design】/【Options】，设置图纸大小为 A4，其余默认。

（3）重新放置元件，并修改元件属性，如图 3－35 所示。

(4) 连接导线。此例中，12 个 LED 发光二极管与单片机之间采用总线连接方式。

利用导线适当延长 R_{P1}、R_{P4}、U1 三个元件对应相连引脚的长度，再延长 D1 ~ D8 二极管阴极的引脚长度，便于放置网络标号。

• 放置总线。执行菜单命令【Place】/【Bus】，或单击工具栏上绘制总线的按钮，进入放置总线状态，将光标移至合适的位置，单击鼠标的左键，定义总线起点，将光标移至另一位置，单击鼠标左键，定义总线的下一点，连线完毕，单击鼠标的右键退出放置总线状态。按此方法，绘出图中所需全部总线，如图 3 - 37 所示。

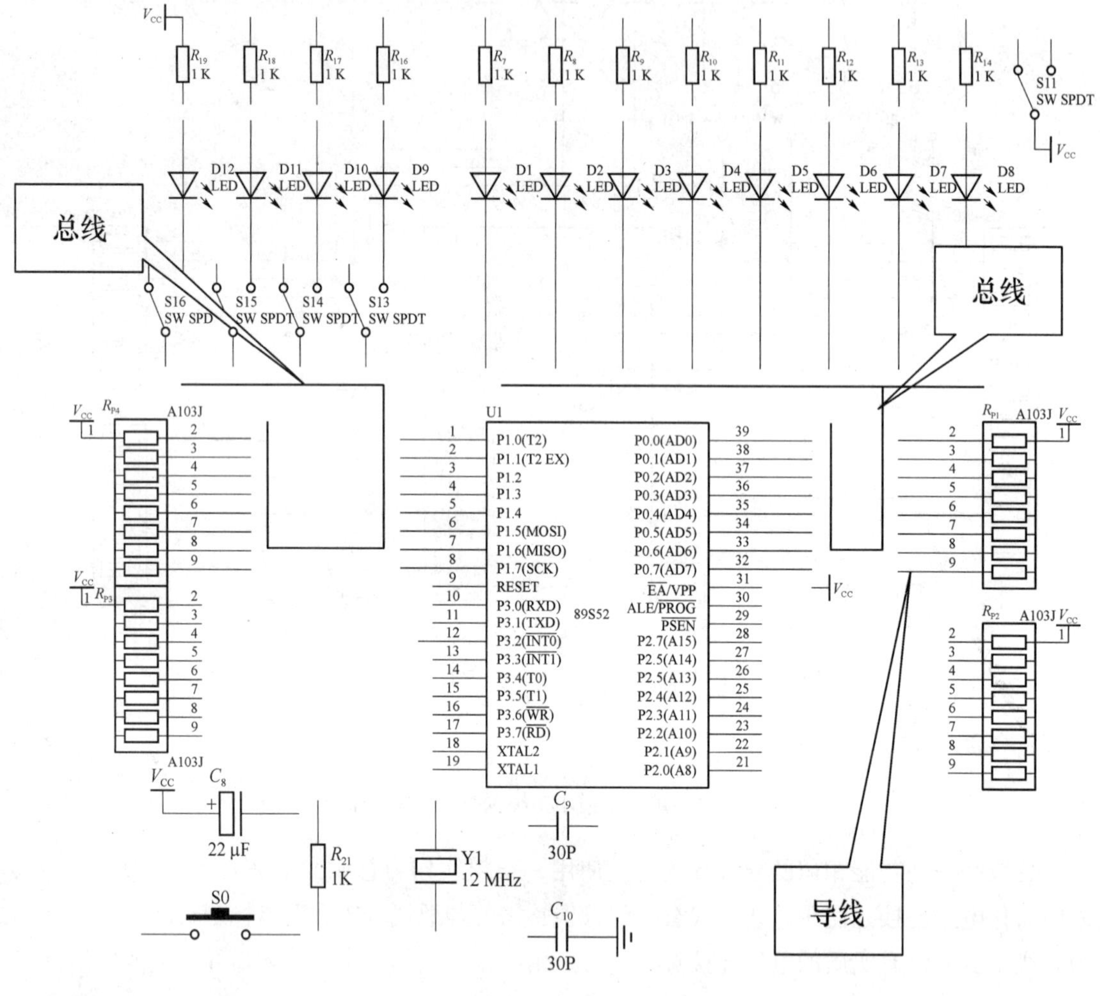

图 3 - 37　放置总线

在放置总线状态时，按“Tab”键，屏幕弹出总线属性对话框，可以修改线宽和颜色，通常取系统默认设置。

• 放置总线分支。元件引脚与总线之间的连接通过总线分支实现，总线分支是 45°或 135°倾斜的短线段。

执行菜单命令【Place】/【Bus Entry】，或单击电路图工具栏上的按钮，进入放置总线分支的状态，此时十字光标上带着悬浮的总线分支线，将光标移至总线和引脚引出线之间，十字光标中心出现较大的圆点时，表示总线分支已与元件引脚或总线连好，按空格键变换倾斜角度，单击鼠标左键放置总线分支线，如图 3－38 所示。

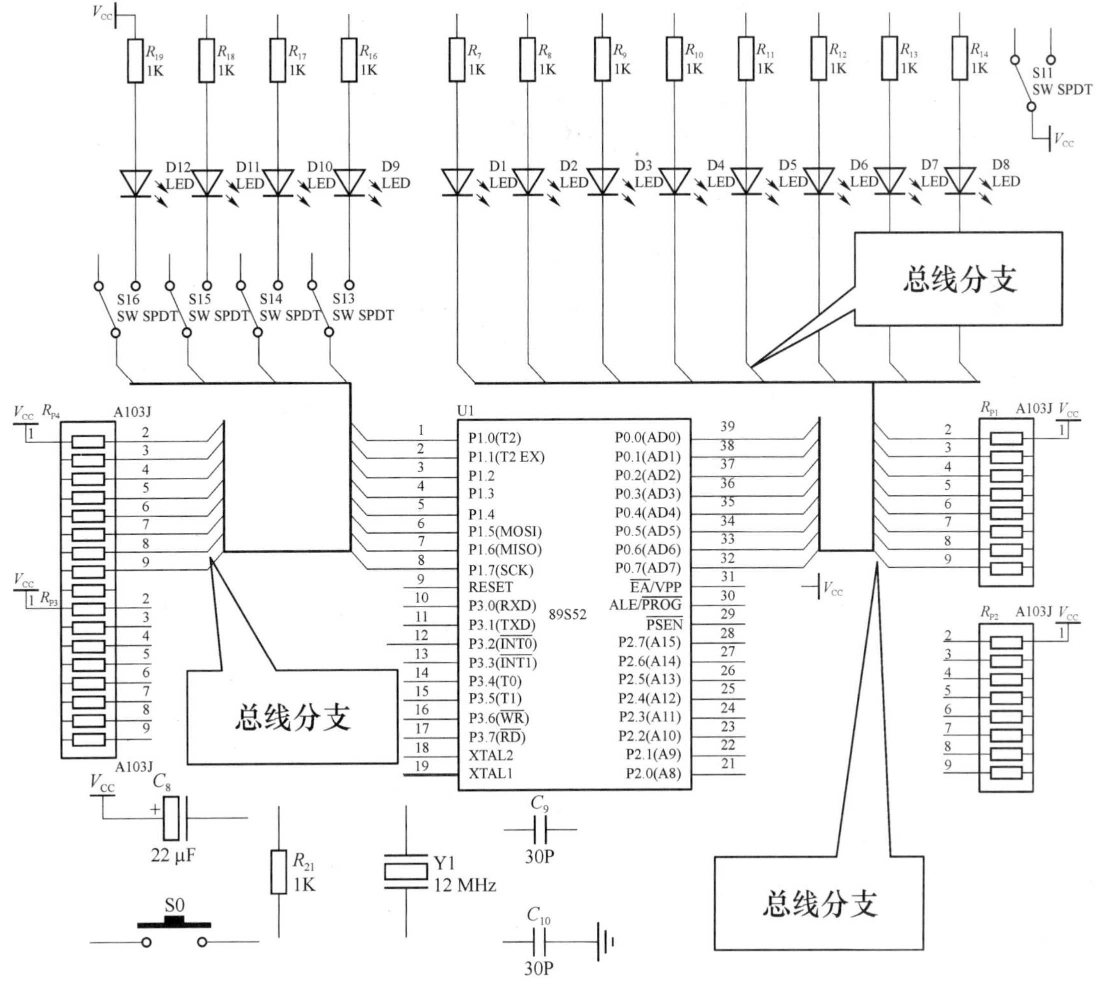

图 3－38　放置总线分支

• 放置网络标号。网络标号表明电气连接关系。具有相同网络标号的图件之间在电气上是相连的。网络标号和前面介绍过的标注文字不同，前者具有电气连接功能，后者只是说明文字。在复杂的电路图中，通常使用网络标号来简化电路。

执行菜单命令【Place】/【Net Label】，或单击电路图工具栏上的 Net1 按钮进入放置网络标号状态，此时光标处带有一个虚线框，按“Tab”键，系统弹出如图 3－39 所示的网络标号属性对话框，可以修改网络标号名、标号方向等。将虚线框移动至需要放置网络标号的图件上，当虚线框和图件相连处出现一个小圆点时，表明与该导线建立电气连接，单击鼠标左键放下网络标号，将光标移至其他位置可继续放置，网络标号自动按顺序编号，单击鼠标右键退出放置状态。直至放置完所有的网络标号，如图 3－40 所示。

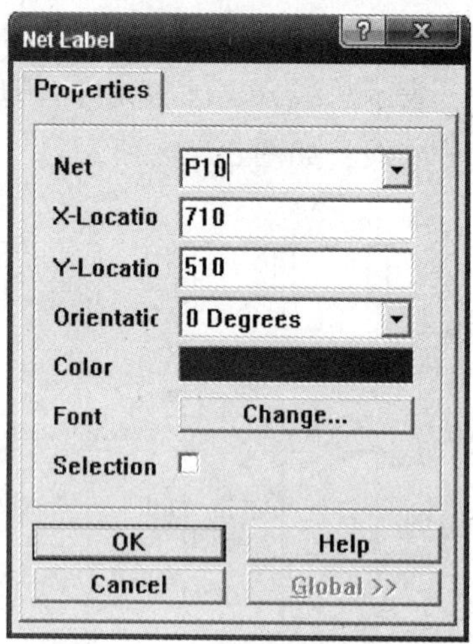

图 3－39　网络标号属性对话框

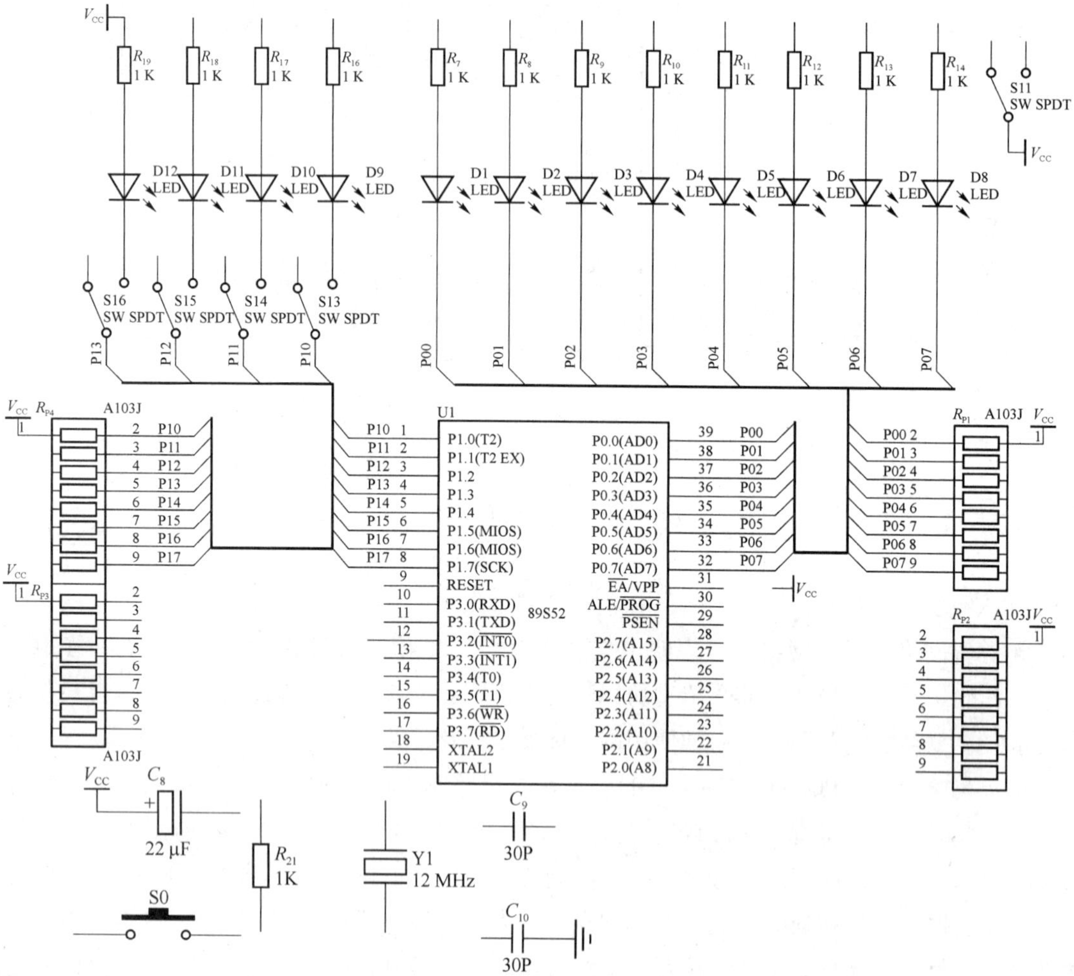

图 3－40　放置网络标号

在图 3－40 中，具有相同网络标号的元件引脚在电气上是相连的。

利用导线连接方式将电路中其他元件按要求进行连接，最后完成电路如图 3－41 所示。

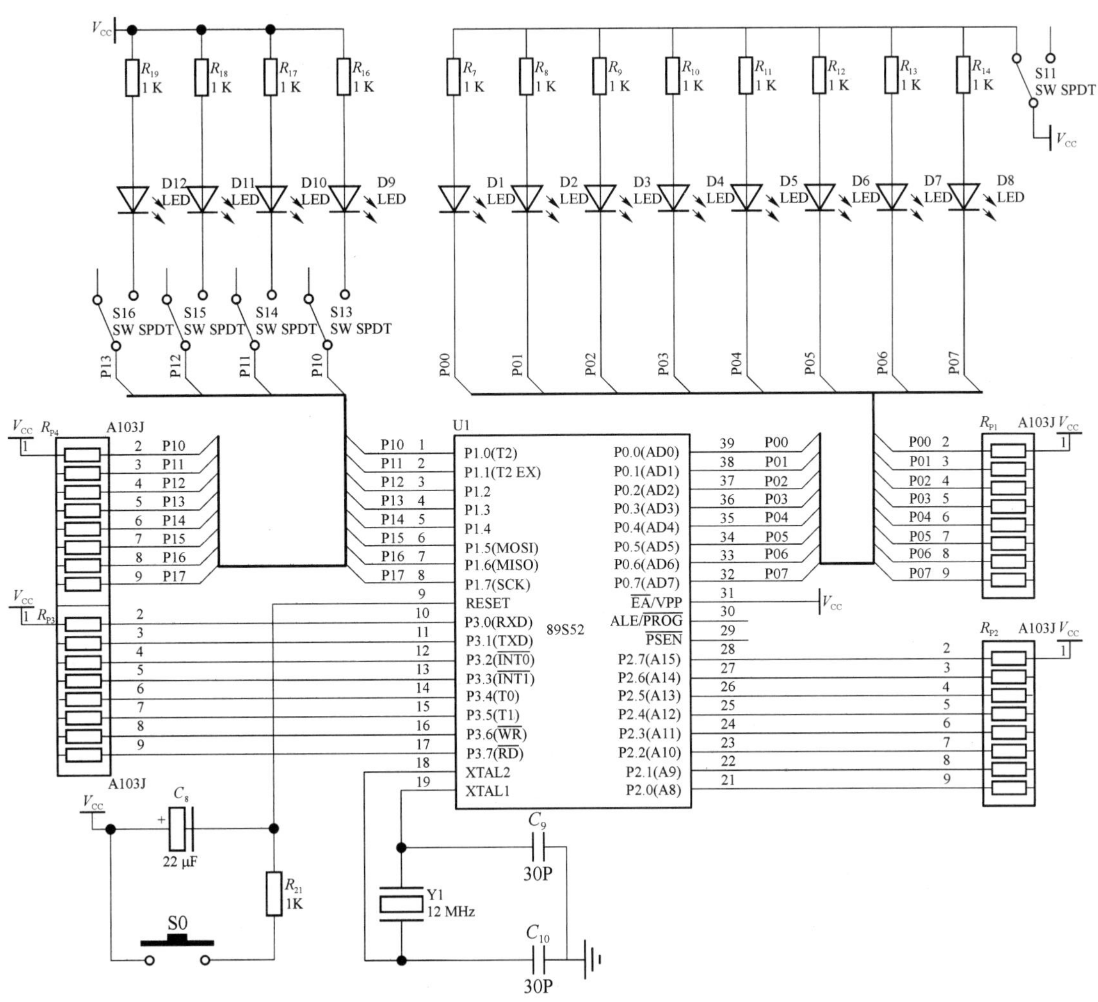

图 3－41　单片机最小系统 MCU2. Sch 电路图

四、拓展提高——采用网络标号连接方式设计单片机最小系统

前面已经介绍过，电路中网络标号相同的元件引脚在电气上是相连的。因此，在图 3－41 中，将总线与总线分支取消，只要保留网络标号，则电路连接关系应该保持不变。图 3－42 与图 3－41 在电气连接上是相同的。

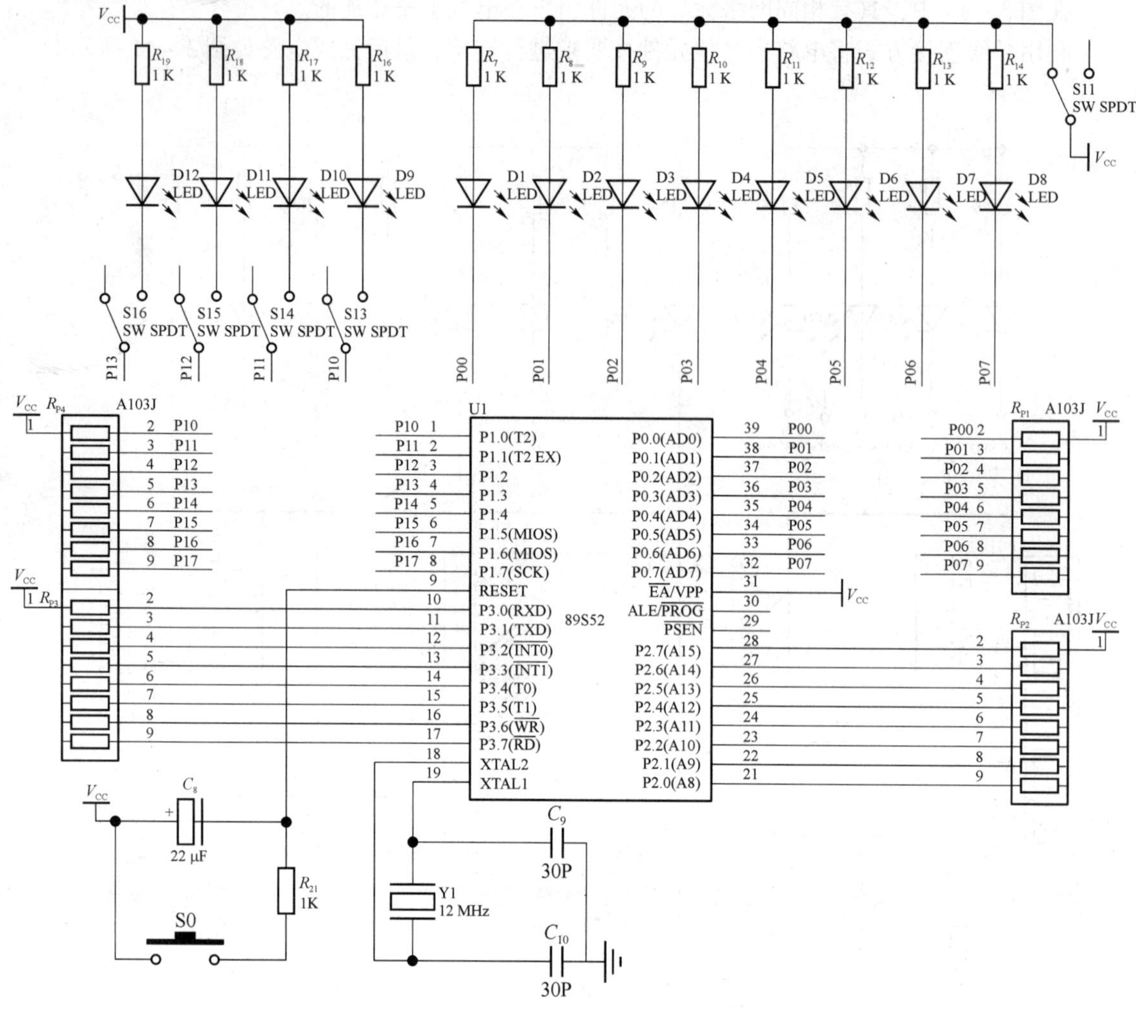

图 3-42　单片机最小系统 MCU3. Sch 电路图

五、思考与练习

1. 绘制原理图之前，如何装载自己的元件库？

2. 什么叫总线图？采用总线图的形式在设计数据库文件“LX. ddb”中绘制图 3-43 所示的电路。网络标号与文字标注的区别是什么？

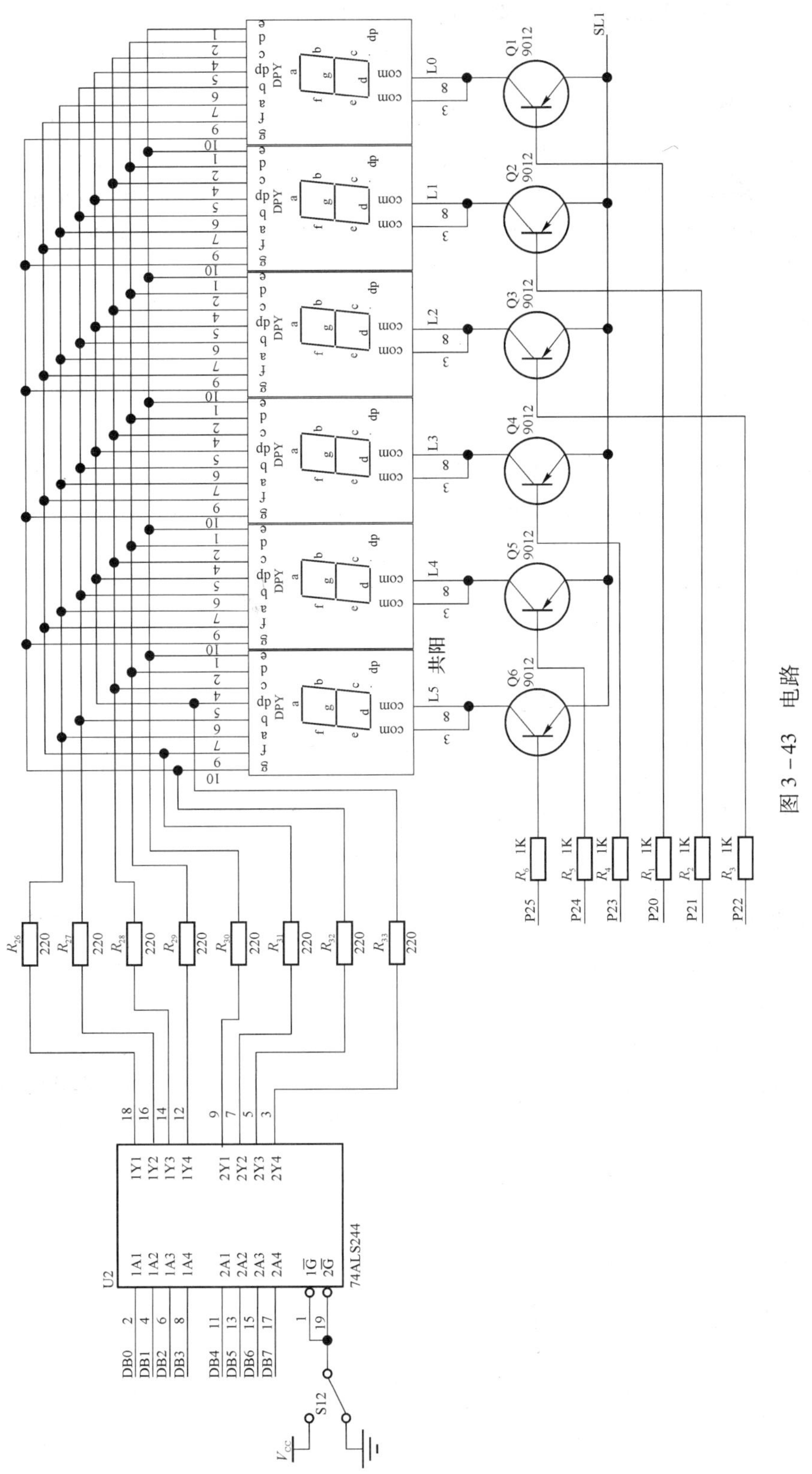
DPY
L0
L1
L2
L3
L4
L5
共阳
Q1 9012
Q2 9012
Q3 9012
Q4 9012
Q5 9012
Q6 9012
SL1
R26 220
R27 220
R28 220
R29 220
R30 220
R31 220
R32 220
R33 220
R6 1K
R5 1K
R4 1K
R1 1K
R2 1K
R3 1K
P25
P24
P23
P20
P21
P22
U2
74ALS244
DB0
DB1
DB2
DB3
DB4
DB5
DB6
DB7
S12
Vcc

图 3－43　电路

任务三　设计单片机最小系统（层次图方式）

一、任务介绍

实际工作中，有些电路原理图非常庞大，无法将它画在一张图纸上，也不可能由一个人完成，此时可以采用层次型电路来简化电路。层次型电路将一个庞大的电路原理图（称为项目）分成若干个模块，由多个项目组成员分别设计各个模块。于是整个项目可以多模块并行设计，从而加快设计进程，提高设计效率。

二、任务分析

层次型电路的设计可采取自上而下或自下而上的设计方法。本节采用自下而上的设计方式进行介绍。

所谓自下而上设计层次电路是指：先设计出下层模块的原理图，再由这些原理图产生方块电路，进而产生上层原理图。这样层层向上组织，最后生成总图。主要有以下工作步骤：

（1）绘制好底层模块——子图。

（2）把需要与其他模块相连的端口用 I/O 端口的形式画出。

（3）在设计数据库中建立一个新的原理图文件，并将文件扩展名修改为 . Prj。

（4）执行菜单命令【Design】/【Create Symbol From Sheet】，选择模块文件。

（5）选择是否转换端口输入/输出方向。

（6）依次放置所有方块图。

（7）将方块电路之间有电气连接关系的端口用导线或总线连接起来。

为便于学习，仍以前面介绍的单片机最小系统电路为例，介绍自下而上层次电路原理图绘制方法。

三、任务实施

1. 子图设计——绘制底层模块电路

本电路将单片机最小系统作为一个项目，该项目由 3 个模块构成：RST. Sch（复位电路）、LED. Sch（LED 显示电路）、CPU. Sch（单片机电路）。首先分别绘制出这 3 个电路，如图 3 – 44 ~ 图 3 – 46 所示。

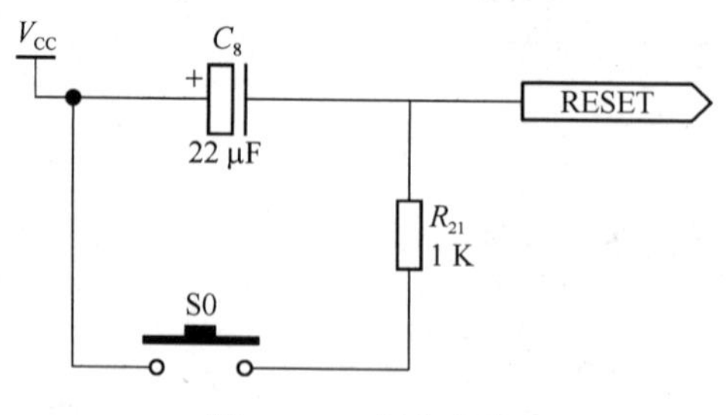

图 3 – 44　复位电路

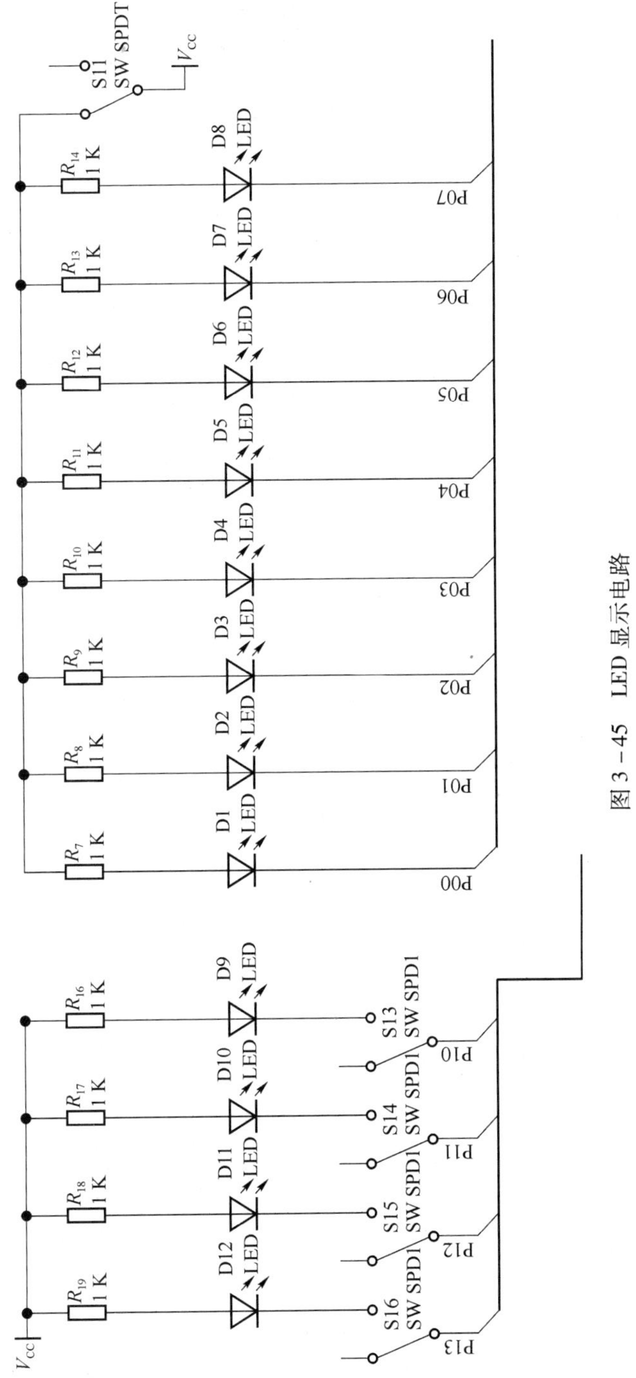

图 3-45 LED 显示电路

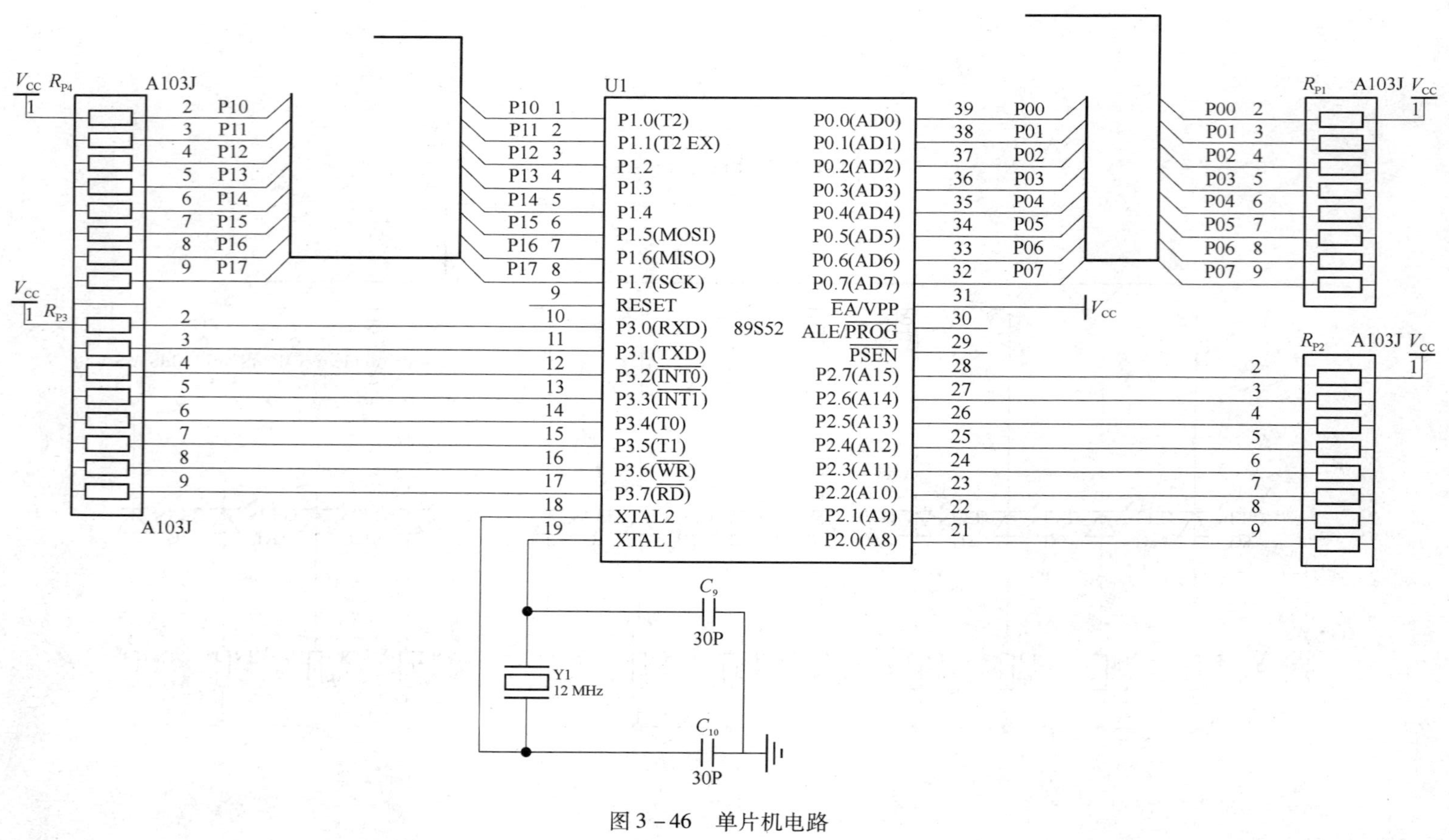
U1
89S52
P1.0(T2)
P1.1(T2 EX)
P1.2
P1.3
P1.4
P1.5(MOSI)
P1.6(MISO)
P1.7(SCK)
RESET
P3.0(RXD)
P3.1(TXD)
P3.2(INT0)
P3.3(INT1)
P3.4(T0)
P3.5(T1)
P3.6(WR)
P3.7(RD)
XTAL2
XTAL1
P0.0(AD0)
P0.1(AD1)
P0.2(AD2)
P0.3(AD3)
P0.4(AD4)
P0.5(AD5)
P0.6(AD6)
P0.7(AD7)
EA/VPP
ALE/PROG
PSEN
P2.7(A15)
P2.6(A14)
P2.5(A13)
P2.4(A12)
P2.3(A11)
P2.2(A10)
P2.1(A9)
P2.0(A8)
P00 P01 P02 P03 P04 P05 P06 P07
P10 P11 P12 P13 P14 P15 P16 P17
V_{CC} R_{P4} A103J
V_{CC} R_{P3}
A103J
R_{P1} A103J V_{CC}
R_{P2} A103J V_{CC}
V_{CC}
C_9 30P
C_{10} 30P
Y1 12 MHz

图 3-46　单片机电路

2. 放置子图电路端口

（1）为图3－47电路放置端口。执行菜单命令【Place】/【Port】或单击电路图工具栏上的按钮，进入放置电路I/O端口状态，光标上带着一个悬浮的I/O端口，如图3－48所示；将光标移至所需的位置，单击鼠标的左键，定下I/O端口的起点，拖动光标可以改变端口的长度，调整到合适的大小后，再次单击鼠标左键，即可放置一个I/O端口，单击鼠标右键退出放置状态，如图3－49所示。

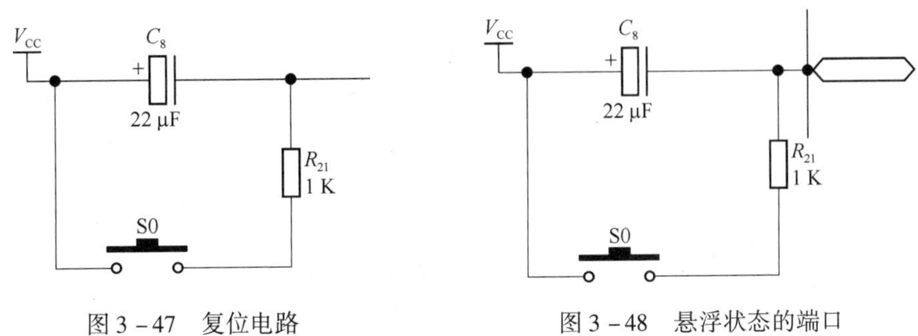

图3－47　复位电路　　　　图3－48　悬浮状态的端口

双击I/O端口，屏幕弹出端口属性设置对话框，如图3－50所示。对话框中主要参数说明如下：

“Name”：设置I/O端口的名称，具有相同名称的I/O端口在电气上是相连接的，本例设为“RESET”；

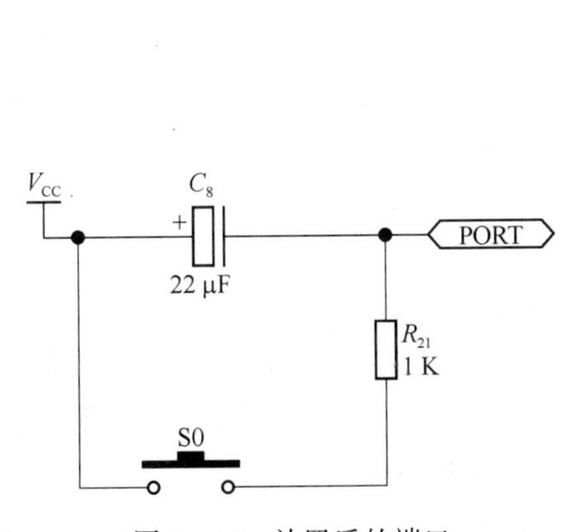

图3－49　放置后的端口

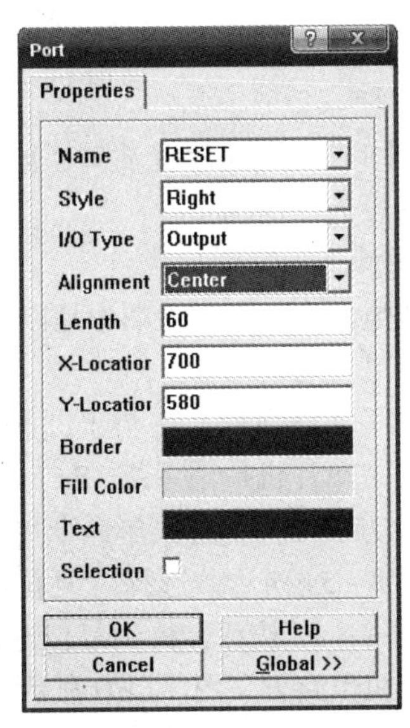

图3－50　端口属性设置对话框

“Style”下拉列表框：设置I/O端口形式，共有8种，本例设为“Right”；

“I/O Type”下拉列表框：设置I/O端口的电气特性，共有4种类型，分别为“Unspecified”（不指定）、“Output”（输出端口）、“Input”（输入端口）、“Bidirectional”（双向型），本例设为“Output”；

“Alignment”下拉列表框：设置端口名称在端口中的位置，共有3个选项，本例设为

"Center"（居中）。

其他项目的设置包括I/O端口的宽度、位置、边框颜色、填充颜色及文字标注的颜色等，用户可以根据自己的需要进行设置。

图3－51为设置I/O端口后的电路。

（2）为图3－45电路放置端口，如图3－52所示。端口P(10..13)、P(00..07)为总线端口，属性设为"Input"。

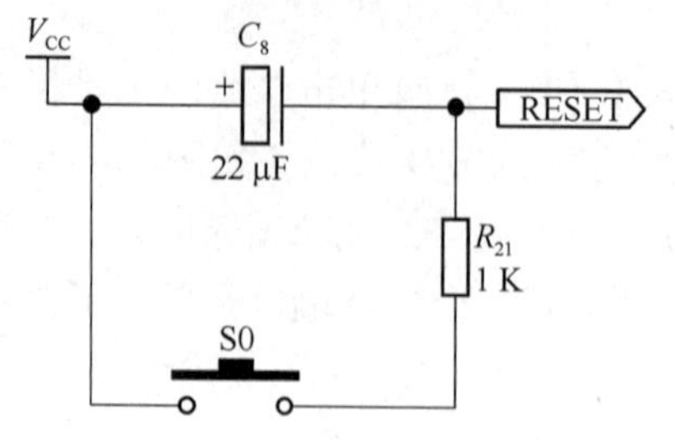

图3－51　设置后的端口

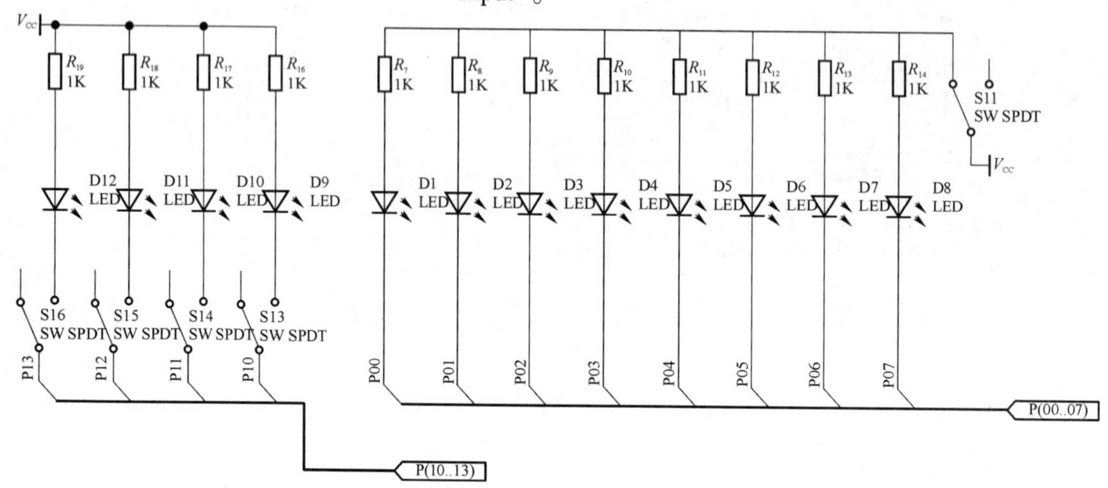

图3－52　LED显示电路端口图

（3）为图3－46电路放置端口，如图3－53所示。端口P(10..13)、P(00..07)为总线端口，属性设为"Output"。

3. 主图设计

在层次式电路中，通常主图中是以若干个方块图组成的，它们之间的电气连接通过I/O端口和网络标号实现。

（1）新建一主图文件。在与子图相同文件目录下，新建一原理图文件"Sheet1.Sch"，更改文件名为"单片机最小系统.Prj"。

（2）产生方块图。执行菜单命令【Design】/【Create Symbol From Sheet】，弹出文档选择对话框，如图3－54所示。选择"复位电路.Sch"，单击"OK"按钮，弹出图3－55所示对话框，单击"No"按钮，得到复位电路方块图，单击鼠标左键进行放置；执行同样的操作，放置单片机电路方块图、LED显示电路方块图，如图3－56所示。

（3）连接导线。单击电路图工具栏上的画导线按钮，连接复位电路方块图与单片机电路方块图"RESET"网络端口；单击电路图工具栏上的画总线按钮，连接单片机电路方块图与LED显示电路方块图中P(10..13)、P(00..07)对应端口，完成单片机最小系统主图，如图3－57所示。设计管理器显示出"单片机最小系统.Prj"的层次结构。在该项目中，处于最上方的为主图，一个项目只有一个主图，扩展名为".Prj"；在主图下方所有的电路均为子图，扩展名为".Sch"。

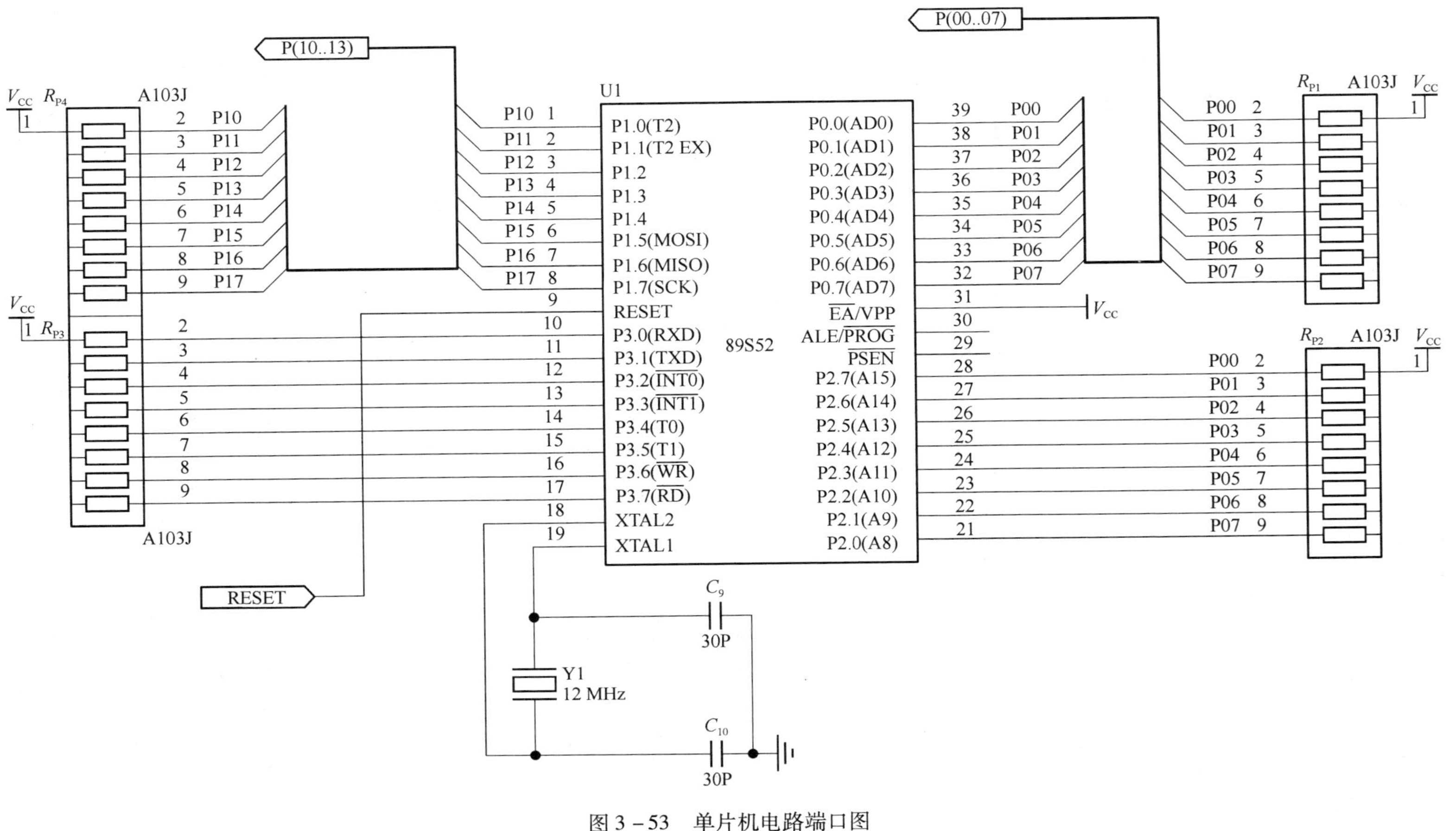

图 3－53 单片机电路端口图

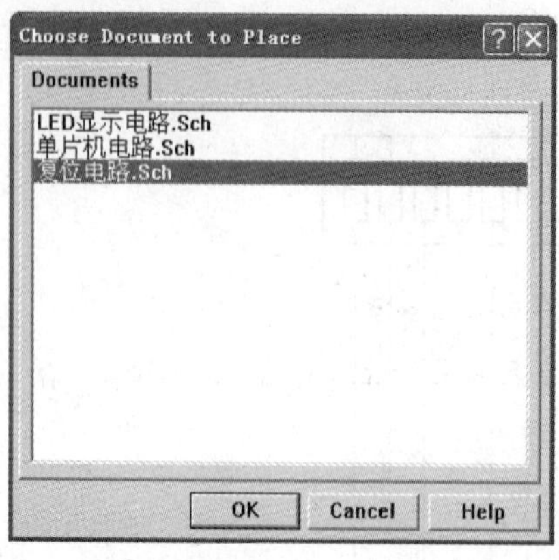

图 3－54　文档选择对话框

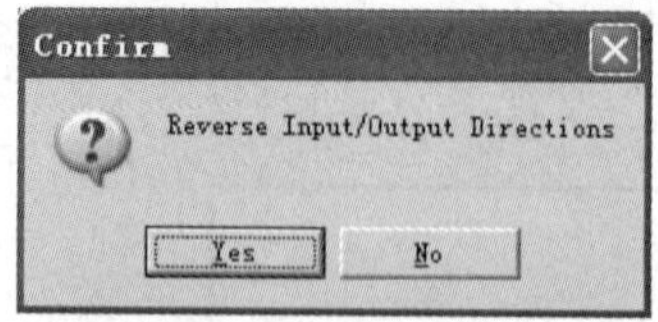

图 3－55　端口方向确认对话框

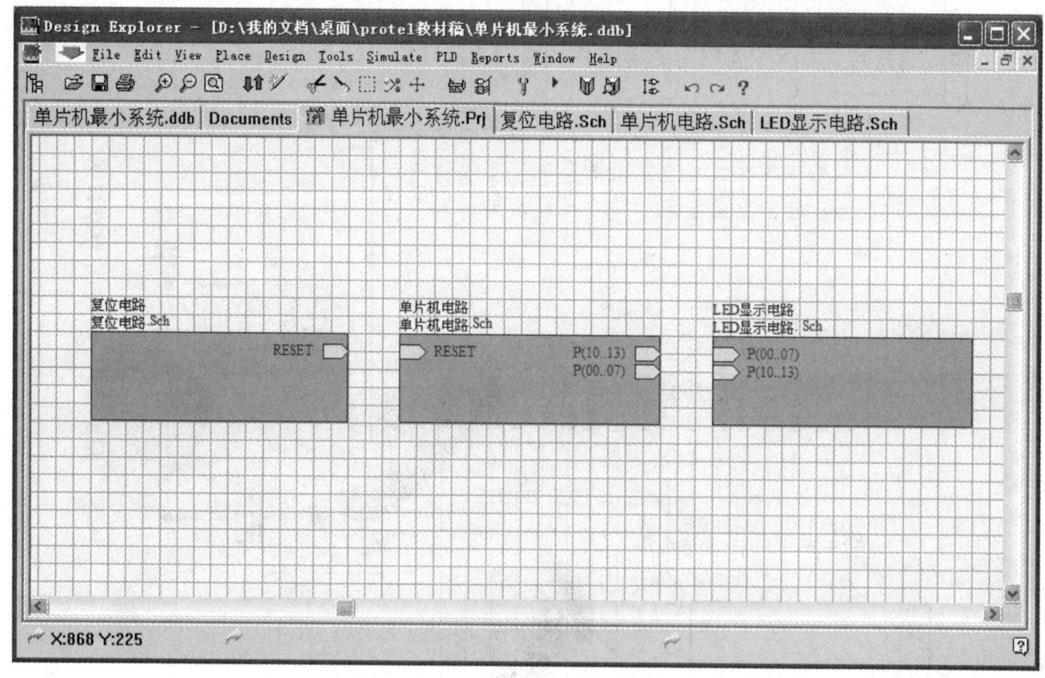

图 3－56　单片机最小系统方块图放置

4. 保存文件

执行菜单命令【File】/【Save All】保存所有文件。

5. 层次电路的切换

在层次电路中，经常要在各层电路图之间相互切换，切换的方法主要有两种。

（1）利用设计管理器，鼠标左键单击所需文档，便可在右边工作区中显示该电路图。

（2）执行菜单命令【Tools】/【Up/Down Hierarchy】，或单击主工具栏上的按钮 ，在主图中，将光标移至需要切换的子图符号上，单击鼠标左键，即可将上层电路切换至下一层的子图；若是从下层电路切换至上层电路，则是将光标移至下层电路的 I/O 端口上，单击鼠标左键进行切换。

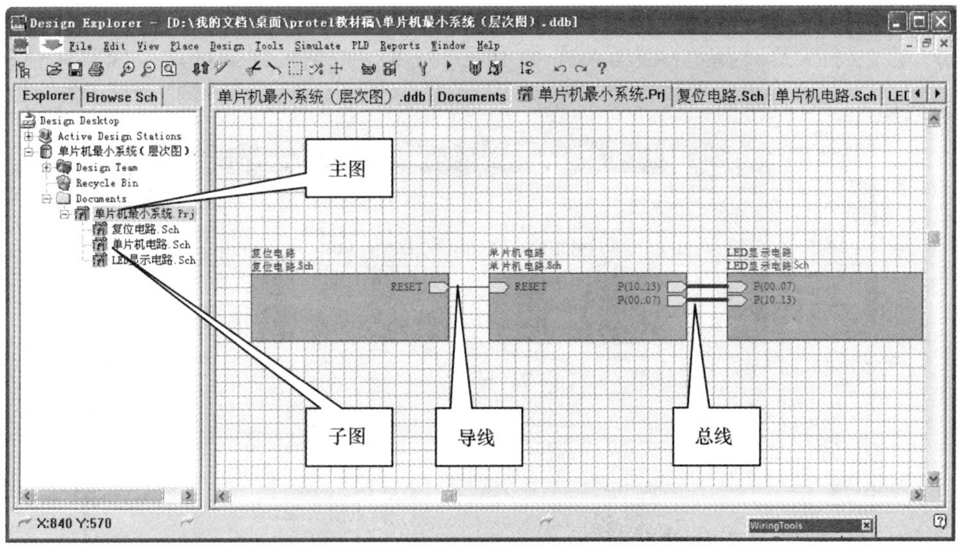

图3－57　单片机最小系统层次电路主图

四、拓展与提高——网络表比较

利用网络表比较功能可以校验图3－36、图3－41、图3－42三种电路绘制方法是否具有相同的电气连接关系。

（1）打开图3－36“MCU1. Sch”原理图，并创建网络表“MCU1. NET”，打开图3－41“MCU2. Sch”原理图，并创建网络表“MCU2. NET”；

（2）进入“MCU1. Sch”原理图编辑器（或进入“MCU2. Sch”亦可），执行菜单命令【Reports】/【Netlist Compare】，弹出如图3－58所示的对话框，进入“Documents”文件夹，如图3－59所示。

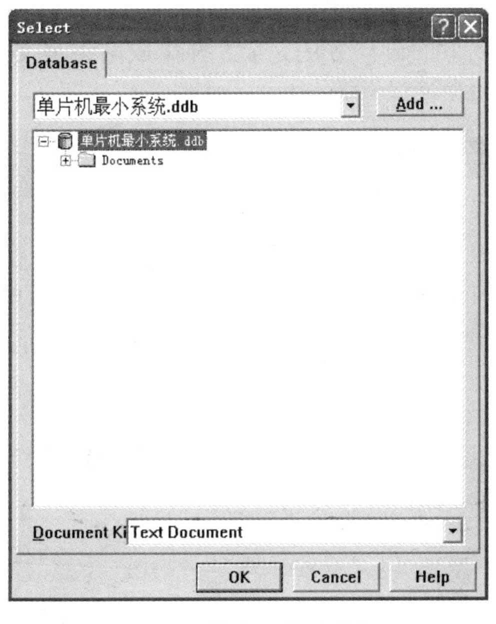

图3－58　网络表比较对话框（1）

图3－59　网络表比较对话框（2）

选择“MCU1. NET”，单击“OK”按钮（或双击“MCU1. NET”文档）；再次进入“Documents”文件夹，选择“MCU2. NET”，单击“OK”按钮，则系统产生网络表比较报告“MCU1. Rep”，如果比较报告最后部分如图3-60所示，则说明两个电路原理图电气关系相同。

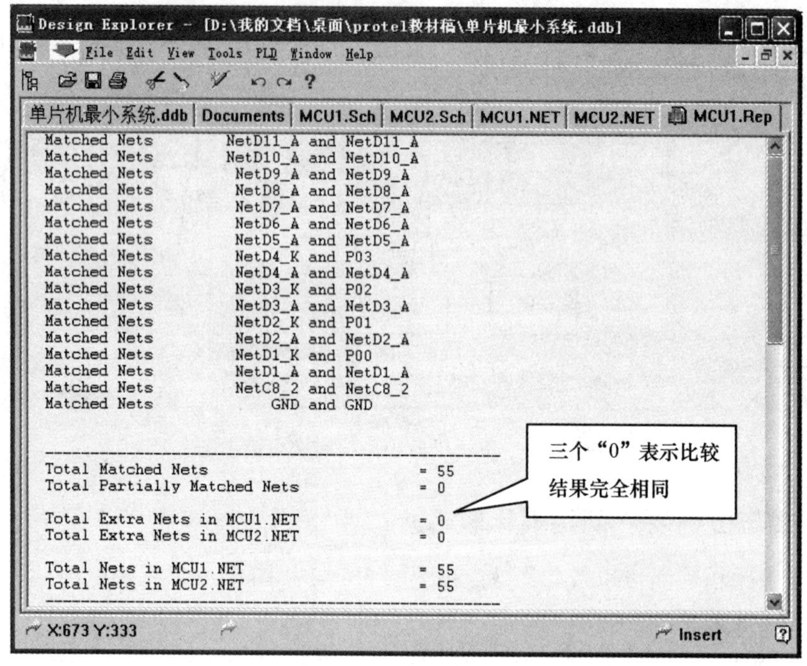

图3-60 网络表比较报告

读者可以比较图3-57与图3-36、图3-41、图3-42电气连接关系是否相同。

五、思考与练习

1. 什么叫层次图？层次图有几种设计方法？

2. 将图3-43所示的电路图用层次图从下到上的设计方法完成，并生成网络表文件，其中的网络标识符范围如何设置？

任务四　综合实训——绘制时钟温度控制器电路图

一、任务介绍

时钟温度控制器由7个电路模块构成，是一个比较复杂的电路。通过绘制该电路可以基本掌握较复杂电路图的设计方法。图3-61为完整时钟温度控制器电路图。

二、任务分析

该电路可以按功能分解为7个电路模块。为提高工作效率，可以采取分组的方式完成全部电路设计，各电路模块采取网络标号的连接方式。

三、任务实施

在此将电路分解为7个模块，并提出具体元件参数要求。

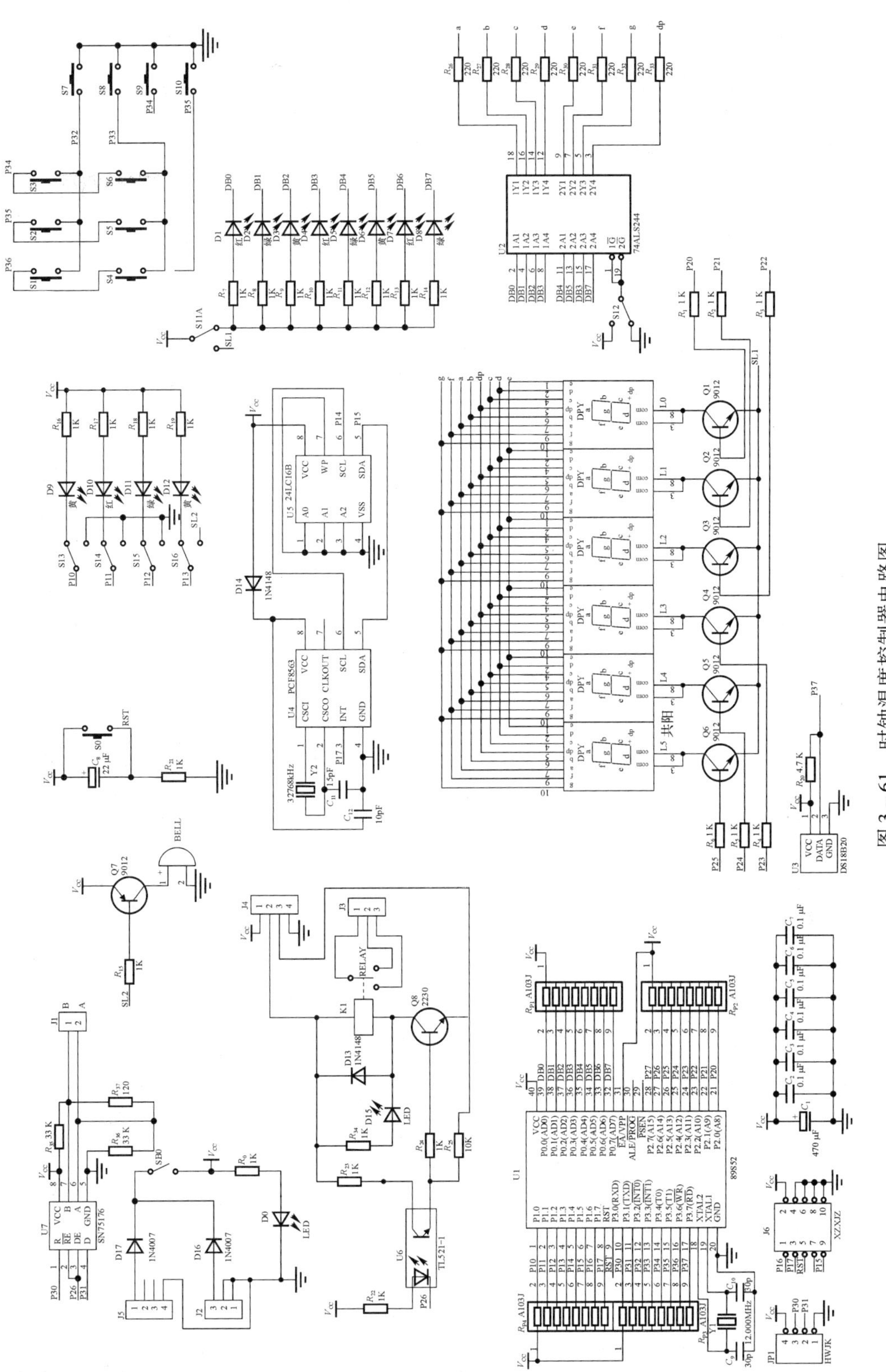

图 3－61　时钟温度控制器电路图

1. 单片机最小系统

（1）单片机最小系统电路图，如图 3－62 所示。

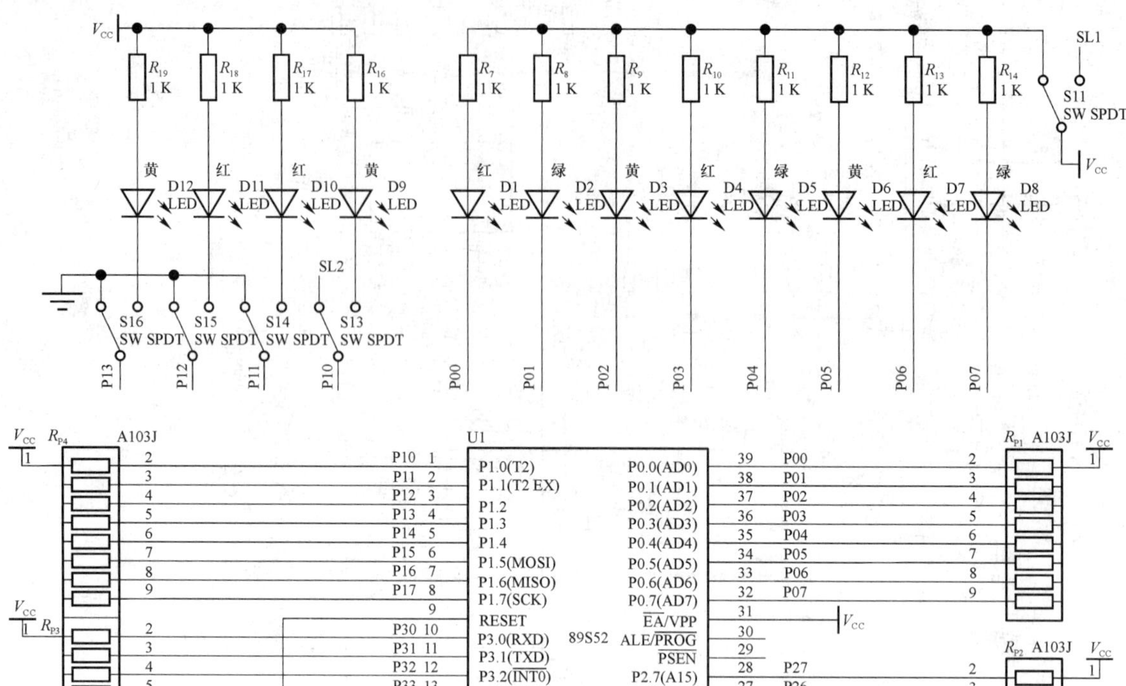

图 3－62　单片机最小系统电路图

（2）元件参数，如表 3－3 所示。

表 3－3　单片机最小系统电路元件参数

Designator （元件标号）	Part Type （元件类别或标称值）	Footprint （封装形式）		Description （元件图形符号）
R_7、R_8、R_9、R_{10}、R_{11}、R_{12}、R_{13}、R_{14}、R_{16}、R_{17}、R_{18}、R_{19}、R_{21}	1K	AXIAL0. 3		
Y1	12 MHz	XTAL1		

续表

Designator（元件标号）	Part Type（元件类别或标称值）	Footprint（封装形式）		Description（元件图形符号）
C_8	22 μF	RB. 2/. 4	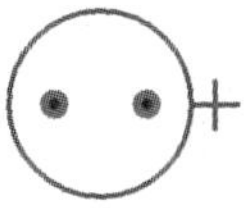	
C_9	30P	RAD0. 2	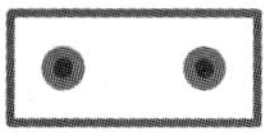	
U1	89S52	DIP40		
R_{P1}、R_{P2}、R_{P3}、R_{P4}	A103J	SIP9		
D1、D2、D3、D4、D5、D6、D7 、D8、D9、D10、D11、D12	LED	LED		
S11、S13、S14、S15、S16	SW SPDT	SIP3	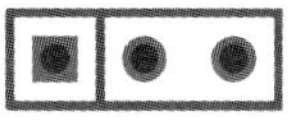	
J6		IDC10	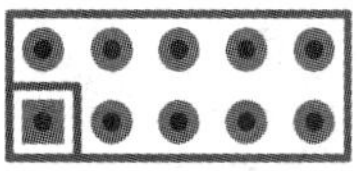	
S0		MYPB	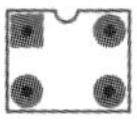	

2. 电源接口电路

（1）电源接口电路图，如图3－63所示。图中电容包括各集成电路滤波电容。

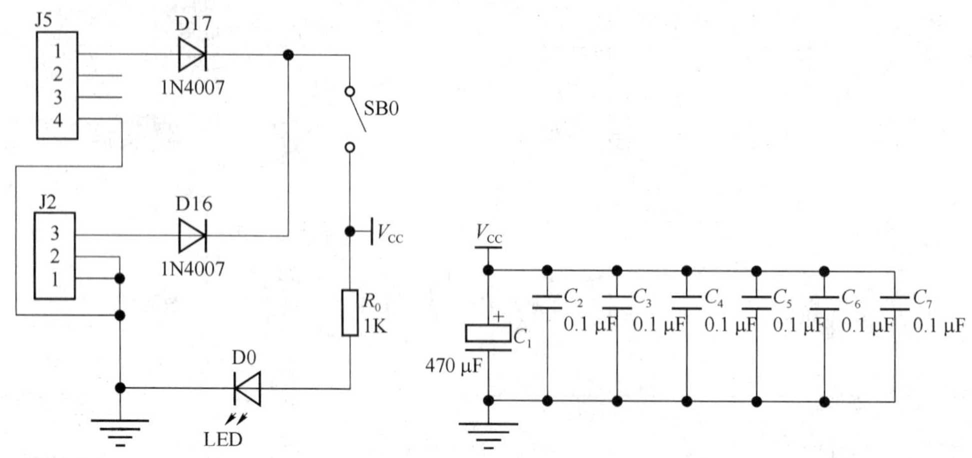

图3－63　电源接口电路

（2）元件参数，如表3－4所示。

表3－4　电源接口电路元件参数

Designator（元件标号）	Part Type（元件类别或标称值）	Footprint（封装形式）		Description（元件图形符号）
R_0	1K	AXIAL0.3		
D16、D17	1N4007	DIODE0.4		
C_2、C_3、C_4、C_5、C_6、C_7	0.1 μF	RAD0.2		
C_1	470 μF	RB.2/.4	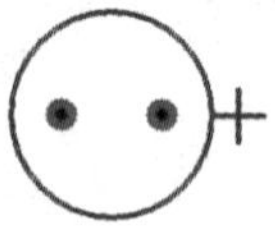	
D0	LED	LED		
J2		POWER	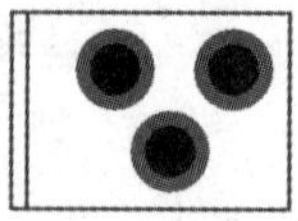	

续表

Designator （元件标号）	Part Type （元件类别或标称值）	Footprint （封装形式）		Description （元件图形符号）
J5		USB		
SB0		MYSWITCH		

3. 数码管显示电路

（1）数码管显示电路图，如图 3－64 所示。

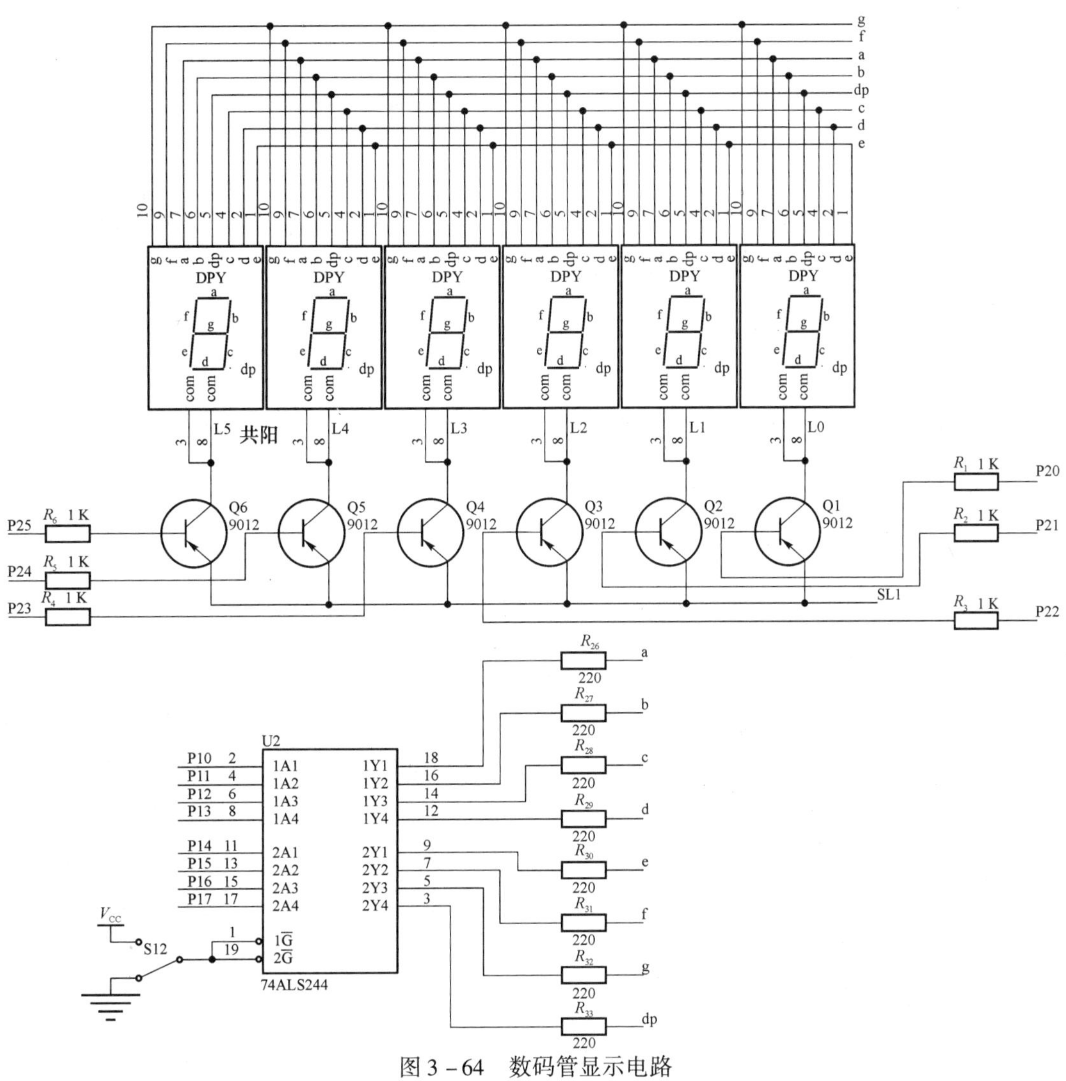

图 3－64　数码管显示电路

（2）元件参数，如表 3－5 所示。

表 3－5　数码管显示电路元件参数

Designator （元件标号）	Part Type （元件类别或标称值）	Footprint （封装形式）		Description （元件图形符号）
R_1、R_2、R_3、 R_4、R_5、R_6、	1K	AXIAL0. 3		
R_{26}、R_{27}、R_{28}、 R_{29}、R_{30}、R_{31}、 R_{32}、R_{33}	220	AXIAL0. 3		
Q1、Q2、Q3、 Q4、Q5、Q6	9012	TO－92B		
L0、L1、L2、 L3、L4、L5	共阳	7－LED		
U2	74ALS244	DIP20		

4. 时钟与存储器电路

（1）时钟与存储器电路图，如图 3－65 所示。

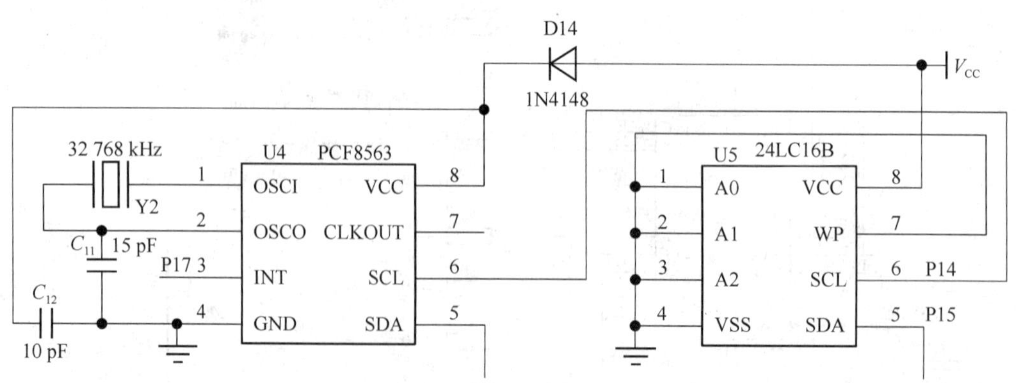

图 3－65　时钟与存储器电路

（2）元件参数，如表 3 -6 所示。

表 3 -6 时钟与存储器电路元件参数

Designator（元件标号）	Part Type（元件类别或标称值）	Footprint（封装形式）		Description（元件图形符号）
C_{11}	15 pF	RAD0. 2	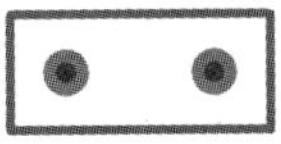	
C_{12}	10 pF	RAD0. 2	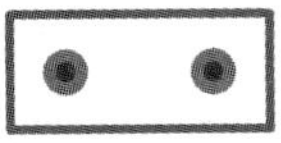	
D14	1N4148	DIODE0. 4		
Y2	32768 kHz	RAD0. 2	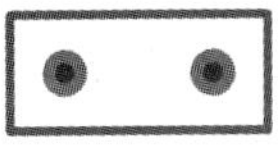	
U4	PCF8563	DIP8	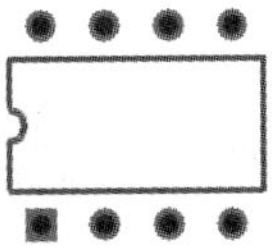	
U5	24LC16B	DIP8	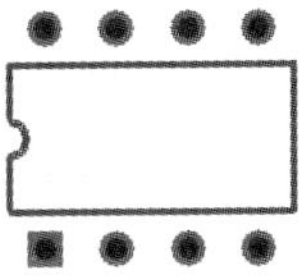	

5. 输出控制电路

（1）输出控制电路图，如图 3－66 所示。输出控制电路由蜂鸣器电路与继电器控制电路两部分组成。

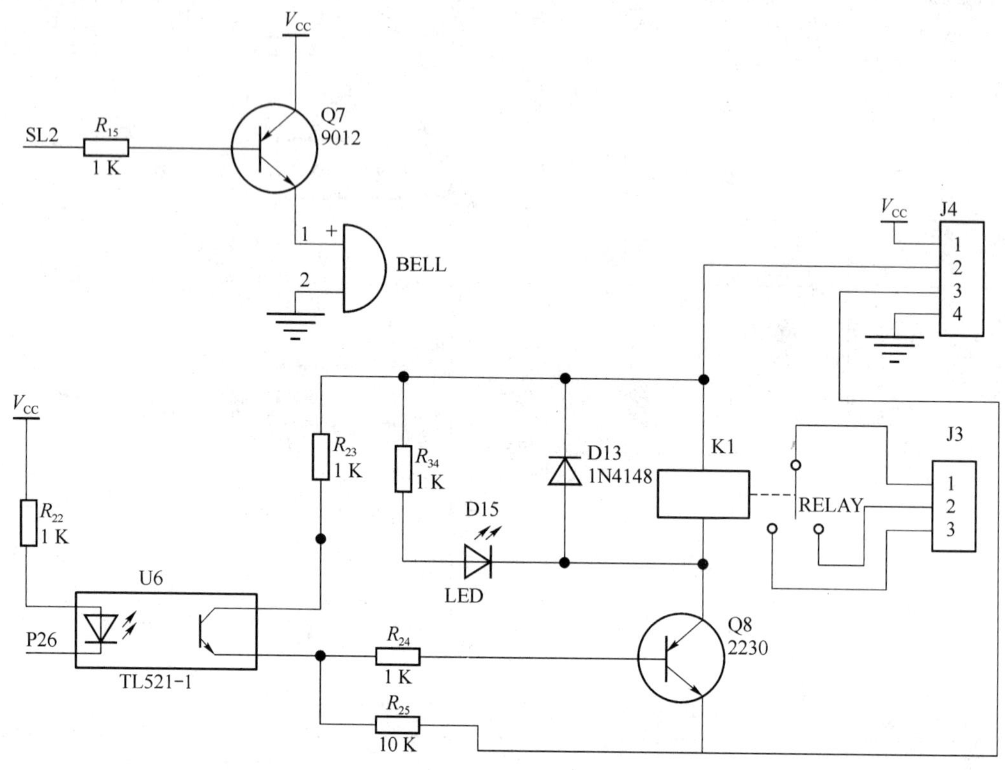

图 3－66 输出控制电路

（2）元件参数，如表 3－7 所示。

表 3－7 输出控制电路元件参数

Designator （元件标号）	Part Type （元件类别或标称值）	Footprint （封装形式）		Description （元件图形符号）
R_{15}、R_{22}、R_{23}、R_{24}、R_{34}	1K	AXIAL0. 3		
R_{25}	10K	AXIAL0. 3		
D13	1N4148	DIODE0. 4		

续表

Designator (元件标号)	Part Type (元件类别或标称值)	Footprint (封装形式)		Description (元件图形符号)
D15	LED	LED		
Q7	9012	TO－92B		
Q8	2230	TO－92B		
BELL	BELL	RB.3/.6	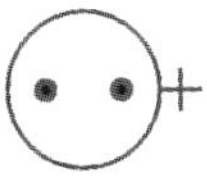	
U6	TL521－1	DIP4		
J3		MYSIP3	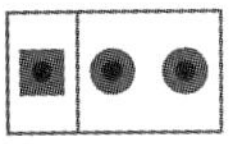	
J4		SIP4	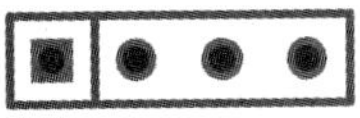	
K1		JDQ	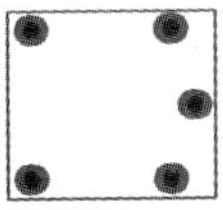	

6. 输入电路

（1）输入电路图，如图3－67所示。输入电路由按键输入电路与温度传感器电路组成。

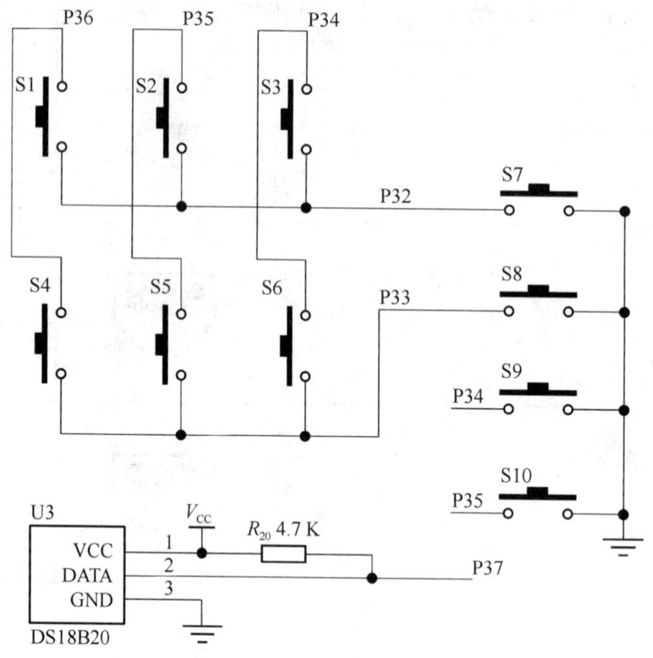

图3－67　输入电路

（2）元件参数，如表3－8所示。

表3－8　输入控制电路元件参数

Designator（元件标号）	Part Type（元件类别或标称值）	Footprint（封装形式）		Description（元件图形符号）
R_{20}	4.7K	AXIAL0.3		
U3	DS18B20	TO－92B		
S1、S2、S3、S4、S5、S6、S7、S8、S9、S10		MYPB		

7. RS485 通信接口电路

（1）RS485 通信接口电路图，如图 3－68 所示。

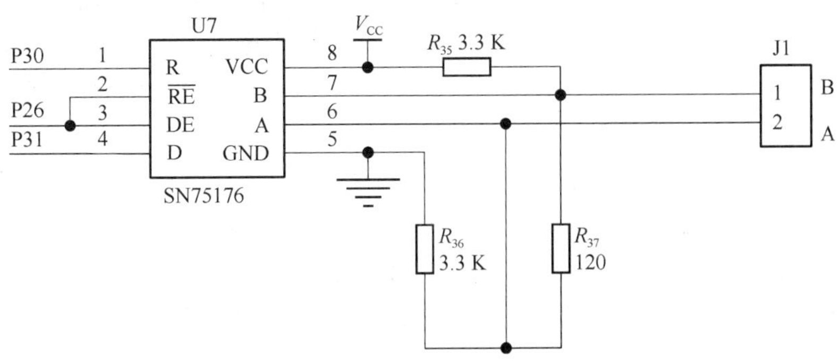

图 3－68　RS485 通信接口电路

（2）元件参数，如表 3－9 所示。

表 3－9　RS485 通信接口电路元件参数

Designator（元件标号）	Part Type（元件类别或标称值）	Footprint（封装形式）		Description（元件图形符号）
R_{35}、R_{36}	3. 3K	AXIAL0. 3		
R_{37}	120	AXIAL0. 3		
U7	SN75176	DIP8		
J1		SIP2		

四、思考与练习

1. 设计时钟温度控制器电路采取哪种导线连接方式方便？
2. 设计时钟温度控制器电路时会发生哪些错误？如何改正错误？

子项目二　设计时钟温度控制器 PCB

任务一　制作元件封装

一、任务介绍

时钟温度控制器中很多元件在 Protel 软件中没有封装，需要设计者自行设计。这里主要需完成数码管、发光二极管、按键、电源插座、UCB 接口等几个典型元件封装的设计，如表 3－10 所示。

表 3－10　设计元件封装任务列表

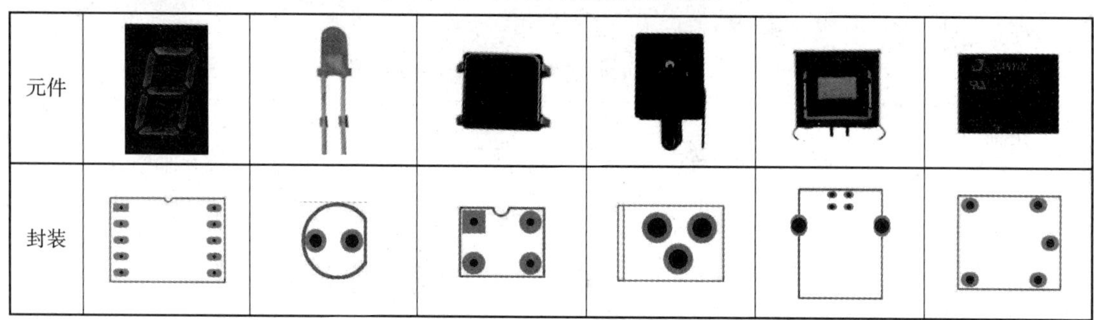

二、任务分析

由表 3－10 所见，数码管元件具有外观及引脚规则的特点，其他元件外观或引脚具有不规则特征，针对不同类别元件可采取不同的设计方法，既要保证封装的准确性，又要提高设计效率。

三、任务实施

进入 Protel 99 SE，新建一个"我的封装库 . ddb"文件，如图 3－69 所示。

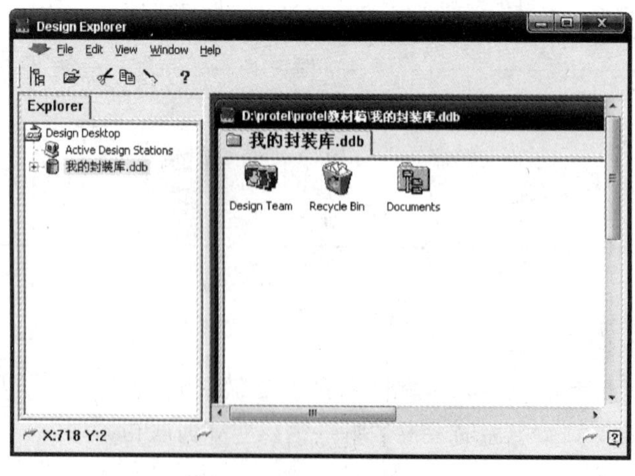

图 3－69　新建"我的封装库 . ddb"

执行菜单命令【File】/【New】（或单击鼠标右键，在出现的对话框菜单中再单击【New】命令），再在系统弹出的对话框中双击图标，新建元件封装库，系统默认名为PCBLIB1. LIB，可将其修改为自己需要的名称，如“mypcb. lib”，用鼠标双击“mypcb. lib”文件，可以打开元件封装库编辑器，进入图3－70所示的元件封装库编辑器界面。

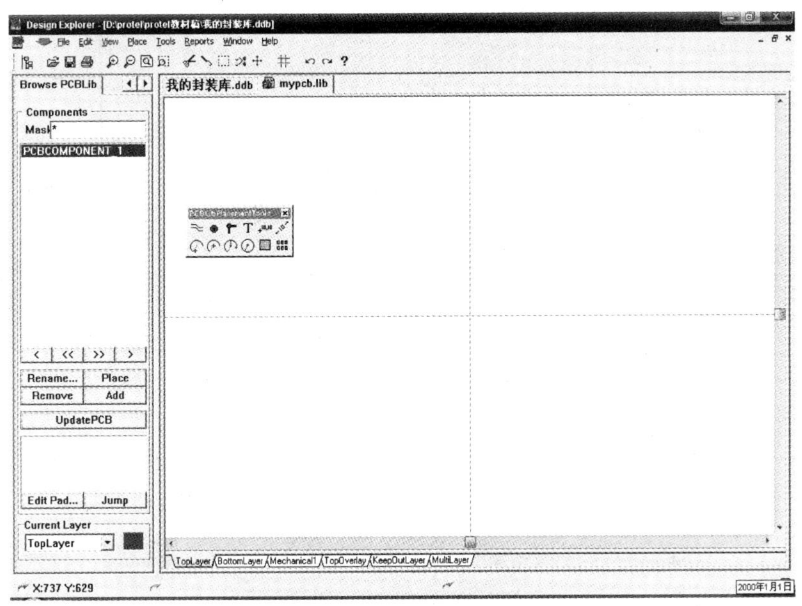

图3－70　元件封装库编辑器

1. 数码管封装设计

数码管是电子电路设计中常用的元件。单个数码管引脚均为10脚，由于大小不同，故封装难以做到标准化，只能根据所用数码管有针对性地设计封装。由于数码管引脚排列规则，故采用向导与手工相结合的设计方法。

（1）进入元件封装库编辑器（见图3－70）后，执行菜单命令【Tools】/【New Component】，屏幕弹出元件设计向导；单击“Next”按钮，进入设计向导，屏幕弹出图3－71所示对话框，选择双列直插式元件DIP。

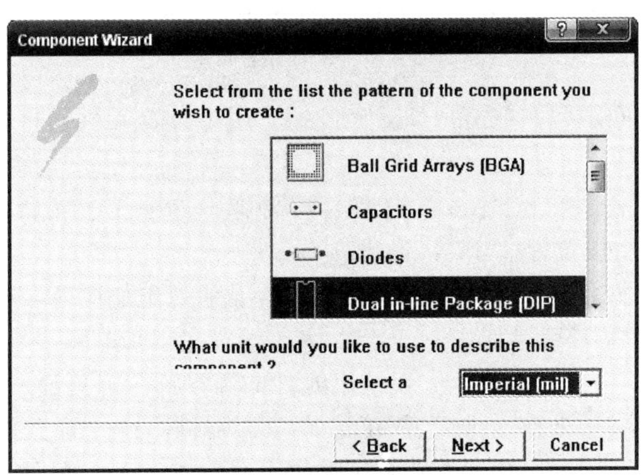

图3－71　选择元件封装式样

(2) 选择双列直插入元件 DIP 后，单击“Next”按钮，屏幕弹出如图 3-72 所示的对话框，用于设定焊盘的直径和孔径（需与实际元件尺寸相符）。

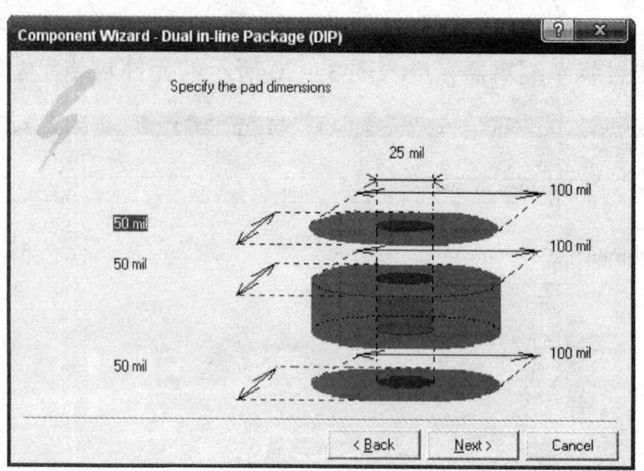

图 3-72　设置焊盘尺寸

(3) 设置完焊盘尺寸后，单击“Next”按钮，屏幕弹出如图 3-73 所示的对话框，用于设置相邻焊盘的间距和两排焊盘之间的距离。

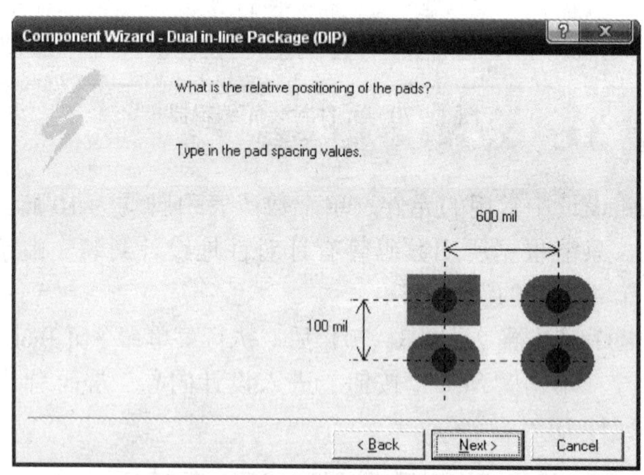

图 3-73　设置焊盘间距

(4) 定义好焊盘间距后，单击“Next”按钮，用于设置元件边框的线宽，保持原设置 10 mil。

(5) 定义好线宽后，单击“Next”按钮，屏幕弹出如图 3-74 所示的对话框，用于设置元件的引脚数，图中设置为“10”。

(6) 设置元件引脚数后，单击“Next”按钮，屏幕弹出如图 3-75 所示的对话框，用于设置元件封装名，图中设置为“7-LED”。名称设置完毕，单击“Next”按钮，屏幕弹出设计结束对话框，再单击“Finish”按钮结束元件向导设计，屏幕显示元件封装，如图 3-76 所示。图中元件封装边框在两排焊盘中间，与实际器件不符，需要进行手工调整。

(7) 根据元件实际外廓尺寸，重新手工绘制元件封装边框，具体尺寸见图 3-77 中的标注（实际绘制封装时不要加尺寸标注）。

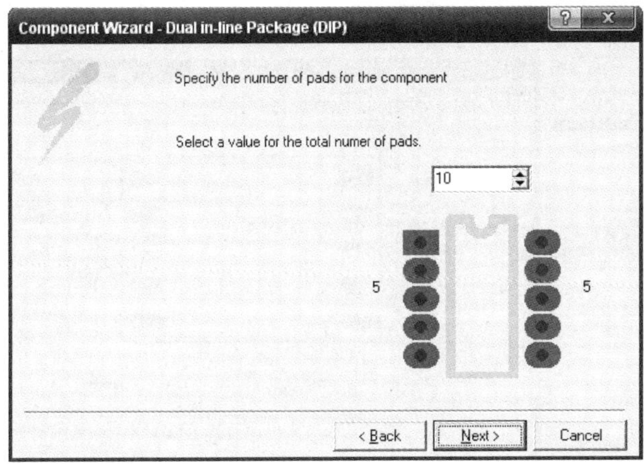

图 3-74 设置元件引脚数

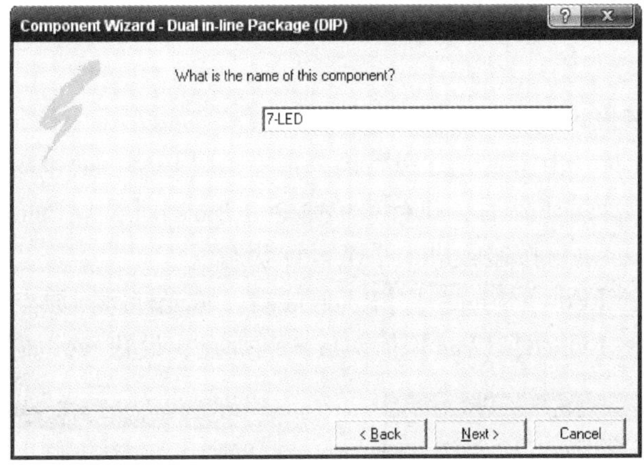

图 3-75 设置元件名称

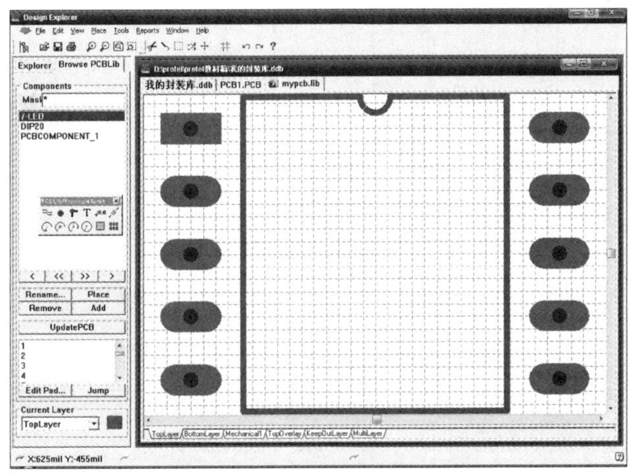

图 3-76 向导设计数码管封装

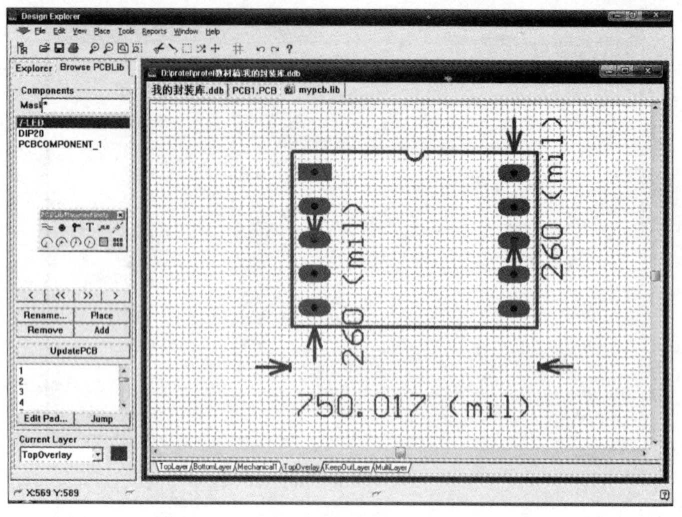

图 3－77　调整边框后数码管封装

（8）存盘。

2. 发光二极管封装设计

实际进行电路设计时，由于发光二极管的外形有多种规格，故也需要进行封装设计。

（1）进入元件封装库编辑器后，执行菜单命令【Tools】/【New Component】，屏幕弹出元件设计向导，单击“Cancel”按钮，进入手工设计状态。

（2）执行菜单命令【Edit】/【Jump】/【Reference】，将光标跳回原点（0，0）。

（3）执行菜单命令【Place】/【Pad】依次放置两焊盘，设置参数如图 3－78 所示。

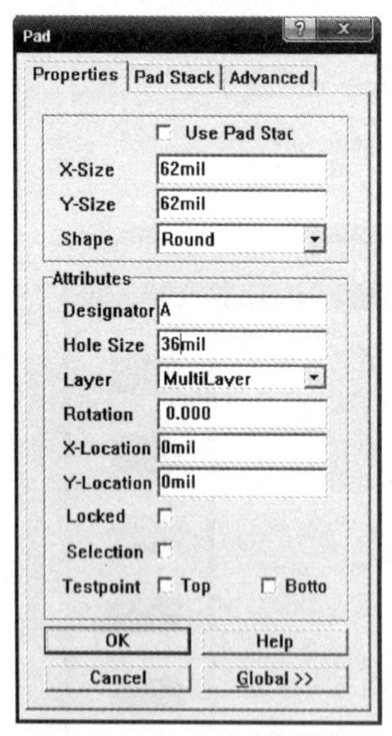

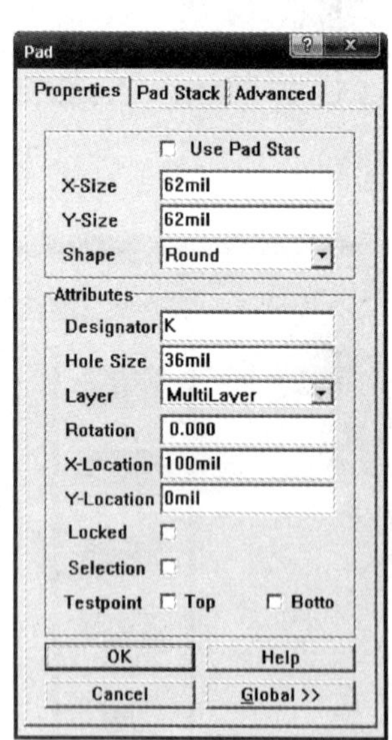

图 3－78　设置焊盘参数

由于绘制电路原理图时，二极管元件的两个引脚编号分别为 A、K，故这里也采用 A、K，否则在设计电路板时，会出现错误。

（4）绘制发光二极管封装加框。将工作层切换到 Top Overlay，执行菜单命令【Place】/【Arc（center）】放置圆弧，执行菜单命令【Place】/【Track】放置连线，外框绘制完毕的元件如图 3－79 所示。

（5）执行菜单命令【Tools】/【Rename Component】，将元件名修改为“LED”。

（6）执行菜单命令【File】/【Save】保存当前元件。

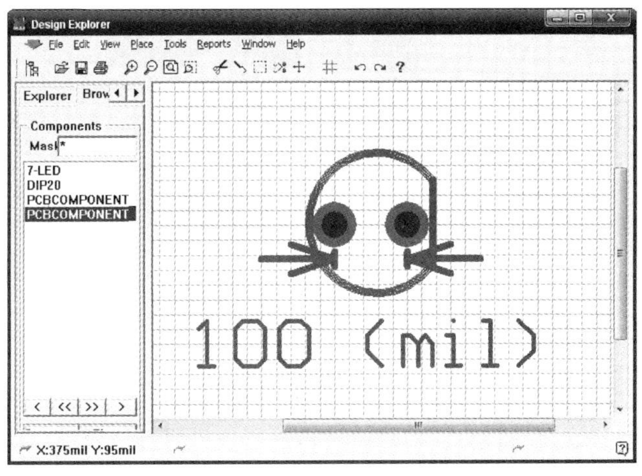

图 3－79　发光二极管元件封装

3. 按键封装设计

在电子电路设计中会应用很多按键，图 3－80 为按键元件模型。

图 3－80　按键元件

电路原理图中元件符号通常只有两个引脚“1”和“2”，而实际元件为 4 个脚，所以元件封装也为 4 个引脚；设计时，首先应通过测量，确定实际按键 4 个引脚中哪两个引脚是一对开关，并在设计封装时标记为“1”脚和“2”脚，以与元件符号相对应，另两个引脚标注“3”脚和“4”脚（实际这 2 个引脚只起固定作用，不进行电气连接，可随意标注）；其次应精确测量引脚尺寸与边框尺寸。

（1）进入元件封装库编辑器，执行菜单命令【Tools】/【New Component】，屏幕弹出元件设计向导，单击“Cancel”按钮，进入手工设计状态。

（2）执行菜单命令【Edit】/【Jump】/【Reference】，将光标跳回原点（0，0）。

（3）执行菜单命令【Place】/【Pad】，或单击工具栏按钮●放置焊盘，按下“Tab”键，弹出焊盘的属性对话框，设置参数如下：

X－Size：100 mil；Y－Size：100 mil；Shape：Rectangle；Hole Size：35 mil；Designator：1；Layer：MultiLayer；其他默认。

退出对话框后，将光标移动到原点，单击鼠标左键，将焊盘 1 放下。

（4）依次放置另 3 个焊盘，尺寸相同，只是形状选为矩形（Shape：Rectangle），各焊盘位置尺寸如图 3－81 所示。

（5）绘制按键边框。将工作层切换到 Top Overlay，执行菜单命令【Place】/【Arc (center)】放置圆弧，执行菜单命令【Place】/【Track】放置连线，外框绘制完毕的元件封装如图 3－82 所示。

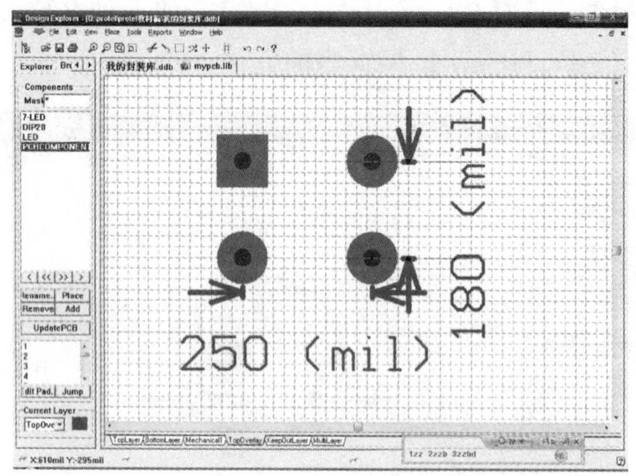

图 3－81　放置按键焊盘

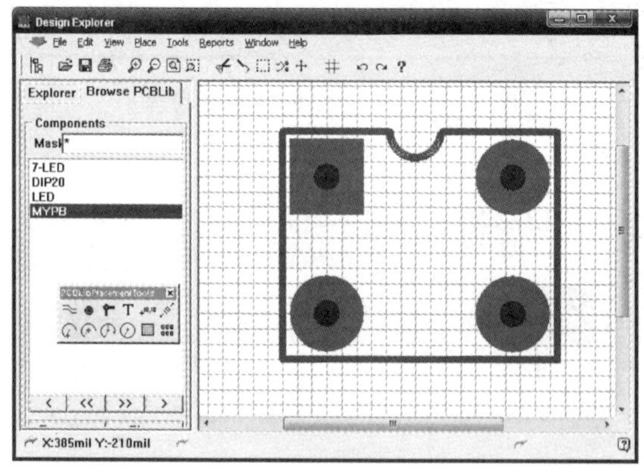

图 3－82　按键封装

（6）执行菜单命令【Tools】/【Rename Component】，将元件名修改为"MYPB"。

（7）执行菜单命令【File】/【Save】保存当前元件。

4. 5 V 电源插座封装设计

电源插座是各种电子设备常用的器件。图 3－83 为按键元件模型与元件封装。

图 3－83　电源插座

该电源插座有 3 个引脚，一脚为"5 V"，另两脚为 GND。具体设计过程与前面相近，这里不再赘述。图 3－84 为焊盘设置图，按图 3－85 尺寸标注放置焊盘，图 3－86 为设计完成后的电源插座封装。将元件名修改为"POWER"后存盘。

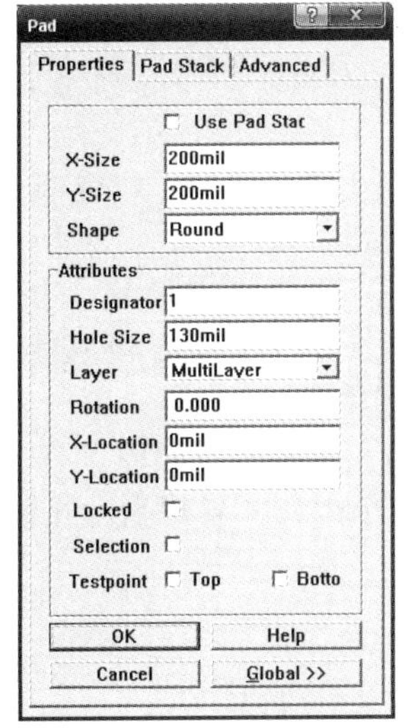

图 3－84　焊盘设置

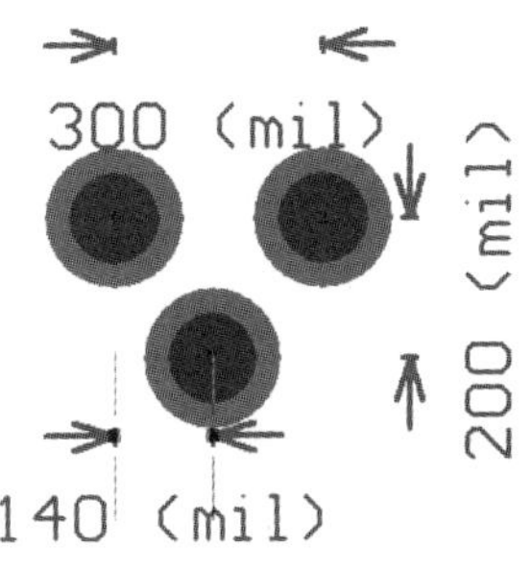

图 3－85　放置焊盘

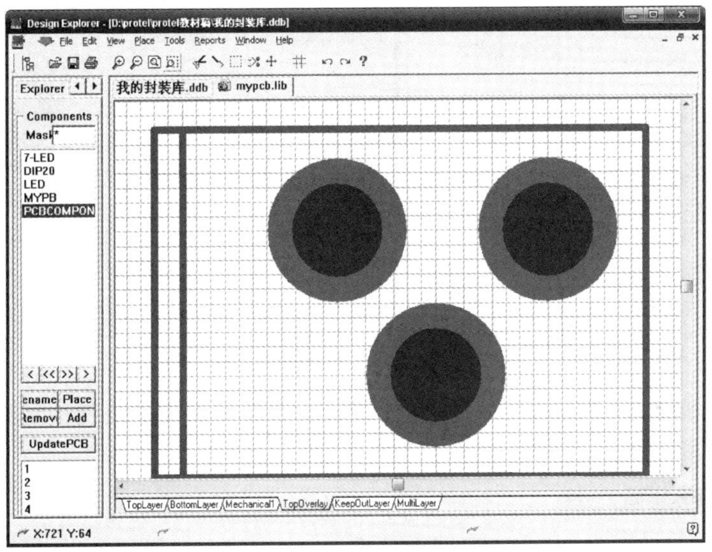

图 3－86　电源插座封装

5. USB 接口插座封装设计

USB 接口采用串行技术，具有传输速度快、接口电路简单、支持即插即用等特点，已经广泛应用于各种电子设备中。USB 插座需要安装在电路板上，故需对其封装进行设计。

图 3－87 为 USB 插座元件。

图 3－87　USB 插座

各引脚功能如下：

1 脚：VCC；2 脚：DAT－；3 脚：DAT＋；4 脚：GND。

设计过程如下：

（1）进入元件封装库编辑器后，执行菜单命令【Tools】/【New Component】，屏幕弹出元件设计向导，单击“Cancel”按钮，进入手工设计状态。

（2）执行菜单命令【Tools】/【Library Options】，系统弹出设置文档参数对话框，在“Layer”选项卡中，将可视栅格 1 设置为“5 mil”，可视栅格 2 设置为“20 mil”；单击“Option”标签，进入“Option”选项卡，设置捕获栅格为“5 mil”。

（3）执行菜单命令【Edit】/【Jump】/【Reference】，将光标跳回原点（0，0）。

（4）执行菜单命令【Place】/【Pad】依次放置 4 个焊盘，各焊盘大小相同，设置参数如图 3－88 所示；焊盘位置如图 3－89 所示。

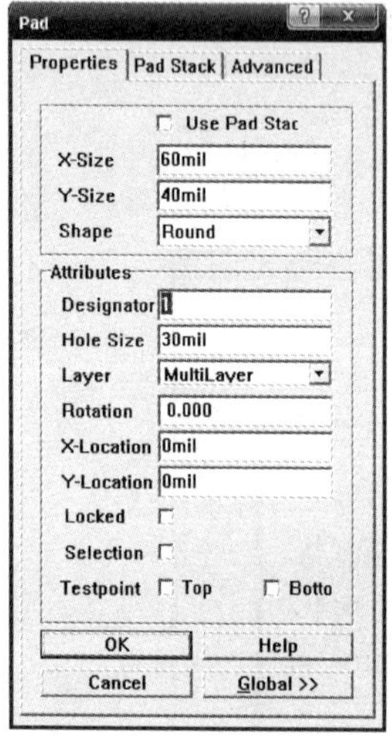

图 3－88　焊盘设置

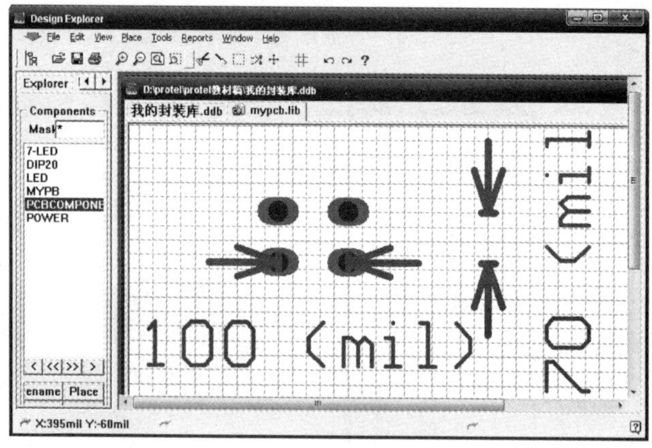

图 3－89　放置焊盘

（5）执行菜单命令【Place】/【Pad】依次放置 2 个焊盘作为安装孔，设置参数如图 3－90 所示；安装孔位置如图 3－91 所示。

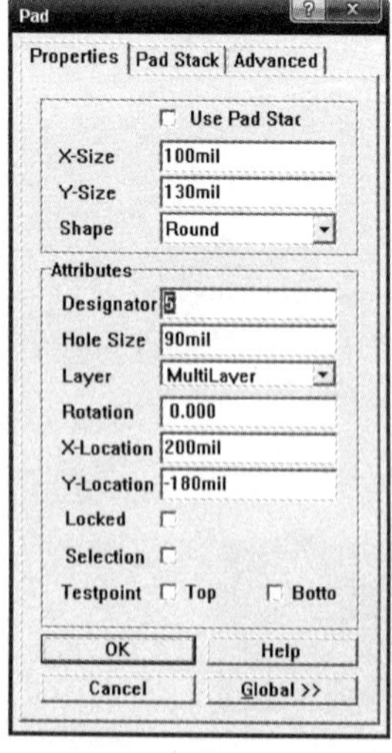

图 3－90　安装孔设置

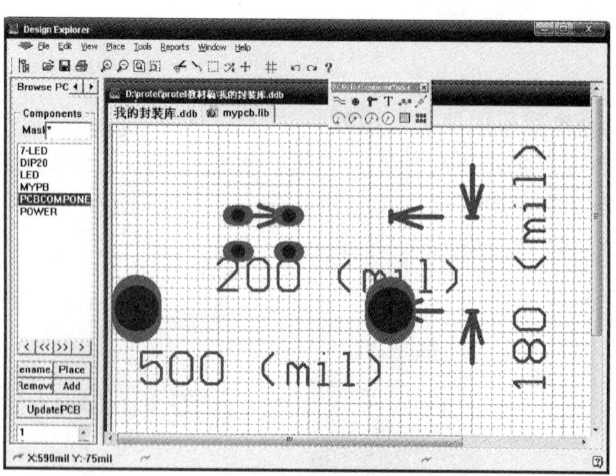

图 3－91　放置安装孔

（6）根据器件尺寸，在 Top Overlay 层画封装边框，完成封装设计，如图 3－92 所示。

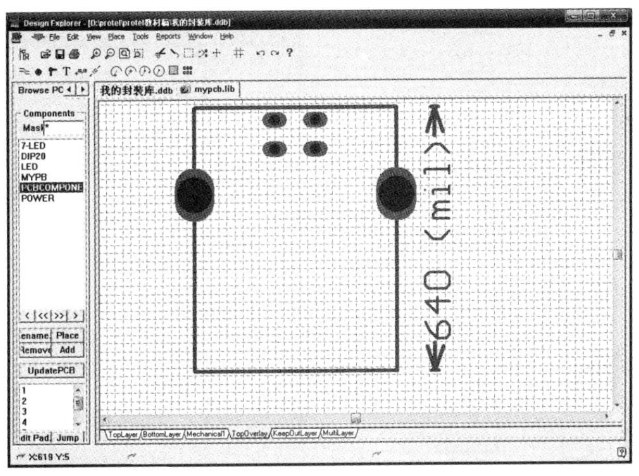

图 3－92　USB 插座封装

（7）执行菜单命令【Tools】/【Rename Component】，将元件名修改为“USB”。

（8）执行菜单命令【File】/【Save】保存当前元件。

6. 继电器封装设计

继电器是一种常用的功率驱动器件，有各种规格。在此介绍一种小型继电器的封装画法。图 3－93 为继电器元件。

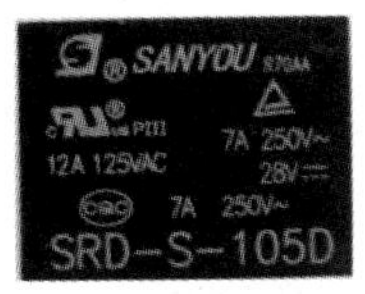

图 3－93　继电器

该继电器有 5 个引脚，各引脚功能如下：

1 脚：动触点；2 脚：常开触点；3 脚：常闭触点；4 脚、5 脚：继电器线圈引出脚。

基本设计流程与设计 USB 插座基本相同，在此不再赘述。

按图 3－94 设置焊盘尺寸，先在原点处放置第一个焊盘，再根据各焊盘相对位置放置其他焊盘，如图 3－95 所示，根据器件尺寸，在 Top Overlay 层画封装边框，完成封装设计。图 3－96 为继电器封装绘制完成图。将元件名称修改为“JDQ”，并保存该元件。

图 3－94　设置焊盘

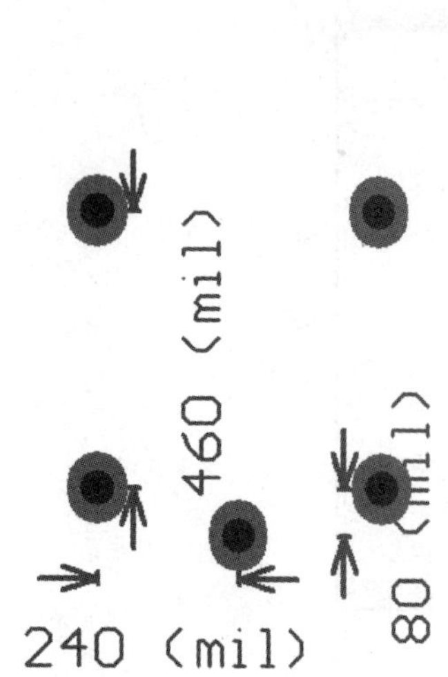

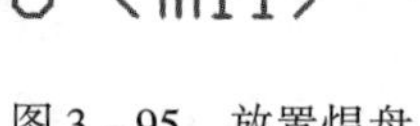

图 3-95 放置焊盘

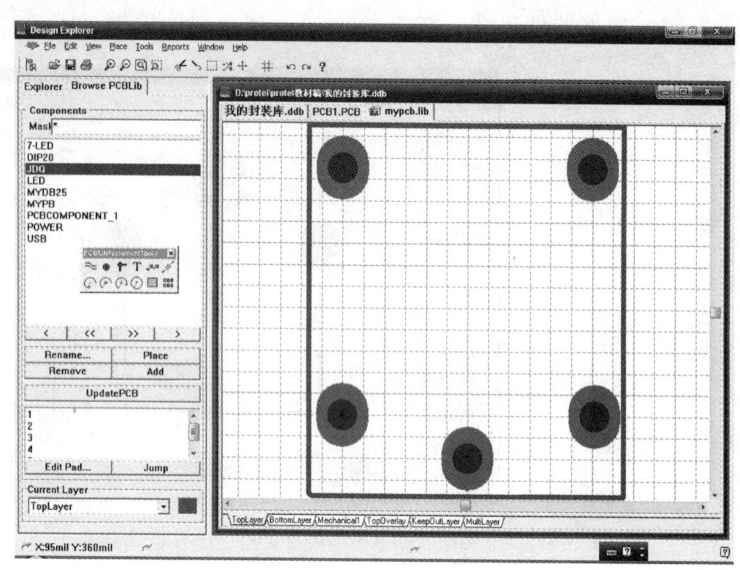

图 3-96 继电器封装

四、拓展与提高——设计集成电路封装

集成电路封装具有规则的外形及引脚，可以采取向导设计与手工设计两种方法。下面介绍设计双列直插式 20 脚 IC 的封装 DIP20 的方法步骤。

1. 利用向导设计

(1) 进入元件封装库编辑器（见图 3-70）后，执行菜单命令【Tools】/【New Component】，屏幕弹出元件设计向导，如图 3-97 所示。

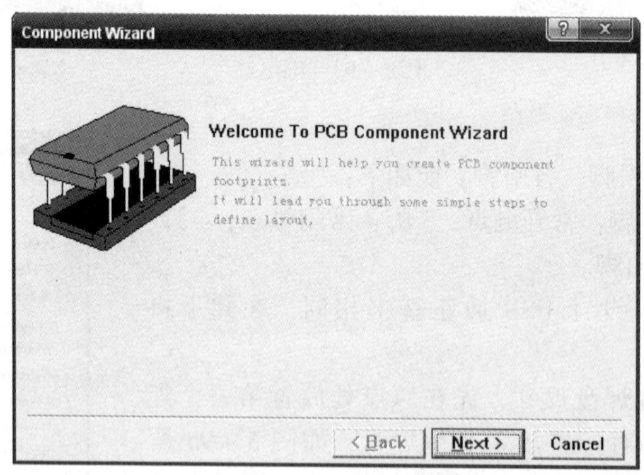

图 3-97 元件设计向导界面

(2) 单击“Next”按钮，进入设计向导（若单击“Cancel”按钮则进入手工设计状态），屏幕弹出如图 3-98 所示的对话框，用于设定元件的基本封装，共有 12 种供选择，包括电阻、电容、二极管、连接器及常用的集成电路封装等。根据设计需要，图中选择双列直插式元件 DIP，对话框下方的下拉列表框用于设置使用的单位制。

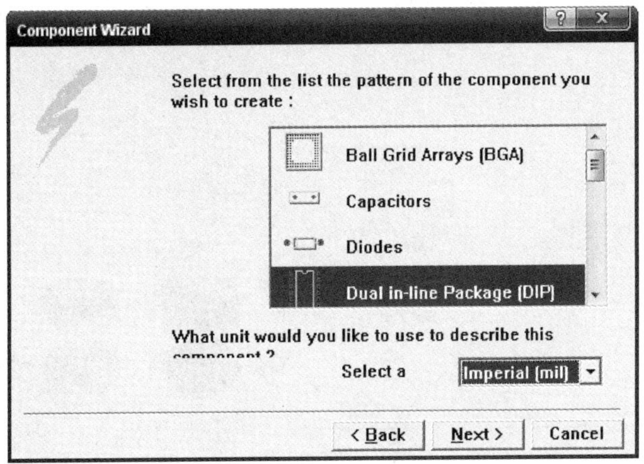

图 3－98 选择元件封装式样

（3）选中元件的基本封装后，单击“Next”按钮，屏幕弹出如图 3－99 所示的对话框，用于设定焊盘的直径和孔径，可直接修改图中的尺寸。

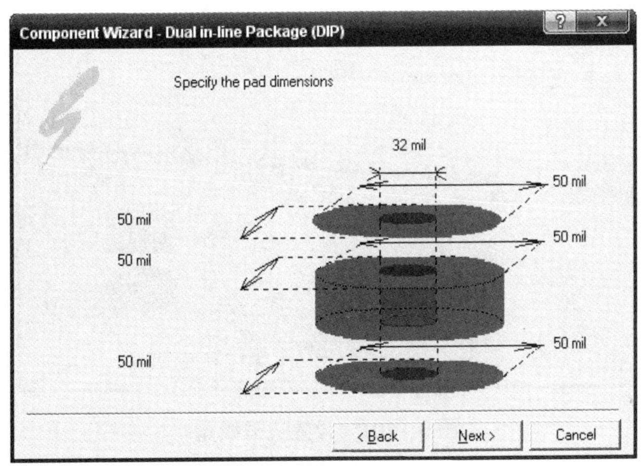

图 3－99 设置焊盘尺寸

（4）设置完焊盘尺寸后，单击“Next”按钮，屏幕弹出如图 3－100 所示的对话框，用于设置相邻焊盘的间距和两排焊盘之间的距离。

（5）定义好焊盘间距后，单击“Next”按钮，屏幕弹出如图 3－101 所示的对话框，用于设置元件边框的线宽，图中设置为“10 mil”。

（6）定义好线宽后，单击“Next”按钮，屏幕弹出如图 3－102 所示的对话框，用于设置元件的引脚数，图中设置为“20”。

（7）设置元件引脚数后，单击“Next”按钮，屏幕弹出如图 3－103 所示的对话框，用于设置元件封装名，图中设置为“DIP20”。名称设置完毕，单击“Next”按钮，屏幕弹出设计结束对话框，如图 3－104 所示，单击“Finish”按钮结束元件设计，屏幕显示刚设计好的元件，如图 3－105 所示。

（8）存盘。

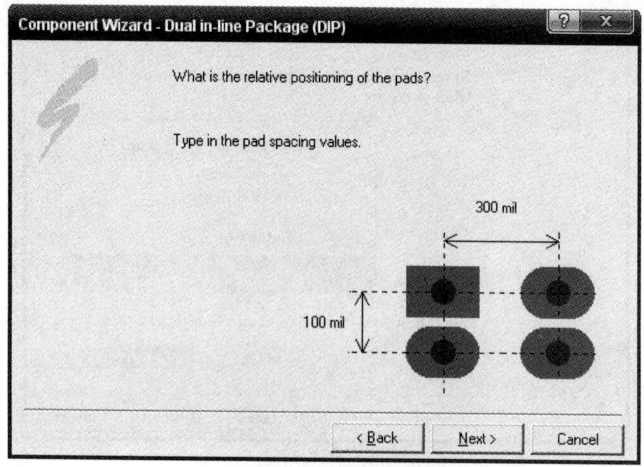

图 3－100　设置焊盘间距

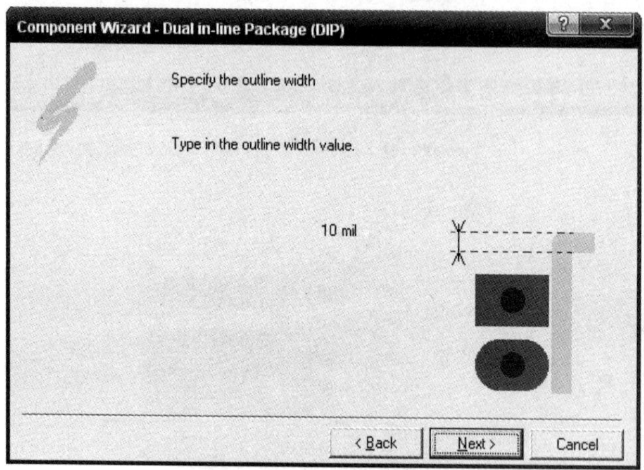

图 3－101　设置边框线宽

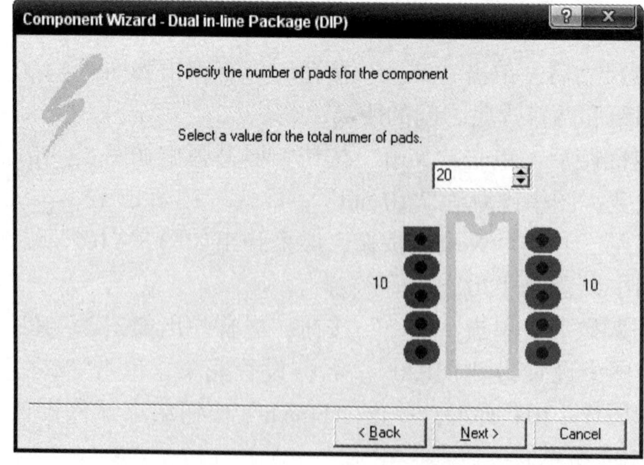

图 3－102　设置元件引脚数

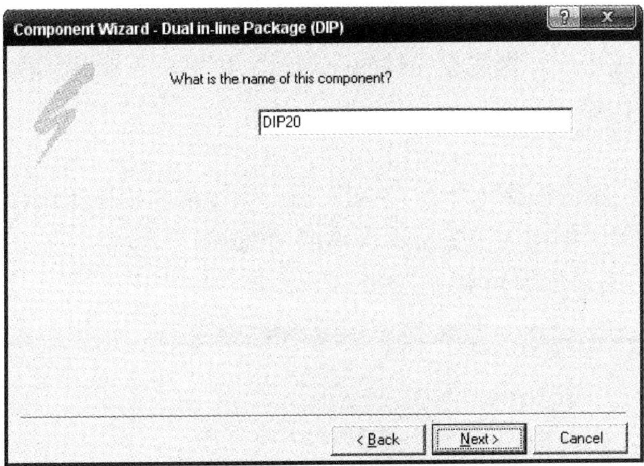

图 3－103　设置元件名称

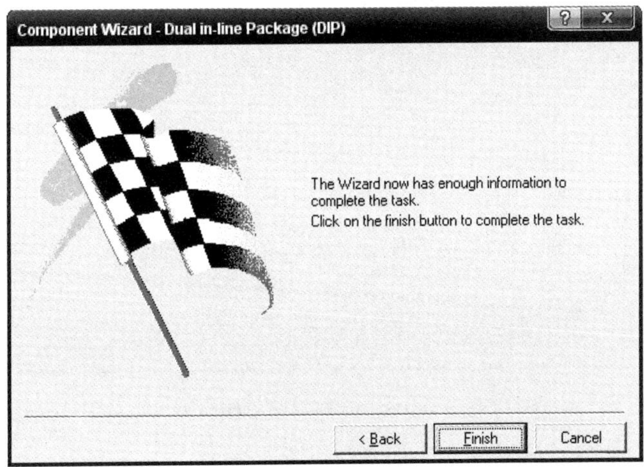

图 3－104　设计结束

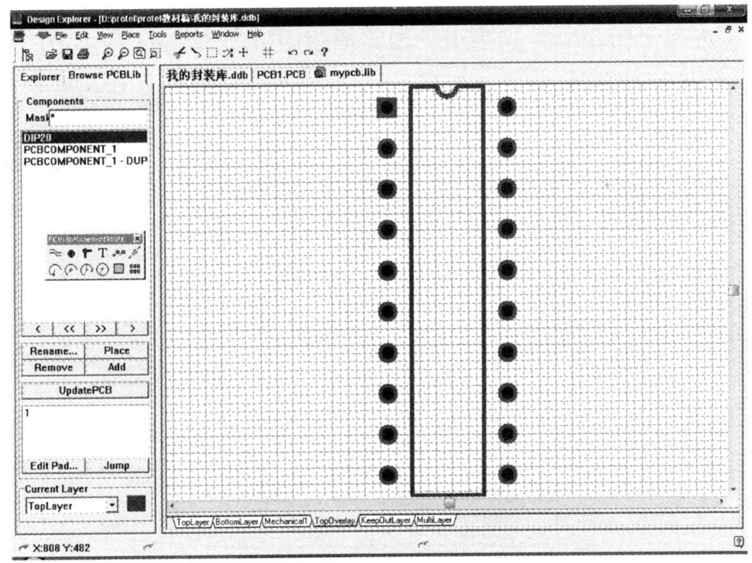

图 3－105　设计好的 DIP20

采用设计向导可以快速绘制元件的封装形式，绘制时应了解元件的外形尺寸，并合理选用基本封装。对于集成块应特别注意元件的引脚间距和相邻两排引脚的间距，并根据引脚大小设置好焊盘尺寸及孔径。

2. 手工设计

（1）进入元件封装库编辑器（见图 3-70）后，执行菜单命令【Tools】/【New Component】，屏幕弹出元件设计向导，如图 3-97 所示。单击"Cancel"按钮，进入手工设计状态，得到图 3-106 所示的元件封装库编辑器。

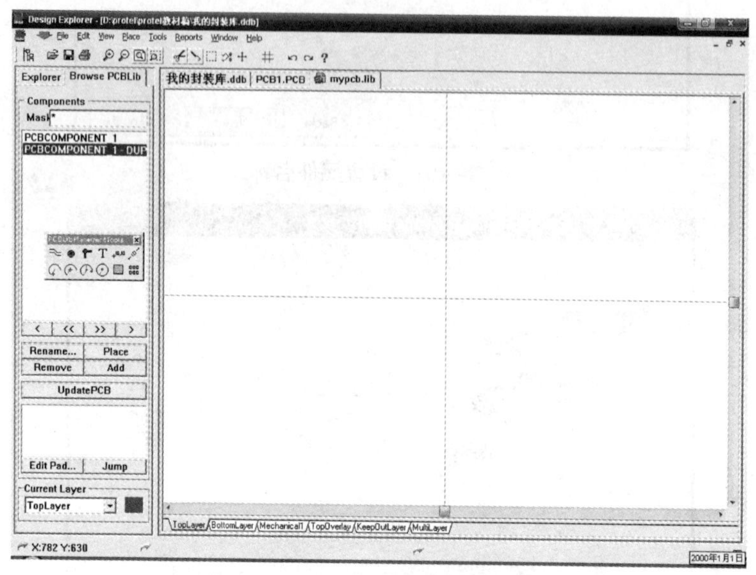

图 3-106　元件封装库编辑器

（2）执行菜单命令【Tools】/【Library Options】，系统弹出如图 3-107 所示对话框。在"Layers"选项卡中，将可视栅格 1 设置为"5 mil"，可视栅格 2 设置为"20 mil"；单击"Options"标签，进入"Options"选项卡，设置捕获栅格为"5 mil"，如图 3-108 所示。

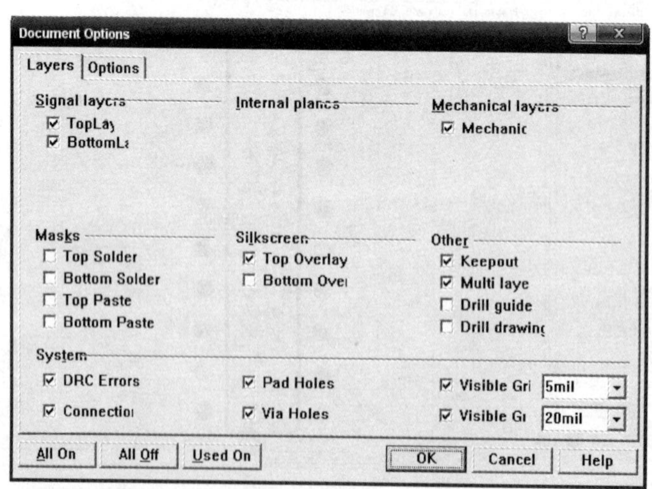

图 3-107　可视栅格设置

（3）执行菜单命令【Edit】/【Jump】/【Reference】，将光标跳回原点（0，0）。

（4）执行菜单命令【Place】/【Pad】放置焊盘，按下“Tab”键，弹出焊盘的属性对话框，设置参数如下：

X－Size：50 mil；Y－Size：50 mil；Shape：Round；Designator：1；Layer：MultiLayer；其他默认，如图 3－109 所示。

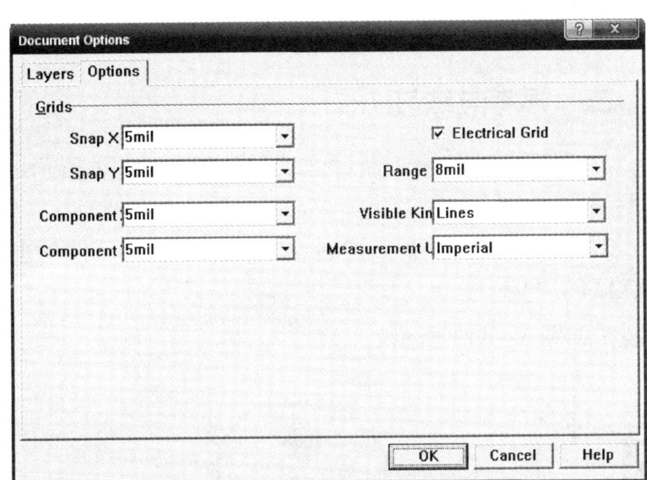

图 3－108　捕获栅格设置

图 3－109　设置焊盘属性

退出此对话框后，将光标移动到原点，单击鼠标左键，将焊盘 1 放下。

（5）依次以 100 mil 为间距放置焊盘 2～10。

（6）对称放置另一排焊盘 11～20，两排焊盘间的间距为 300 mil。

（7）双击焊盘 1，在弹出的对话框中的 Shape 下拉列表框中选择“Rectangle”，定义焊盘 1 的形状为矩形，设置好的焊盘如图 3－110 所示。

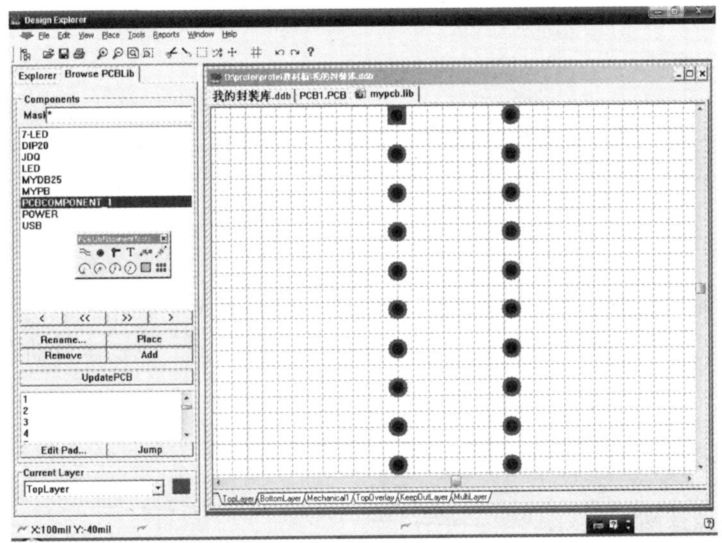

图 3－110　放置所有焊盘

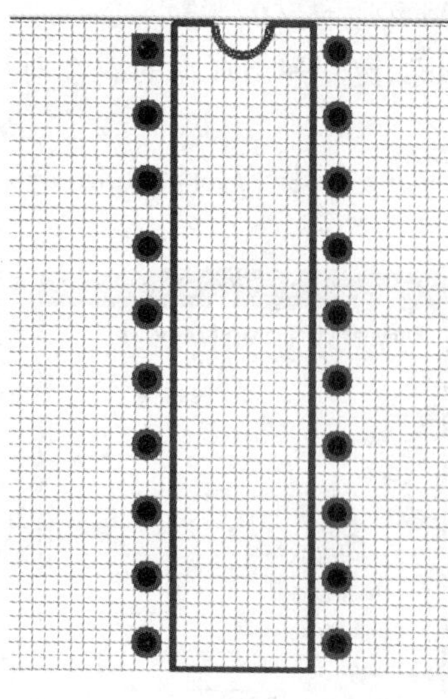
图 3 – 111　DIP20 封装

（8）绘制 DIP20 外框。将工作层切换到 Top Overlay，执行菜单命令【Place】/【Track】放置连线，执行菜单命令【Place】/【Arc】放置圆弧，线宽均设置为“10 mil”，外框绘制完毕的元件如图 3 – 111 所示。

（9）执行菜单命令【Edit】/【Set Reference】/【Pin1】，将元件参考点设置在引脚 1。

（10）执行菜单命令【Tools】/【Rename Component】，将元件名修改为“DIP20”。

（11）执行菜单命令【File】/【Save】保存当前元件。

五、思考与练习

1. 利用向导和手工两种方式绘制图 3 – 112 所示的元件封装。

2. 利用向导和手工两种方式绘制电阻元件的封装（AXIAL0. 2）。

3. 利用手工方式绘制电位器封装，如图 3 – 113 所示。

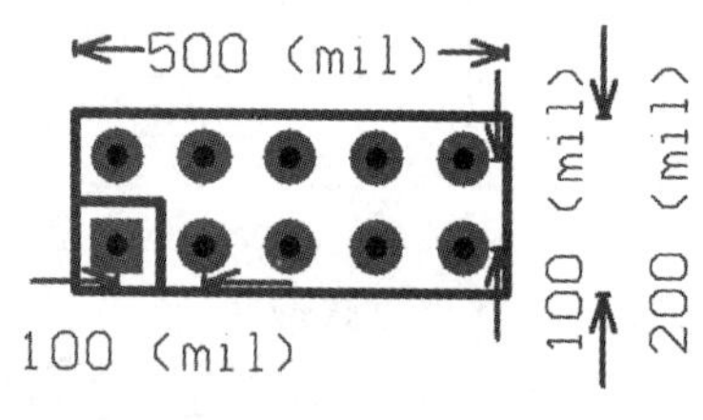

图 3 – 112　元件封装

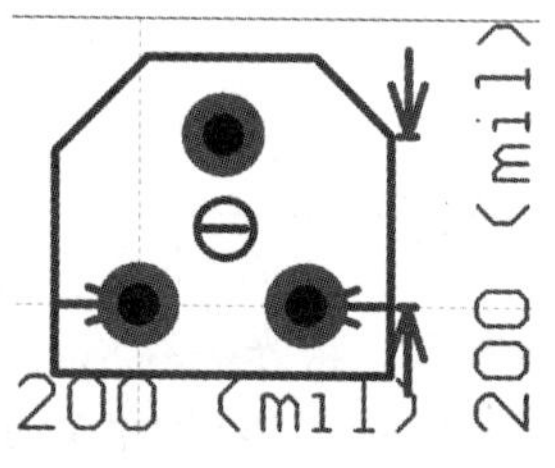

图 3 – 113　电位器封装

任务二　设计单片机最小系统 PCB（一）

一、任务介绍

单片机最小系统是时钟温度控制器的核心电路。由于时钟温度控制器电路很复杂，所以先进行单片机最小系统 PCB 的设计，并以此掌握双层 PCB 设计的基本方法。

二、任务说明

本电路较前面学习过的三极管放大器、ISP 下载电路复杂。成功加载网络表是关键，因此要具备查找加载网络表错误的能力；为使 PCB 布线更合理，需要在自动布线基础上进行手工布线调整。

三、任务实施

1. 绘制电路原理图

建立“单片机最小系统 . ddb”文件，新建“单片机最小系统 . Sch”原理图文件，绘制单片机最小系统如图 3 - 114 所示，具体画法不再介绍。

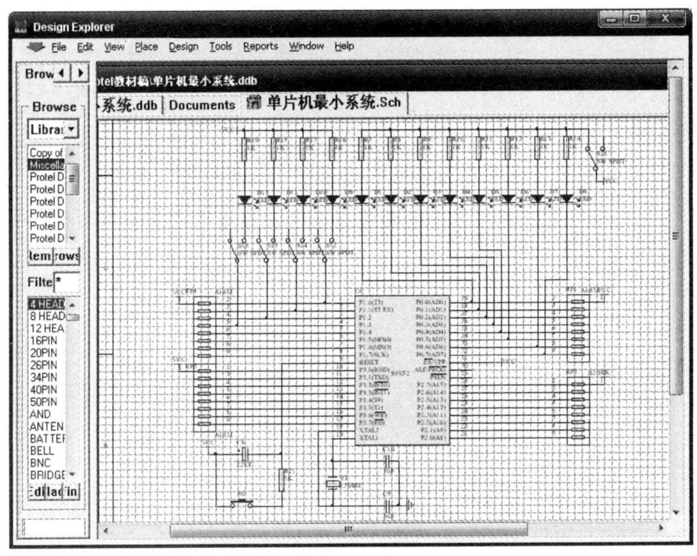

图 3 - 114 单片机最小系统

2. 设置修改元件封装

在绘制电路原理图时如果没有设置元件封装，在创建网络表前应检查电路图中各元件是否已设置封装，如果没有设置或设置不合适，应进行设置或修改。本电路各元件封装设置如下：

电阻元件封装：AXIAL0. 3（R_7、R_8、R_9、R_{10}、R_{11}、R_{12}、R_{13}、R_{14}、R_{16}、R_{17}、R_{18}、R_{19}、R_{21}）；

电解电容封装：RB. 2/. 4（C_8）；

瓷片电容封装：RAD0. 2（R_9、R_{10}）；

发光二极管封装：LED（需自画）（D1 ~ D12）；

双掷开关封装：SIP3（S11、S13、S14、S15、S16）；

排电阻封装：SIP9（$R_{P1} \sim R_{P4}$）；

按钮开关封装：MYPB（需自画）（S0）；

晶体元件封装：XTAL1（Y1）；

89S52 元件封装：DIP40（U1）。

3. 创建网络表

执行菜单命令【Design】/【Create Net list】，出现网络表对话框，取默认设置，创建“单片机最小系统 . NET”网络表文件。

4. 新建 PCB 文件

新建“单片机最小系统（一）. PCB”文件，如图 3 - 115 所示。

5. 加载 PCB 元件库

单击设计管理器顶部的“Browse PCB”选项卡，再单击“Browse”下拉列表框中的下拉按钮，选择“Libraries”管理库元件，将其设置为元件库浏览器。默认状态下浏览器中只有一常用元件库“PCB Footprints. lib”。

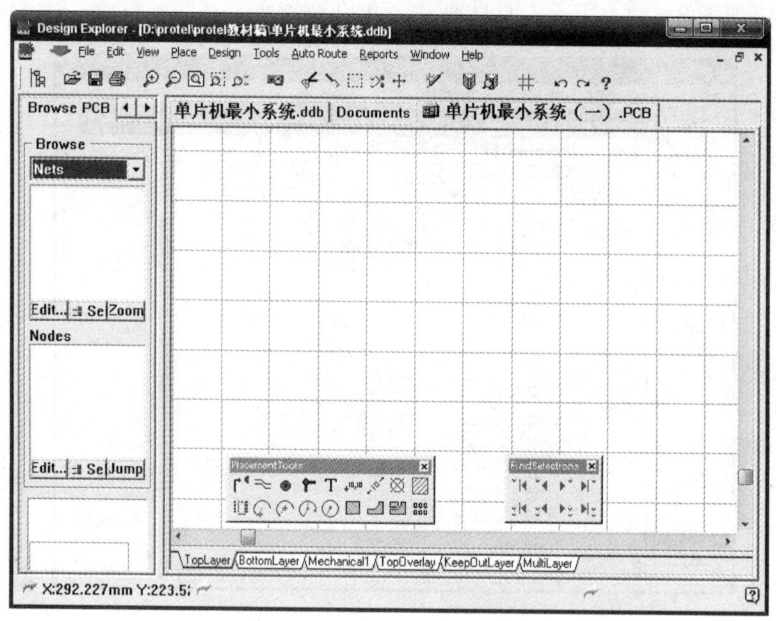

图 3－115　新建“单片机最小系统（一）. PCB”文件

由于本电路个别元件需要自行设计封装，故需将自建 PCB 封装库“我的封装库 . ddb”（前已介绍）加载到该编辑器中。单击“Libraries”栏下方的“Add/Remove”按钮，出现添加/删除库对话框，在该对话框中找到所需的库文件，如图 3－116 所示。

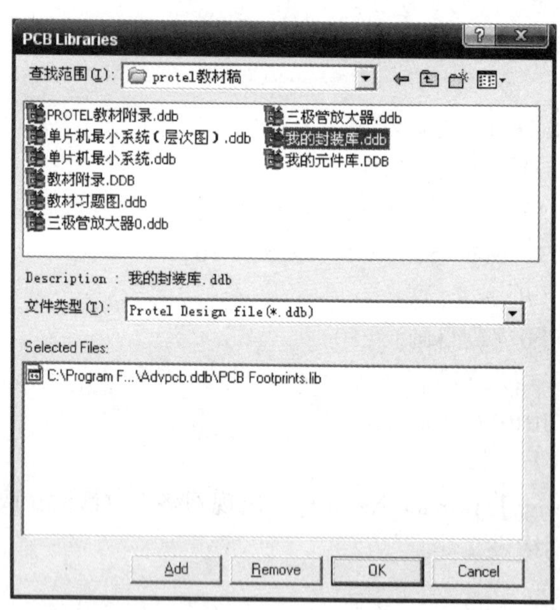

图 3－116　查找 PCB 封装库

单击“Add”按钮装载库文件，单击“OK”按钮完成加载封装库操作，如图 3－117 所示。

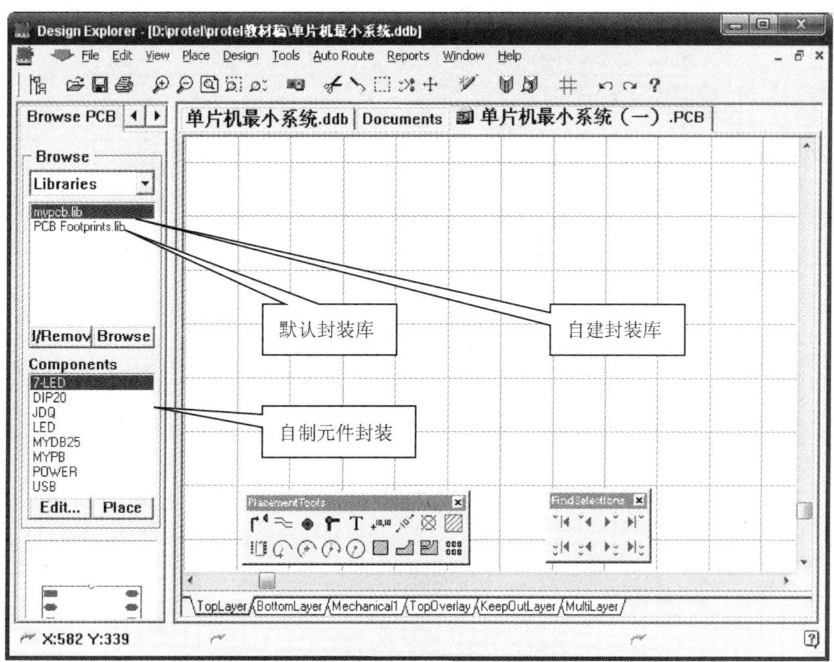

图 3－117　加载 PCB 封装库

6. 规划印制电路板

之前已经介绍了手工规划印制电路板的两种方法，在此不再赘述。选中“KeepOutLayer”，规划一块 90 mm×55 mm 的印制电路板，如图 3－118 所示。

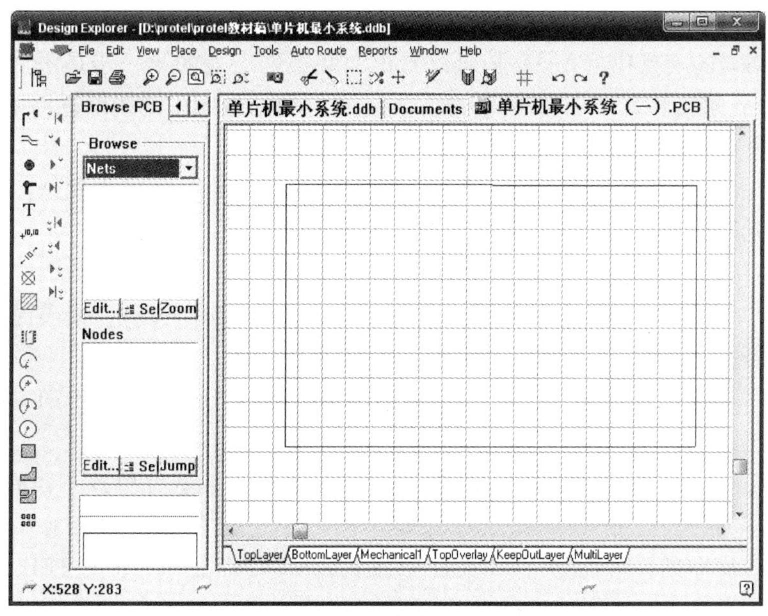

图 3－118　规划印制电路板

7. 装载网络表

执行菜单命令【Design】/【Load Nets】，装载“单片机最小系统 . NET”网络表，装载成功后，得到图 3－119。

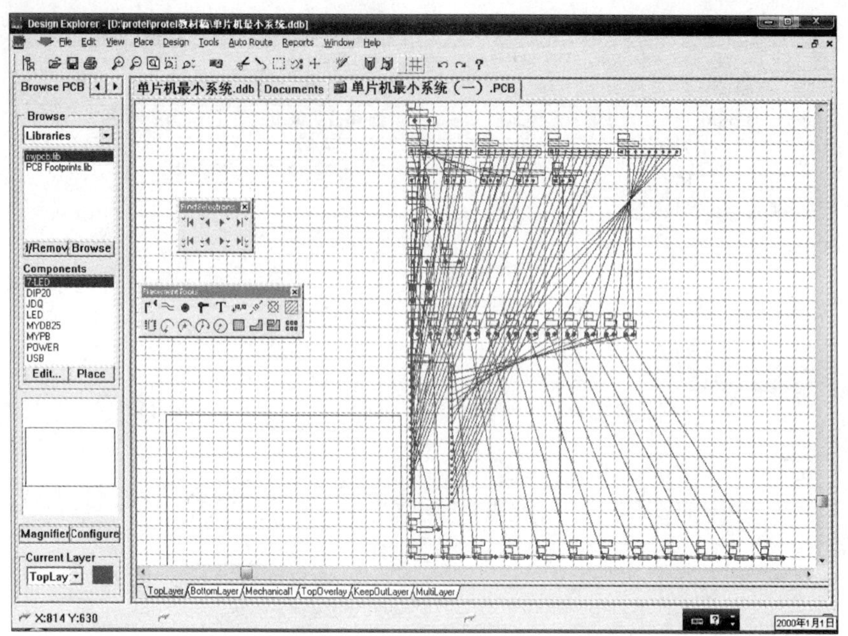

图 3-119　装载网络表

8. 网络表出错信息的处理

在电子电路设计过程中，通常是首先完成原理图的设计，然后创建网络表。尽管在此之前我们通过电气规则检查（ERC）可以发现原理图设计中的许多错误，但这并不能保证网络表不存在问题。通常 PCB 图的设计过程中，经常出现的问题之一就是在引入网络表的过程中，对话框中出现错误或警告信息。

从装载网络表的宏操作（Action）可以看出，装载网络表的第一步是添加新元件（Add new component）；第二步是添加网络（Add new net），将原理图中的网络逐一添加到 PCB 中；第三步是添加节点（Add new node）。

封装影响元件，元件又影响网络和节点。要解决装载错误，正确步骤是：先解决封装类错误，再解决元件类错误，最后解决网络和节点类错误。

1）封装类错误

（1）"Footprint not found in Library"（封装在元件库中没有发现）：错误提示中没有给出具体的封装型号，说明在原理图中没有给元件添加封装。

解决方法：双击原理图中相应的元件，在弹出的属性对话框中的"Footprint"栏中填入相应的元件封装。

（2）"Footprint * * * not found in Library"（* * *封装在元件库中没有发现）：错误提示中给出具体的封装型号* * *，说明原理图中已经给元件添加封装* * *。若在 PCB 文档的元件库中找不到，可能是 PCB 文件中没调入* * *元件所在的 PCB 元件库，或者 PCB 元件库中不含有* * *元件封装。

解决办法：调入所需的 PCB 元件库；确认原理图中定义的元件封装与 PCB 元件库中是否一致。如果 PCB 元件库中没有这个封装，需自行制作元件封装并加载到该 PCB 文档中。

2）元件类错误

"Component not found"（元件没有找到）：在解决完封装类错误后，这类错误提示信息一般会消失。

3）网络类错误

（1）“Net not found”（网络没有找到）：在原理图中的连接线上定义了网络标号，则以网络标号命名此网络，若无则由软件指定某一元件引脚作为网络名称。

解决方法：与节点类错误解决方法相同。

（2）“Net already exists”（网络已经存在）：这是由于定义网络名称的元件同名。

解决方法：修改同名元件编号。

4）节点类错误

在解决完元件类错误后，“Node not found”（节点没有找到）这类错误提示会减少或消失。如果仍有这类错误提示，则原因可能是：

（1）元件引脚编号与 PCB 库中元件封装焊盘编号不一致。

解决办法：找到出错的原理图文件，在原理图库编辑器中修改元件引脚编号（Number），使之与元件封装焊盘编号一致，并更新到原理图；或者找到出错的元件封装，在 PCB 库编辑器中修改该封装中的元件焊盘编号（Designator），并使之与原理图元件引脚编号一致，并更新到 PCB。

（2）原理图中元件的引脚数多于 PCB 封装引脚数。

解决办法：原理图中重新定义元件的封装即可。

（3）元件编号（Designator）过长，或是含有特殊字符“—”。

解决办法：修改元件编号，并重新生成网络表。

9. 元件布局

Protel 99 SE 提供自动布局功能。但经过自动布局后仍需进行手工调整，以达到设计者的要求。对于较简单的电路可以直接进行手工布局，关于自动布局方法读者可查阅有关资料。手工布局时通过移动元件、旋转元件等方法合理调整元件的位置，尽量减少网络飞线的交叉，并调整元件标注，得到图 3－120。

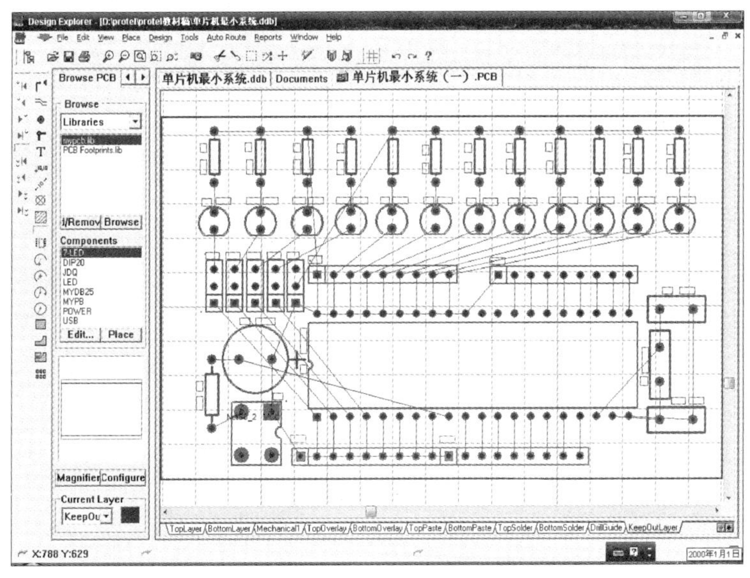

图 3－120 元件布局

10. 设置布线规则

执行菜单命令【Design】/【Rules 】，进行自动布线规则设置，如图 3－121 所示。

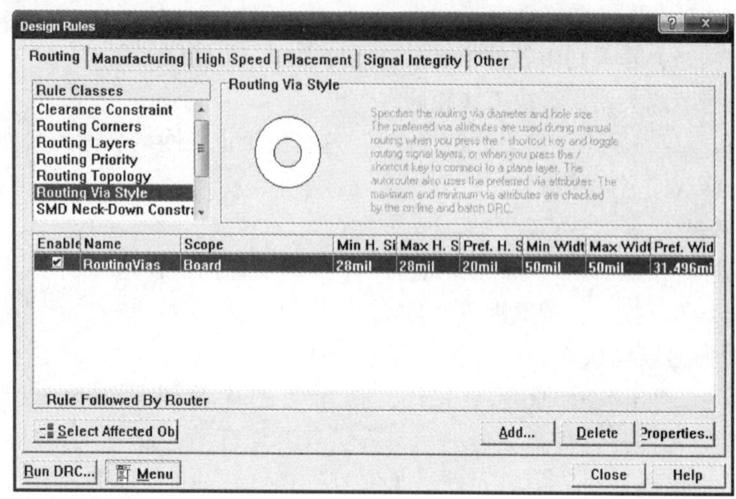

图 3－121　布线规则设置

（1）“Clearance Constraint”（安全间距）：设置为 15 mil。

（2）“Routing Corners”（拐弯方式）：取默认设置。

（3）“Routing Layers”（布线层）：系统默认为双层板，故可取默认设置。设置 Top Layer 为“Horizontal”（顶层水平布线），Bottom Layer 层为“Vertical”（底层垂直布线），其他层为“Not Used”（不使用）。

（4）“Routing Via Style”（过孔类型）：此规则设置自动布线时所采用的过孔类型。双层板电路顶层导线与底层导线需要通过过孔连接。单击图 3－121 中的“Add”按钮，屏幕出现图 3－122 所示的过孔类型规则对话框，需设置规则适用范围、孔径范围和钻孔直径范围。通常电源与地线的过孔应大于其他导线的过孔。

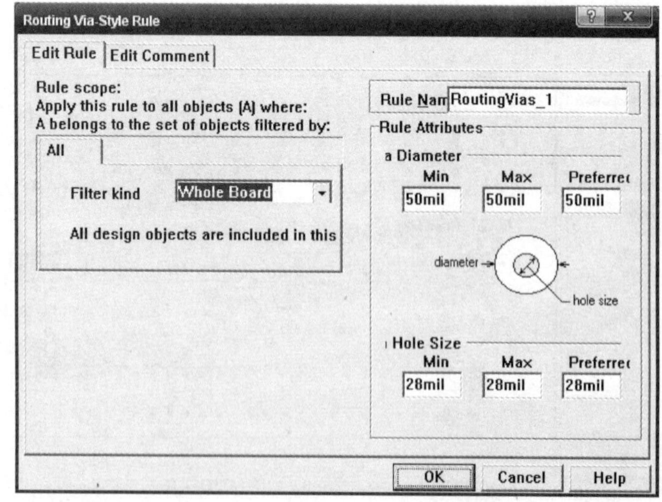

图 3－122　过孔设置对话框

（5）“Width Constraint”（印制导线宽度）：设置导线宽度。“GND”（地线）为“50 mil”；“VCC”（电源）为“40 mil”；其他为“10 mil”。具体设置方法已在项目二介绍，在此不再赘述。

11. 自动布线

执行菜单命令【Auto Route】/【All】，进行自动布线。自动布线成功后得到图 3－123。

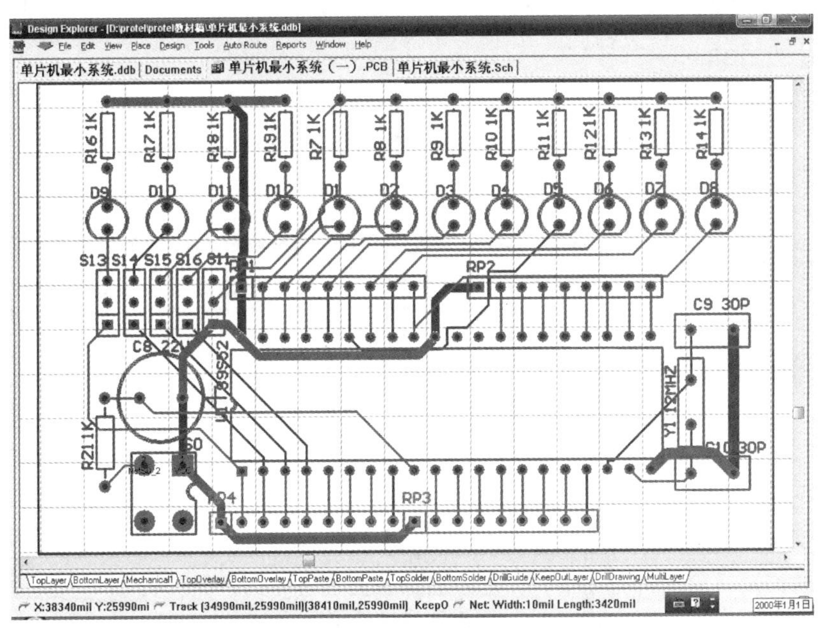

图 3－123 自动布线后的双层印制电路板

如果设计者对图 3－123 布线不满意，PCB 99 SE 中提供有自动拆线功能和撤销功能，可以拆除印制电路板图上的铜膜线而剩下网络飞线。执行菜单命令【Tools】/【Un－Route】/【All】，拆除所有导线；执行菜单命令【Tools】/【Un－Route】/【Net】，拆除指定网络的导线；执行菜单命令【Tools】/【Un－Route】/【Connection】，拆除指定焊盘间的导线；执行菜单命令【Tools】/【Un－Route】/【Component】，拆除指定元件所连接的导线。

单击主工具栏图标，可以撤销本次操作；如果要恢复前次的操作，可以单击主工具栏图标。

四、拓展与提高——手工调整布线

自动布线成功后，可以保证印制电路板能够实现所有电气功能，但不一定是最佳布线，故常需再进行手工布线调整。手工调整布线主要用到以下方法：

（1）拉线技术。Protel 99 SE 提供的拉线功能，可以对线路进行局部调整。拉线功能可以通过以下 3 个菜单命令实现。

①【Edit】/【Move】/【Break Track】：截断连线。它可将连线截成两段，以便删除某段线或进行某段连线的拖动操作。

②【Edit】/【Move】/【Drag Track End】：拖动连线端点。执行该命令后，单击要拖动的连线，光标自动滑动至离单击处较近的导线端点上，此时可以拖动该端点，而其他端点则原地不动。

③【Edit】/【Move】/【Re－Route】：重新走线。执行该命令可以用拖拉“橡皮筋”的方式移动连线，选好转折点后单击鼠标左键，将自动截断连线，此时移动光标即可拖拉连线，而连线的两端固定不动。

图3－123中，实际工作时，限流电阻R_7、R_8、R_9、R_{10}、R_{11}、R_{12}、R_{13}、R_{14}一端连发光二极管正极，另一端连在一起接至开关S11，通过开关S11接至VCC。故这些电阻公共端导线宽度应与VCC相同。

（2）利用鼠标双击需加粗导线，弹出图3－124导线设置对话框。将导线宽度设为“40 mil”即可（需逐段导线设置）。图3－125为调整后的PCB电路板。此PCB电路板发生安全间距违规，如图中所示，违规处呈绿色。

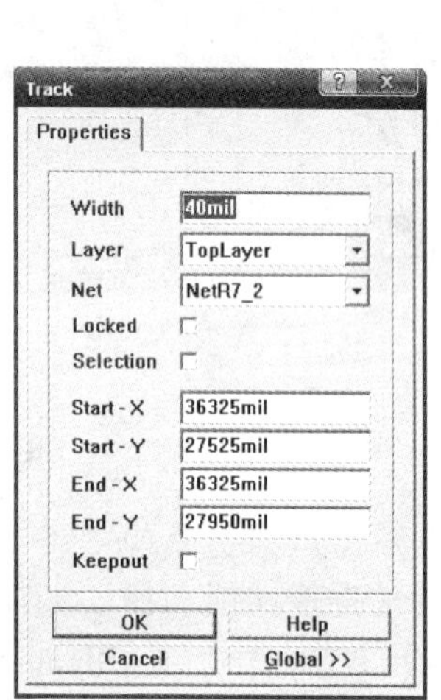

图3－124　导线宽度设置

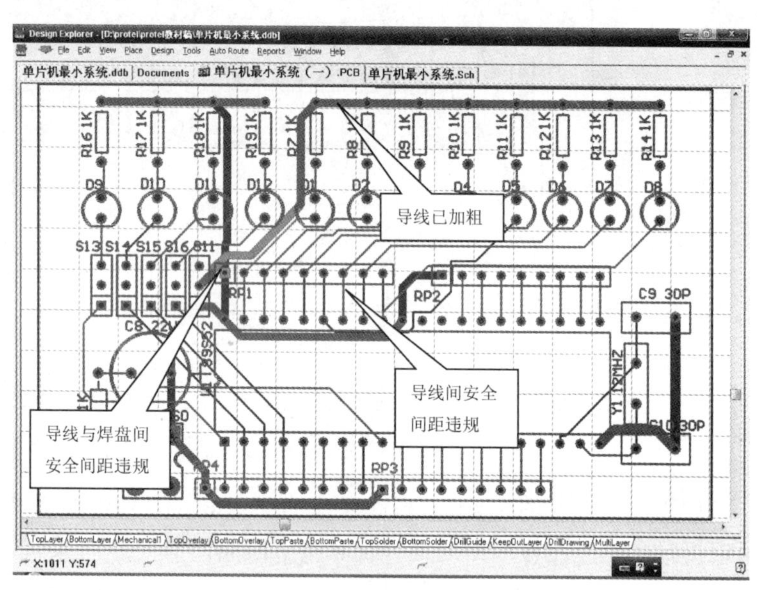

图3－125　手工加粗导线

（3）调整元件布局。将排电阻R_{P1}、R_{P2}下移。具体操作如下：

执行菜单命令【Tools】/【Preferences】，系统弹出如图3－126所示的“Preferences”对话框。在“Options”选项卡“Component drag”区域“Mode”列表框中选择“Connected Tracks”项。

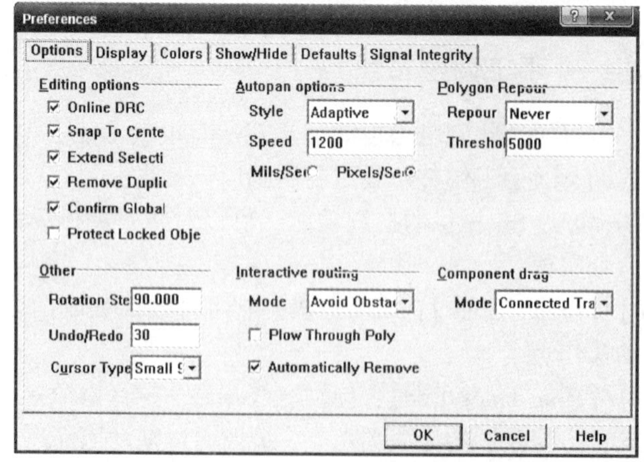

图3－126　“Preferences”对话框

执行菜单命令【Edit】/【Move】/【Drag】，光标呈十字状，将光标对准所移元件，如“RP1”，单击左键，移动鼠标，则元件与连接在该元件上的导线一同移动。下移 R_{P1}、R_{P2} 后，印制电路板如图 3－127 所示，导线与焊盘违规消失，而原导线间违规依旧。

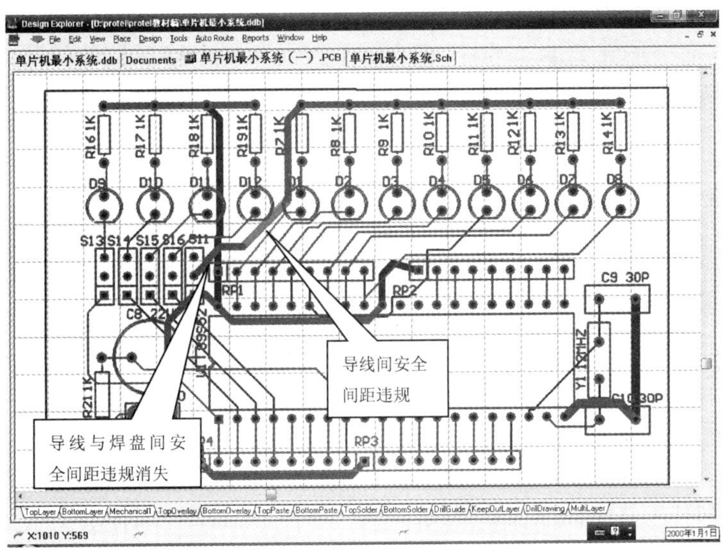

图 3－127　下移 R_{P1}、R_{P2} 后的 PCB

（3）采取移动、重新布线等方式手工修改相关布线。修改后的 PCB 如图 3－128 所示。

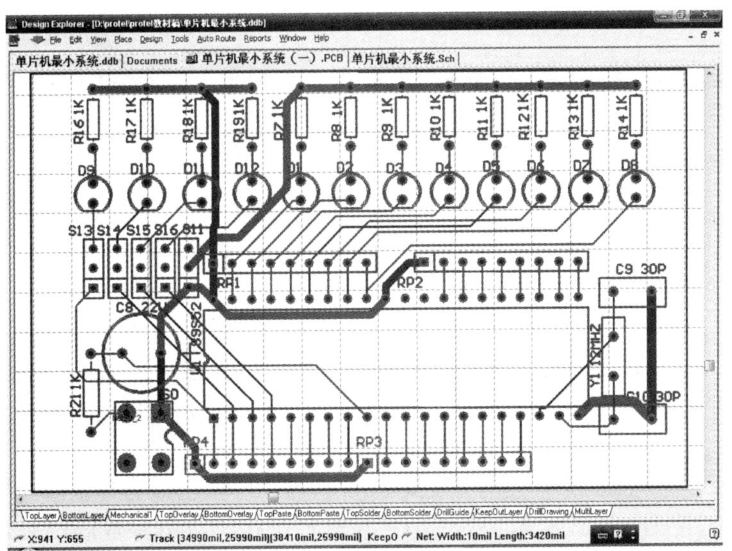

图 3－128　修改布线后的 PCB

五、思考与练习

1. 双面板布线规则与单面板布线规则有哪些区别？
2. 练习时发生过哪些网络表出错信息？

任务三　设计单片机最小系统 PCB（二）

一、任务介绍

“设计单片机最小系统 PCB（一）”中介绍了双面印制电路板设计的基本过程及手工调整布线的一般方法。本任务要求利用向导进行印制电路板规划并采用预布线技术进行单片机最小系统 PCB 设计。

二、任务说明

利用向导规划 PCB 可以快速完成规则及一些规范的 PCB 规划；预布线技术可以保障特殊线路的布线要求。掌握这两项技术是本任务的重点完成目标。

三、任务实施

1. 利用向导规划印制电路板

Protel 99 SE 提供的制板向导中带有大量已经设置好的模板，这些模板中已具有标题栏、参考布线规则、物理尺寸和标准边缘连接器等，允许用户自定义印制电路板，并保存自定义的模板。本节以自定义 90 mm×60 mm 的矩形板为例，说明自定义电路模板的方法。

（1）执行菜单命令【File】/【New】建立新文档，弹出如图 3－129 所示的对话框，选择“Wizards”选项卡，选中制板向导图标 Printed Circui...，系统启动如图 3－130 所示的制板向导。

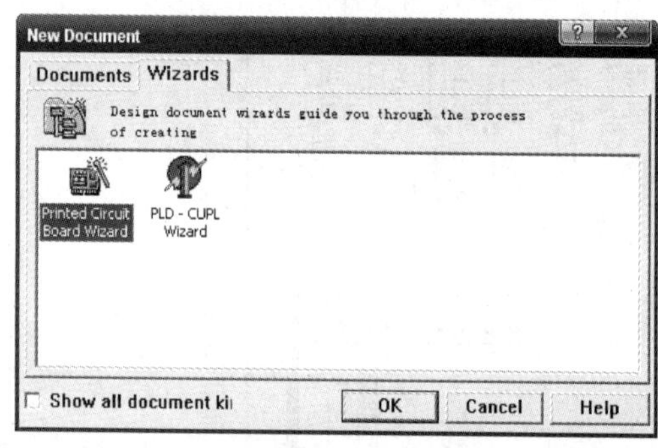

图 3－129　创建模板文档

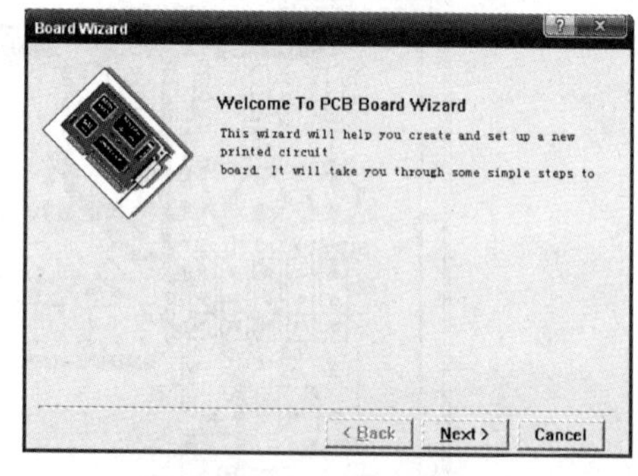

图 3－130　启动制板向导

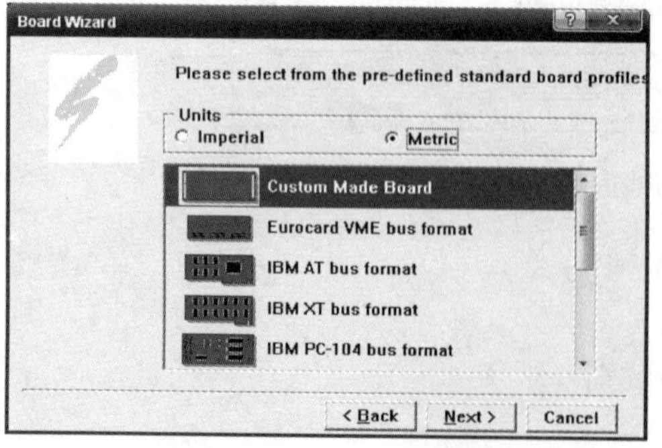

图 3－131　选择自定义模板类型

（2）单击图 3－130 中的“Next”按钮，进入图 3－131 所示的模板选择对话框，在其中可以选择所需的设计模板和所采用的单位制。图中选择自定义模板，选择公制单位制（Metric）。

（3）单击图 3－131 中的“Next”按钮，进入图 3－132 所示的模板参数设置对话框，完成具体参数设置如图所示：矩形板（90 mm×60 mm）。单击“Next”按钮，显示模板设置效果如图 3－133 所示。

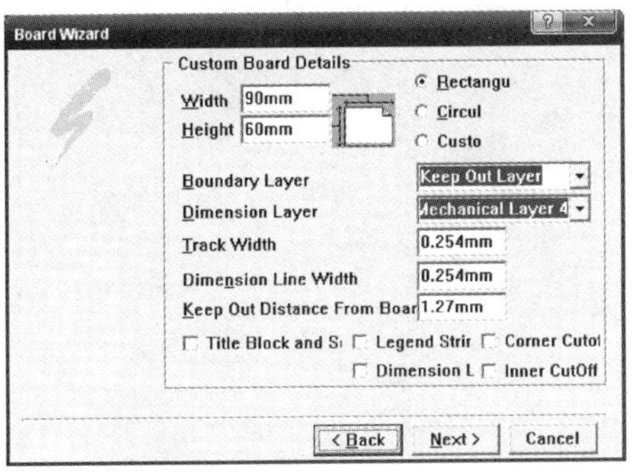

图 3－132　印制电路板参数设置

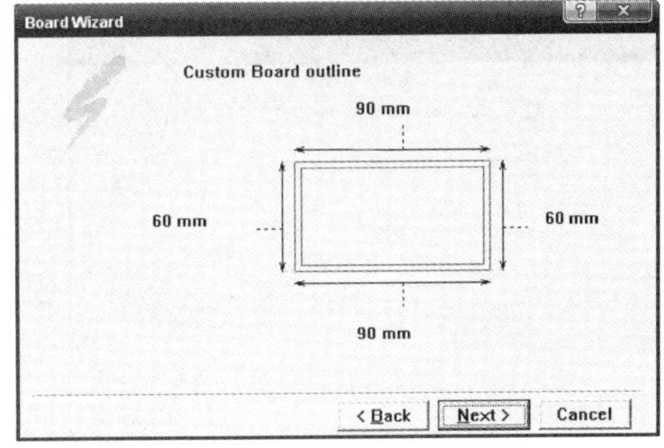

图 3－133　显示模板设置效果

(4) 单击图 3－133 中的“Next”按钮，设置模板为双层印制电路板，如图 3－134 所示。

(5) 单击图 3－134 中的“Next”按钮，进行过孔类型设置。图 3－135 中选择过孔为通孔。

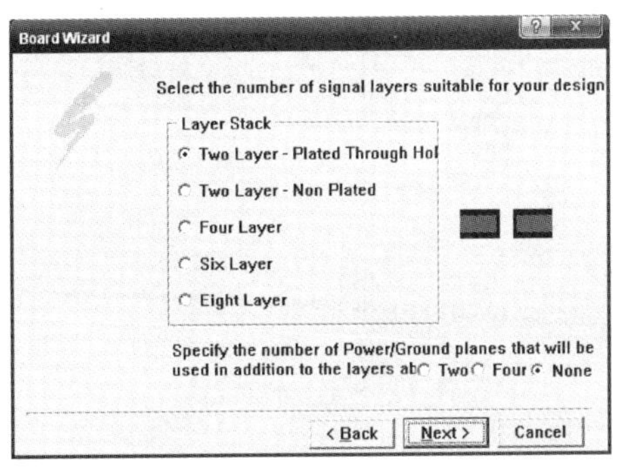

图 3－134　设置印制电路板层数

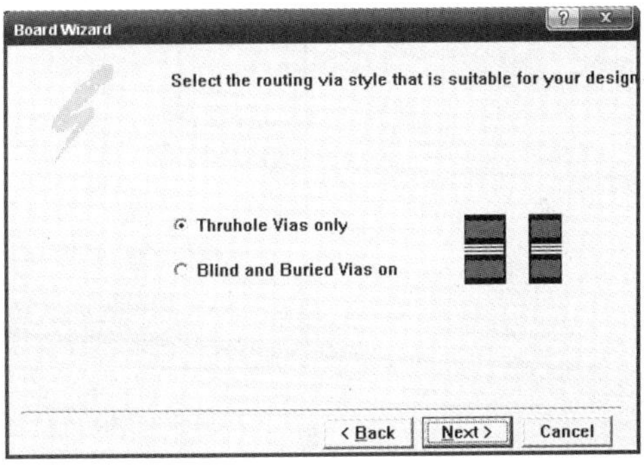

图 3－135　设置过孔

(6) 单击图 3－135 中的“Next”按钮，选择焊盘间只通过一条导线，如图 3－136 所示。单击图 3－136 中的“Next”按钮，设置印制电路板导线、过孔、安全间距等参数，如图 3－137 所示。

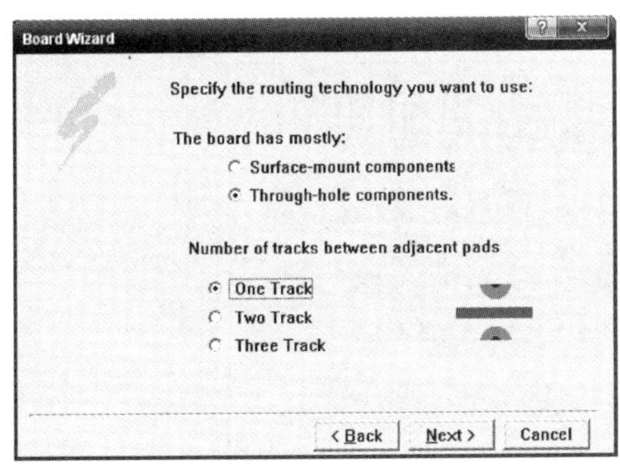

图 3－136　设置焊盘间可通过导线数量

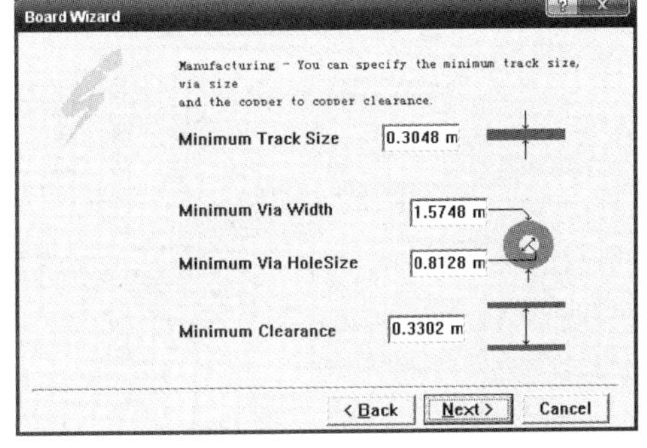

图 3－137　设置印制电路板相关参数

(7) 单击图 3－137 中的“Next”按钮，进入图 3－138，选择不存为模板；再单击图 3－138 中的“Next”按钮，进入图 3－139，单击“Finish”按钮，完成印制电路板规划，如图 3－140 所示。

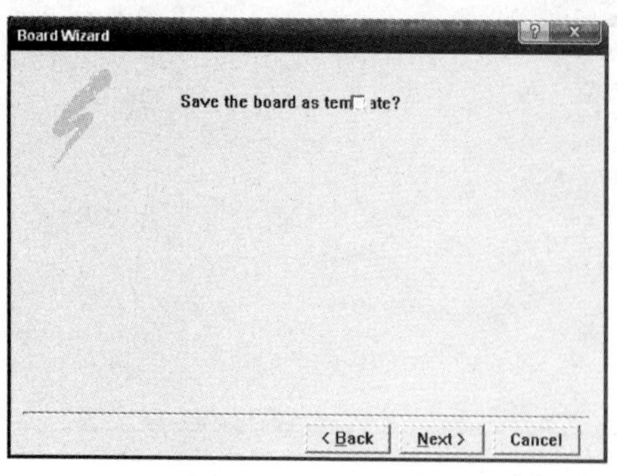

图 3-138　提示是否存为模板

图 3-139　完成模板设置

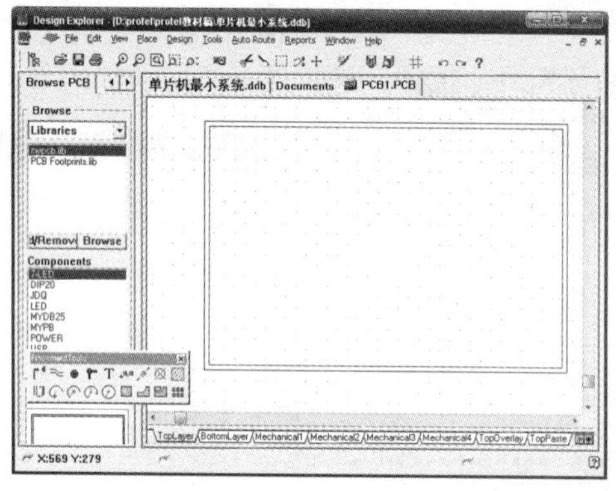

图 3-140　新建 PCB 印制电路板

2. 加载网络表并进行手工元件布局

执行菜单命令【Design】/【Load Nets】，装载“单片机最小系统 .NET”网络表，装载成功并通过手工布局后得到图 3-141。具体过程已在前面介绍，在此不再赘述。

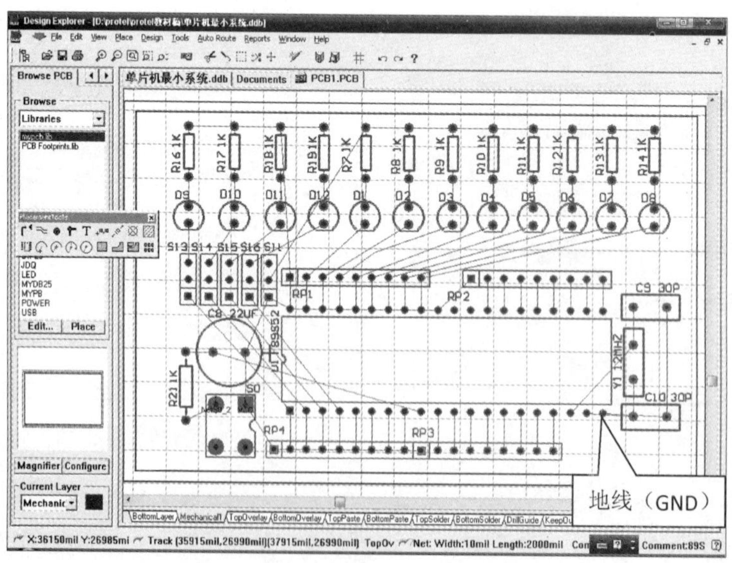

图 3-141　装入网络表并进行元件布局

3. 设置布线规则

执行菜单命令【Design】/【Rules】，进行自动布线规则设置。设置“Clearance Constraint”（安全间距）为“15 mil”；“Width Constraint”设置如图 3－142 所示，增加了“NetR7－2”网络设置，并与电源线相同（因其工作时接电源“VCC”）。其他取默认设置（系统默认设置为双层板）。

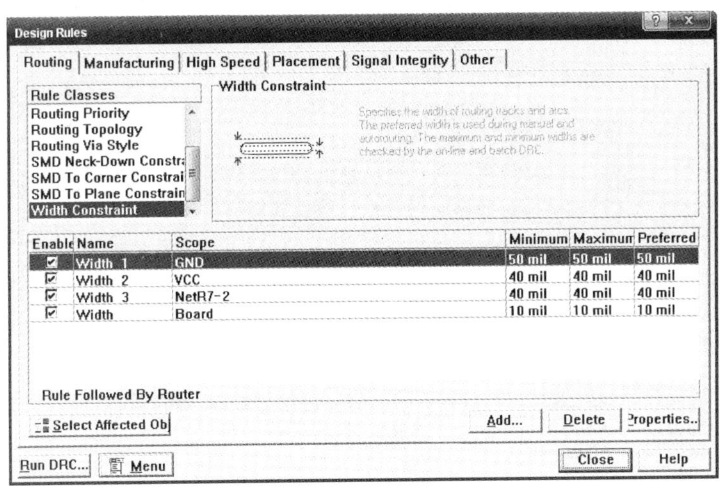

图 3－142 导线宽度设置

4. 预布线

在实际工作中，自动布线之前常常需要对某些重要的网络进行预布线，然后利用自动布线命令完成剩下的布线工作。

执行菜单命令【Auto Route】/【Net】，将光标移到需要布线的网络上，如图 3－141 中所示的接地引脚，单击左键，弹出网络选择菜单，如图 3－143 所示。根据需要单击“Connection（GND）”后，该网络立即被自动布线，如图 3－144 所示。采取同样的方法完成网络“VCC”与网络“NetR7－2”预布线工作，如图 3－145 所示。

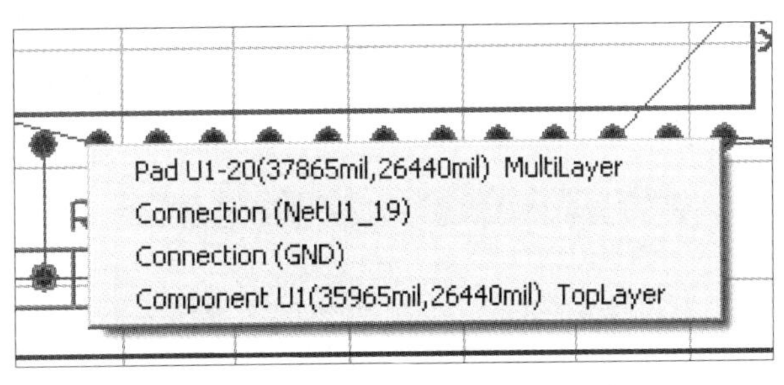

图 3－143 选择预布线网络

5. 锁定预布线

在进行自动布线前，需对刚才已完成的布线进行锁定。执行菜单命令【Auto Route】/【Setup】，弹出如图 3－146 所示的自动布线器设置对话框，选中“Lock All Pre－routes”复选框，实现锁定预布线功能。

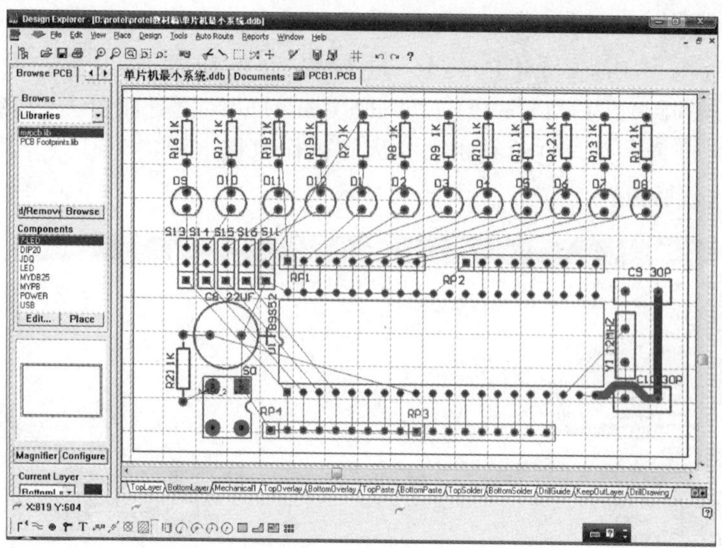

图 3－144　预布线 GND

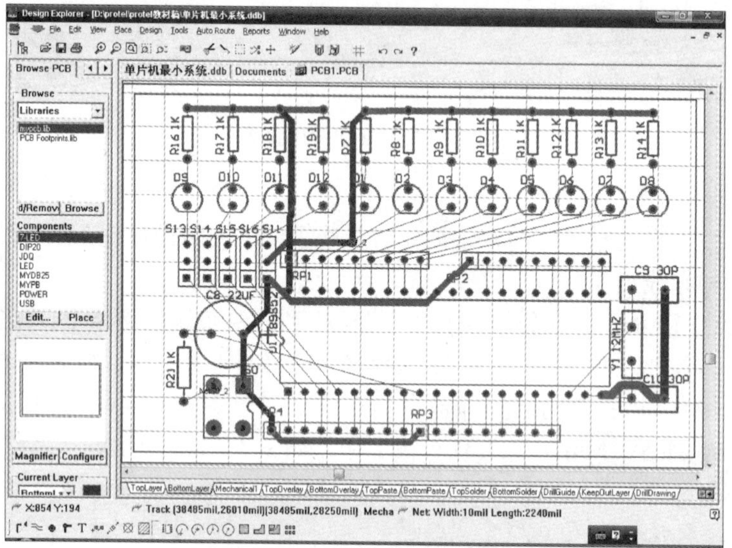

图 3－145　完成全部预布线

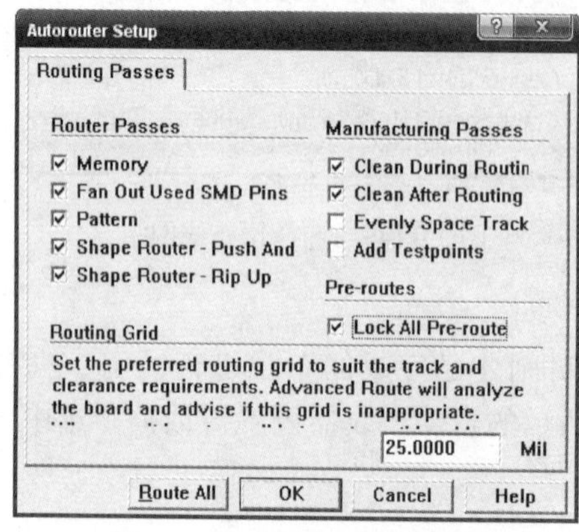

图 3－146　锁定预布线设置

6. 自动布线

执行菜单命令【Auto Route】/【All】，进行自动布线。自动布线成功后得到图 3－147。

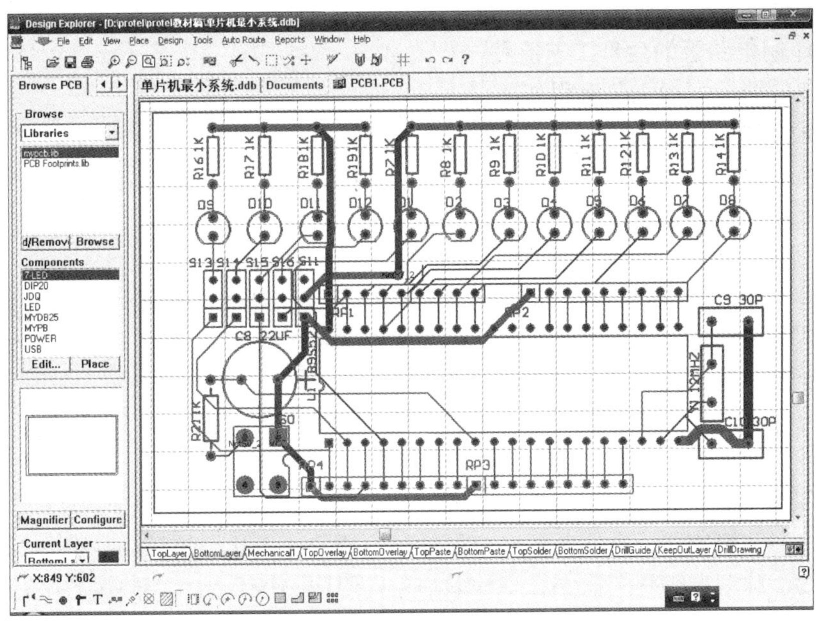

图 3－147 单片机最小系统电路板

【操作技巧】 另有其他自动布线方法：

(1) 执行菜单命令【Auto Route】/【Connection】，将光标移到需要布线的某条飞线上，单击左键，则该飞线所连接焊盘就被自动布线。

(2) 执行菜单命令【Auto Route】/【Component】，将光标移到需布线的元件上，单击左键，与该元件的焊盘相连的所有飞线就被自动布线。

(3) 执行菜单命令【Auto Route】/【Area】，用鼠标拉出一个区域，程序自动完成指定区域内的自动布线，凡是全部或部分在指定区域内的飞线都完成自动布线。

四、拓展与提高——印制电路板生产工艺流程

制造印制电路板最初的一道基本工序是将底图或照相底片上的图形，转印到覆铜箔层压板上。最简单的一种方法是印制－蚀刻法，或称为铜箔腐蚀法，即用防护性抗蚀材料在覆铜箔层压板上形成正性的图形，那些没有被抗蚀材料防护起来的不需要的铜箔随后经化学蚀刻而被去掉，蚀刻后将抗蚀层除去就留下由铜箔构成的所需的图形。一般印制电路板的制作要经过 CAD 辅助设计、照相底版制作、图像转移、化学镀、电镀、蚀刻和机械加工等过程。

单面印制电路板一般采用酚醛纸基覆铜箔板制作，也采用环氧纸基或环氧玻璃布覆铜箔板，单面板图形较简单，一般采用丝网漏印正性图形，然后蚀刻出印制电路板，也有采用光化学法生产。

双面印制电路板通常采用环氧玻璃布覆铜箔板制造，双面板制造一般分为工艺导线法、堵孔法、掩蔽法和图形电镀－蚀刻法。

多层印制电路板一般采用环氧玻璃布覆铜箔层压板。为提高金属化孔的可靠性，尽量选用耐高温、基板尺寸稳定性好、厚度方向热线膨胀系数较小，并和铜镀层热线膨胀系数基本

匹配的新型材料。制作多层印制电路板，先用铜箔蚀刻法做出内层导线图形，然后根据要求，把几张内层导线图形重叠，放在专用的多层压机内，经过热压、黏合工序，制成具有内层导电图形的覆铜箔的层压板。

1. 各种印制电路板的生产工艺流程

各种印制电路板生产工艺流程如下。

(1) 单面板工艺生产流程：

下料磨边→钻孔→外层图形→（全板镀金）→蚀刻→检验→丝印阻焊→（热风整平）→丝印字符→外形加工→检验入库。

(2) 双面板喷锡板工艺生产流程：

下料磨边→钻孔→沉铜加厚→外层图形→镀锡、蚀刻退锡→二次钻孔→检验→丝印阻焊→镀金插头→热风整平→丝印字符→外形加工→测试→检验→入库。

(3) 双面板镀镍金工艺生产流程：

下料磨边→钻孔→沉铜加厚→外层图形→镀镍金去膜蚀刻→二次钻孔→检验→丝印阻焊→丝印字符→外形加工→测试→检验→入库。

(4) 多层板喷锡板工艺生产流程：

下料磨边→钻定位孔→内层图形→内层蚀刻→检验→黑化→层压→钻孔→沉铜加厚→外层图形→镀锡、蚀刻退锡→二次钻孔→检验→丝印阻焊→镀金插头→热风整平→丝印字符→外形加工→测试→检验→入库。

(5) 多层板镀镍金工艺生产流程：

下料磨边→钻定位孔→内层图形→内层蚀刻→检验→黑化→层压→钻孔→沉铜加厚→外层图形→镀金、去膜蚀刻→二次钻孔→检验→丝印阻焊→丝印字符→外形加工→测试→检验→入库。

(6) 多层板沉镍金板工艺生产流程：

下料磨边→钻定位孔→内层图形→内层蚀刻→检验→黑化→层压→钻孔→沉铜加厚→外层图形→镀锡、蚀刻退锡→二次钻孔→检验→丝印阻焊→化学沉镍金→丝印字符→外形加工→测试→检验→入库。

目前已基本定型的主要工艺有以下两种。

(1) 减成法工艺。它是通过有选择性地除去不需要的铜箔部分来获得导电图形的方法。减成法是印制电路制造的主要方法，它的最大优点是工艺成熟、稳定和可靠。

(2) 加成法工艺。它是在未覆铜箔的层压板基材上，有选择地淀积导电金属而形成导电图形的方法。加成法工艺的优点是避免大量蚀刻铜，降低了成本；生产工序简化，生产效率提高；镀铜层的厚度一致，金属化孔的可靠性提高；印制导线平整，能制造高精密度 PCB。

2. 设计规则检查（DRC）

布线设计完成后，需认真检查布线设计是否符合设计者所制定的规则，同时也需确认所制定的规则是否符合印制电路板生产工艺的需求，一般检查有如下几个方面：

(1) 线与线、线与元件焊盘、线与贯通孔、元件焊盘与贯通孔、贯通孔与贯通孔之间的距离是否合理，是否满足生产要求。

(2) 电源线和地线的宽度是否合适，电源与地线之间是否紧耦合（低的波阻抗）；在 PCB 中是否还有能让地线加宽的地方。

(3) 对于关键的信号线是否采取了最佳措施，如长度最短，加保护线，输入线及输出线被明显地分开。

(4) 模拟电路和数字电路部分，是否有各自独立的地线。

(5) 后加在 PCB 中的图形（如图标、注标）是否会造成信号短路。

(6) 对一些不理想的线型进行修改。如在 PCB 上是否加有工艺线；阻焊是否符合生产工艺的要求，阻焊尺寸是否合适；字符标志是否压在器件焊盘上，以免影响电装质量；多层板中的电源地层的外框边缘是否缩小，如电源地层的铜箔露出板外容易造成短路。

五、思考与练习

1. 利用图 3－43 所示的电路原理图，采用全自动方式绘制双层印制电路板图。要求：

(1) 利用向导规划印制电路板（95 mm×60 mm）；

(2) 布局合理，地线宽度为 1.5 mm，电源宽度为 1.2 mm；

(3) 放置安装孔，将焊盘补泪滴；

(4) 将整板铺铜并与地网络连接。

2. 利用图 3－43 所示的电路原理图，采用预布线方式绘制双层印制电路板图。要求：

(1) 布局合理，地线宽度为 1.5 mm，电源宽度为 1.2 mm；

(2) 对某些不满意的布线适当进行手工调整；

(3) 产生 DRC 检查报告并分析违规原因。

任务四　综合实训——设计时钟温度控制器 PCB

一、任务介绍

本任务是综合实训项目，要求必须按给定的设计标准完成 PCB 设计。任务目标如图 3－148 所示。

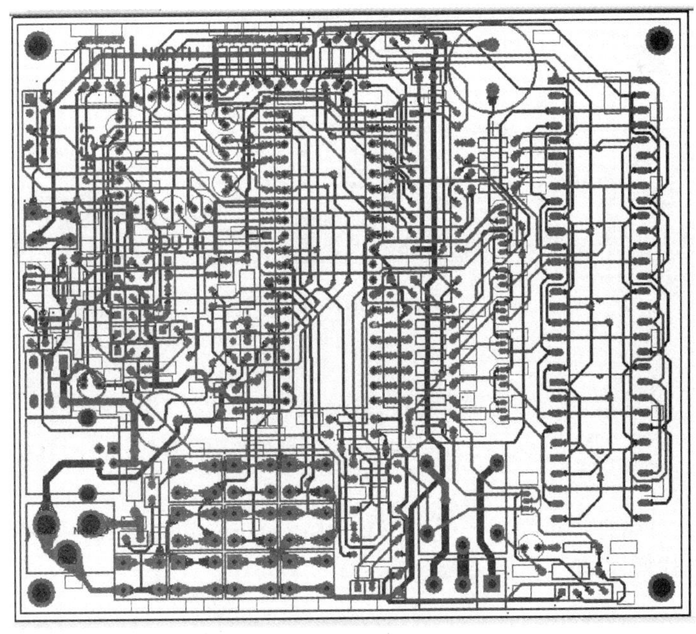

图 3－148　时钟温度控制器 PCB

二、任务分析

在前面的教学中已完成时钟温度控制器电路图设计，见图 3 - 61。通过前面几个任务的学习，学生已具备了完成本任务的知识和技能。实施本任务时，由于电路复杂，加载网络表可能会产生一些错误，查找并改正错误完成网络加载是本任务的难点。

三、任务实施

(1) 创建时钟温度控制器网络表。

(2) 规划 PCB。PCB（印制电路板）尺寸：矩形，宽度为 12 mm，高度为 10 mm。

(3) 加载网络表。

(4) 布局。

① 在印制电路板 4 个角处放置直径为 3.5 mm 的安装孔。

② 元件布局参考图 3 - 149。

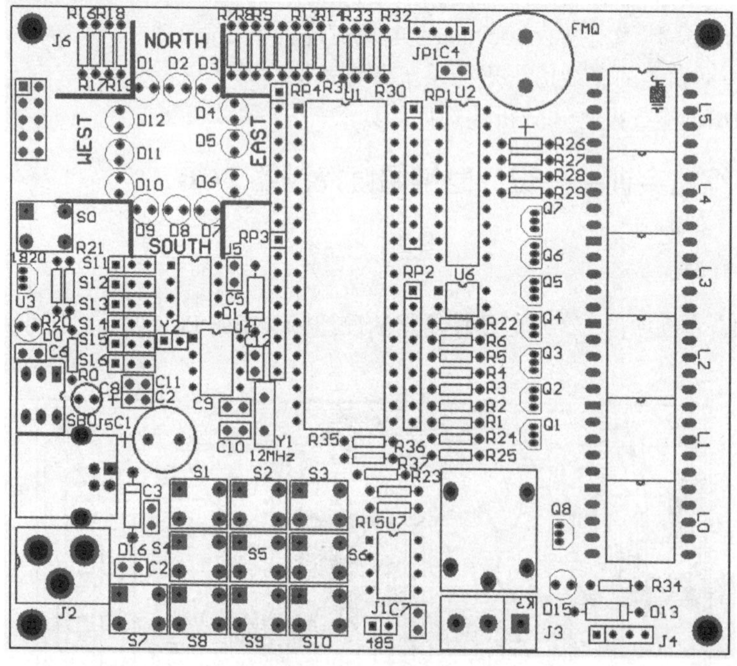

图 3 - 149　电路布局要求

(5) 布线。

① 布线规则：设计双层印制电路板；布线宽度："GND" 为 40 mil，"VCC" 为 28 mil，"Net J2 - 3" 为 47 mil，"Net D16 - 2" 为 47 mil，其他线宽为 13 mil；其他自动布线设计规则取默认值。

② 采用全自动布线方式布线。布线后进行 DRC 检查，并根据 DRC 报告中的违规显示将印制电路板违规处修改正确。

四、拓展与提高——双层印制电路板打印输出

双层印制电路板比单层印制电路板至少多一个层面，故打印时可根据需要选择不同的层面输出。单击图3－150中主工具栏上的打印按钮，屏幕弹出打印预览界面，如图3－151所示。

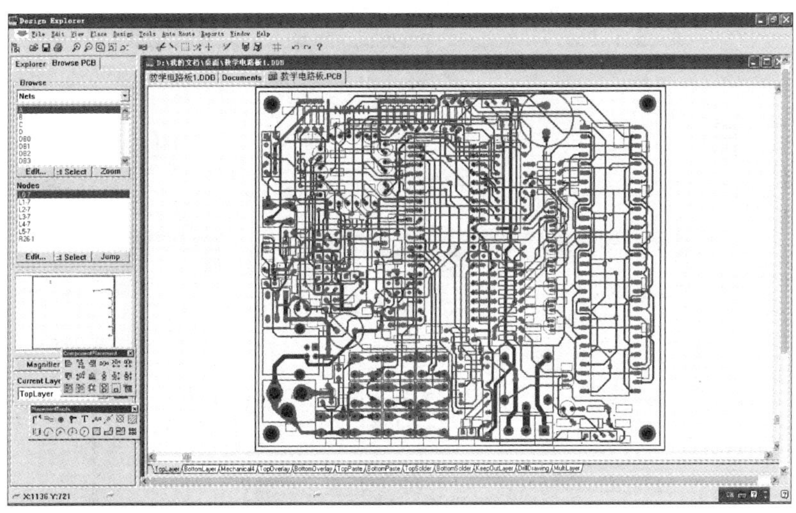

图3－150 单片机教学实训系统

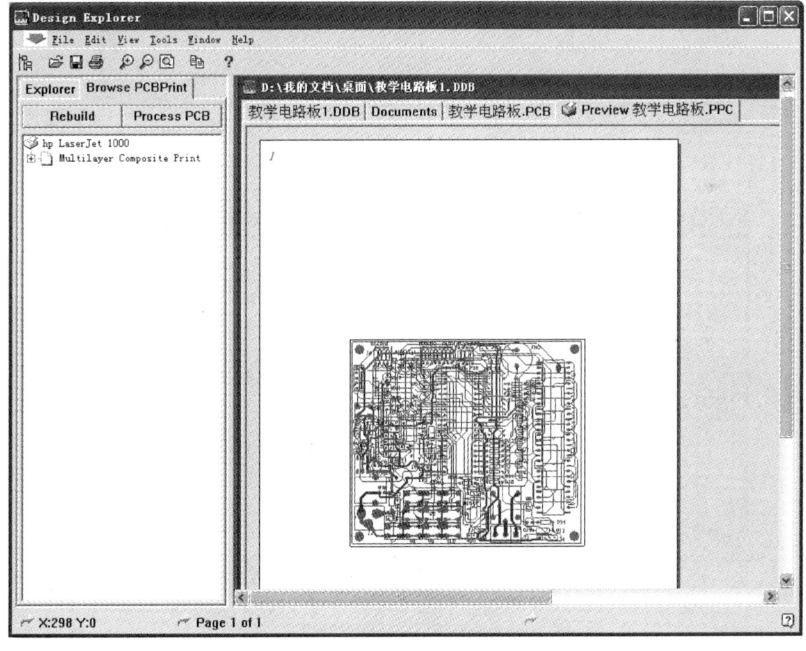

图3－151 打印预览

（1）多层混合打印。单击图3－151中主工具栏上的打印按钮，则将PCB多层同时打印输出。

（2）分层打印。执行菜单命令【Tools】/【Create Final】，弹出如图 3－152 所示的打印设置对话框。

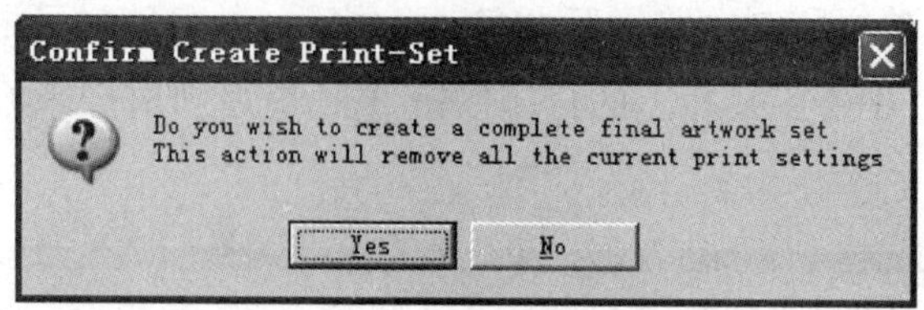

图 3－152　打印设置对话框

单击“Yes”按钮，进行分层打印。图 3－153、图 3－154、图 3－155 分别选择打印顶层、底层、顶层丝印层。

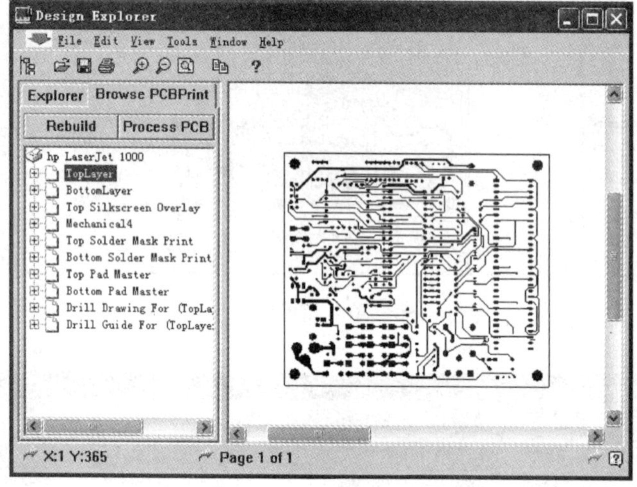

图 3－153　打印顶层

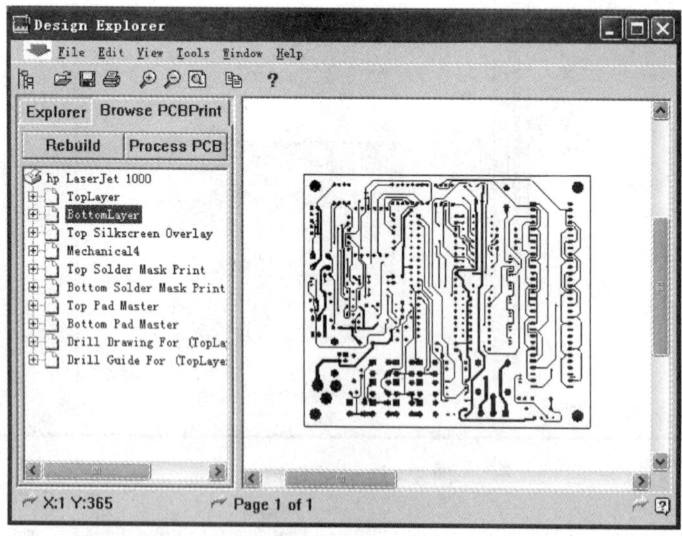

图 3－154　打印底层

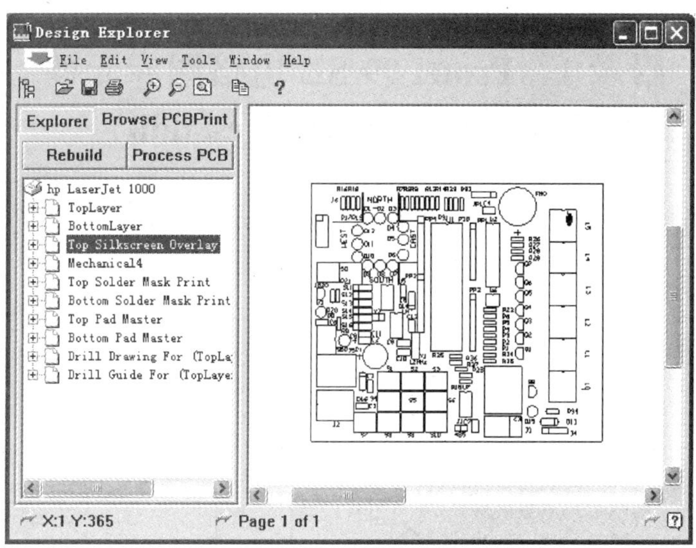

图 3－155　打印顶层丝印层

五、思考与练习

1. 你在布局时钟温度控制器 PCB 时，如何处理不同单元电路？为什么？
2. 加载时钟温度控制器网络表时发生了哪些错误？如何改正错误？

附录 1　Protel 99 SE 电路图库元件
（Miscellaneous Devices. ddb）

说明：附录中某些元件下面的元件名代表一类元件，如 4HEADER ~ 12HEADER 表示从 4HEADER 到 12HEADER 之间的 9 个同类元件。

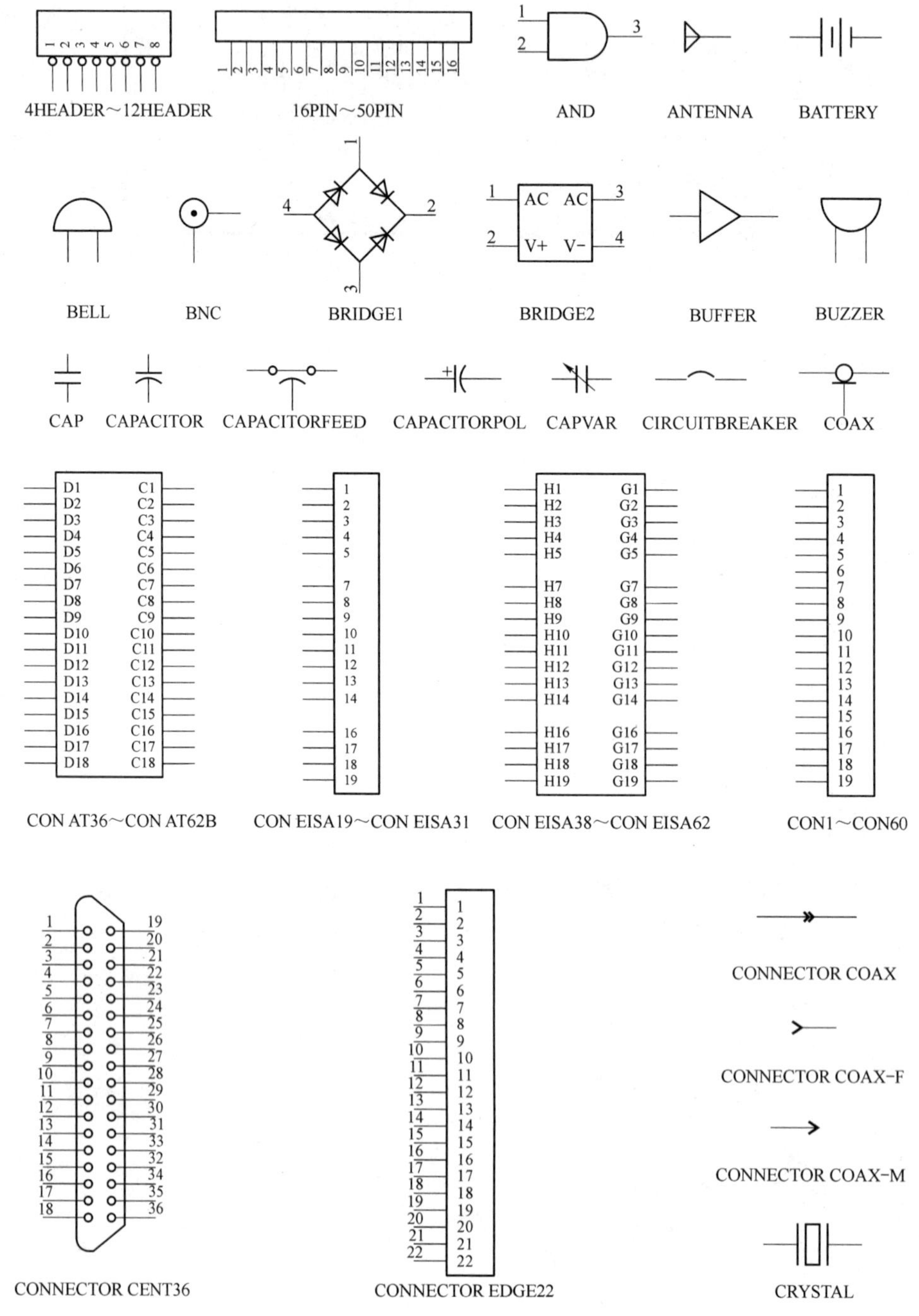

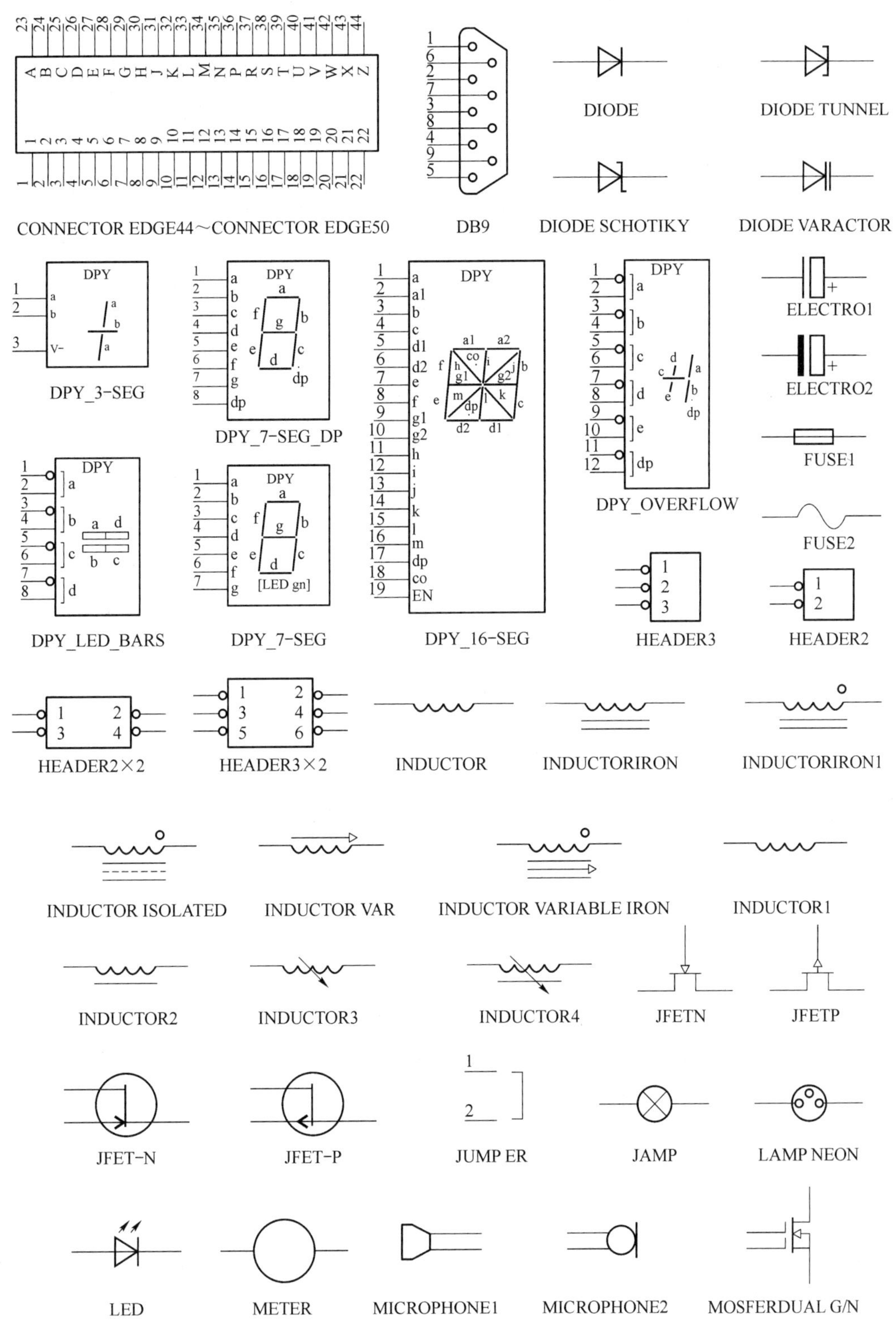
CONNECTOR EDGE44～CONNECTOR EDGE50
DB9
DIODE
DIODE TUNNEL
DIODE SCHOTIKY
DIODE VARACTOR
DPY_3-SEG
DPY_7-SEG_DP
DPY_16-SEG
DPY_OVERFLOW
ELECTRO1
ELECTRO2
FUSE1
FUSE2
DPY_LED_BARS
DPY_7-SEG
HEADER3
HEADER2
HEADER2×2
HEADER3×2
INDUCTOR
INDUCTORIRON
INDUCTORIRON1
INDUCTOR ISOLATED
INDUCTOR VAR
INDUCTOR VARIABLE IRON
INDUCTOR1
INDUCTOR2
INDUCTOR3
INDUCTOR4
JFETN
JFETP
JFET-N
JFET-P
JUMP ER
JAMP
LAMP NEON
LED
METER
MICROPHONE1
MICROPHONE2
MOSFERDUAL G/N

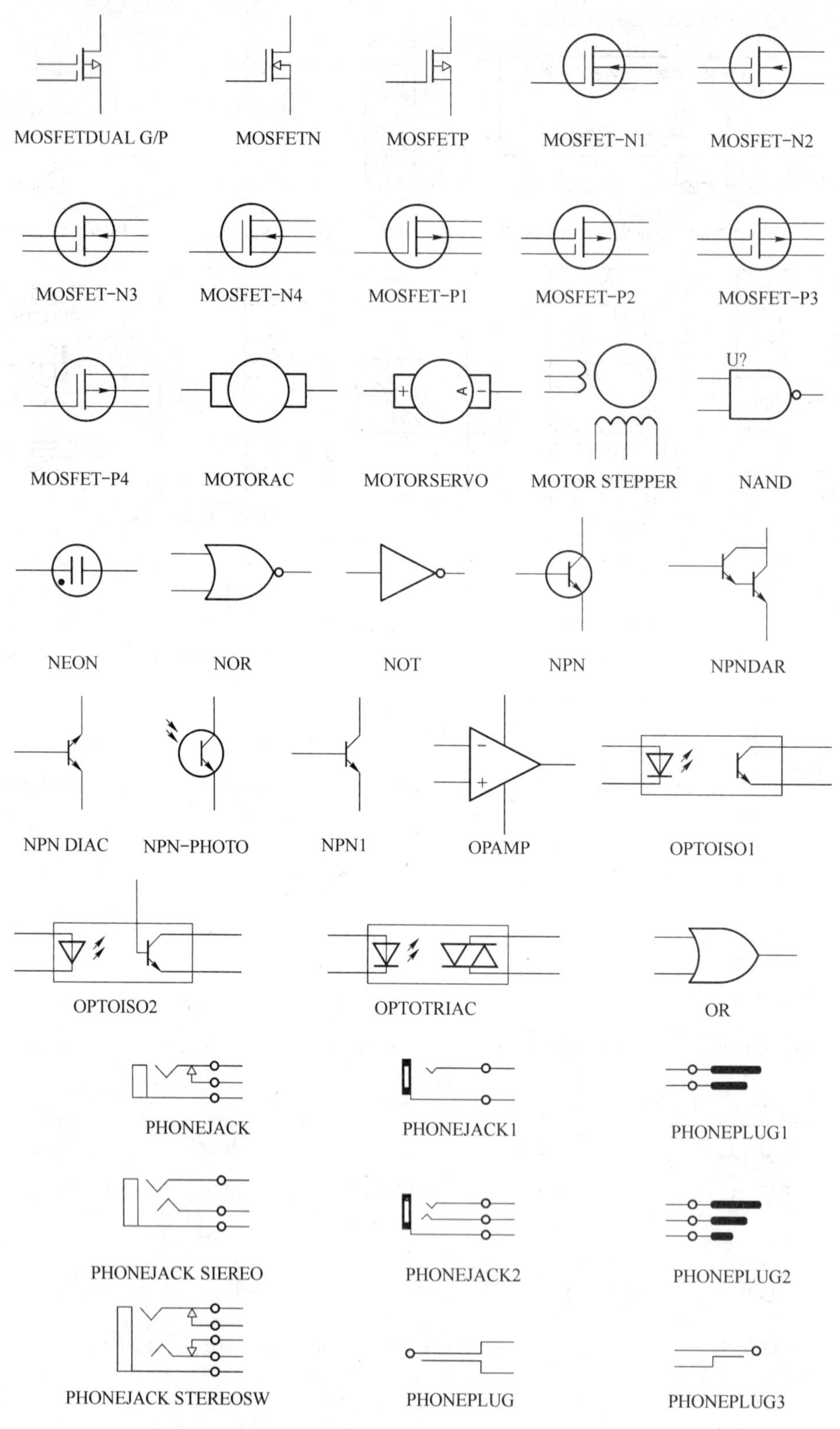
MOSFETDUAL G/P
MOSFETN
MOSFETP
MOSFET-N1
MOSFET-N2
MOSFET-N3
MOSFET-N4
MOSFET-P1
MOSFET-P2
MOSFET-P3
MOSFET-P4
MOTORAC
MOTORSERVO
MOTOR STEPPER
U?
NAND
NEON
NOR
NOT
NPN
NPNDAR
NPN DIAC
NPN-PHOTO
NPN1
OPAMP
OPTOISO1
OPTOISO2
OPTOTRIAC
OR
PHONEJACK
PHONEJACK1
PHONEPLUG1
PHONEJACK SIEREO
PHONEJACK2
PHONEPLUG2
PHONEJACK STEREOSW
PHONEPLUG
PHONEPLUG3

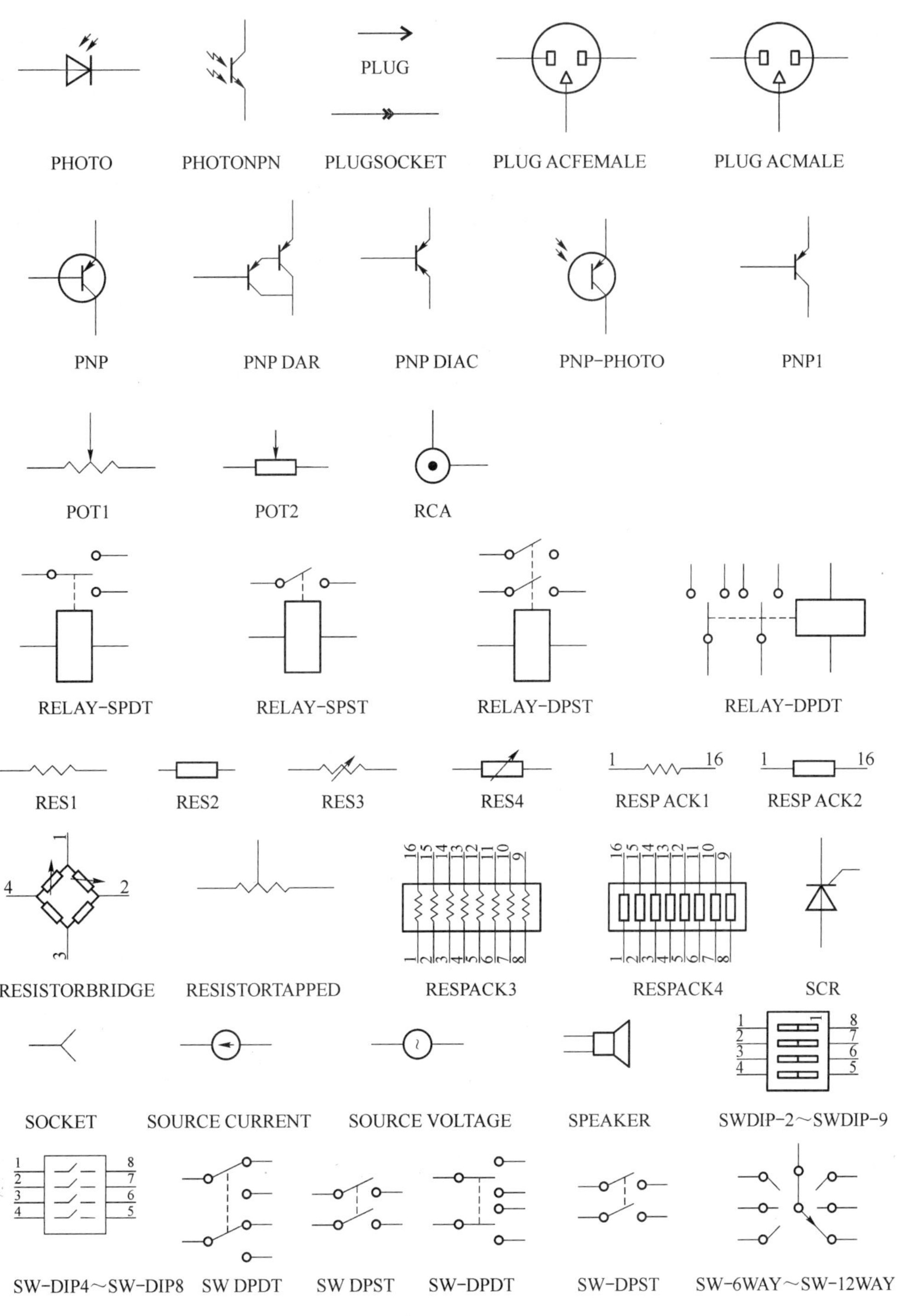
PLUG
PHOTO
PHOTONPN
PLUGSOCKET
PLUG ACFEMALE
PLUG ACMALE
PNP
PNP DAR
PNP DIAC
PNP-PHOTO
PNP1
POT1
POT2
RCA
RELAY-SPDT
RELAY-SPST
RELAY-DPST
RELAY-DPDT
RES1
RES2
RES3
RES4
RESP ACK1
RESP ACK2
RESISTORBRIDGE
RESISTORTAPPED
RESPACK3
RESPACK4
SCR
SOCKET
SOURCE CURRENT
SOURCE VOLTAGE
SPEAKER
SWDIP-2~SWDIP-9
SW-DIP4~SW-DIP8
SW DPDT
SW DPST
SW-DPDT
SW-DPST
SW-6WAY~SW-12WAY

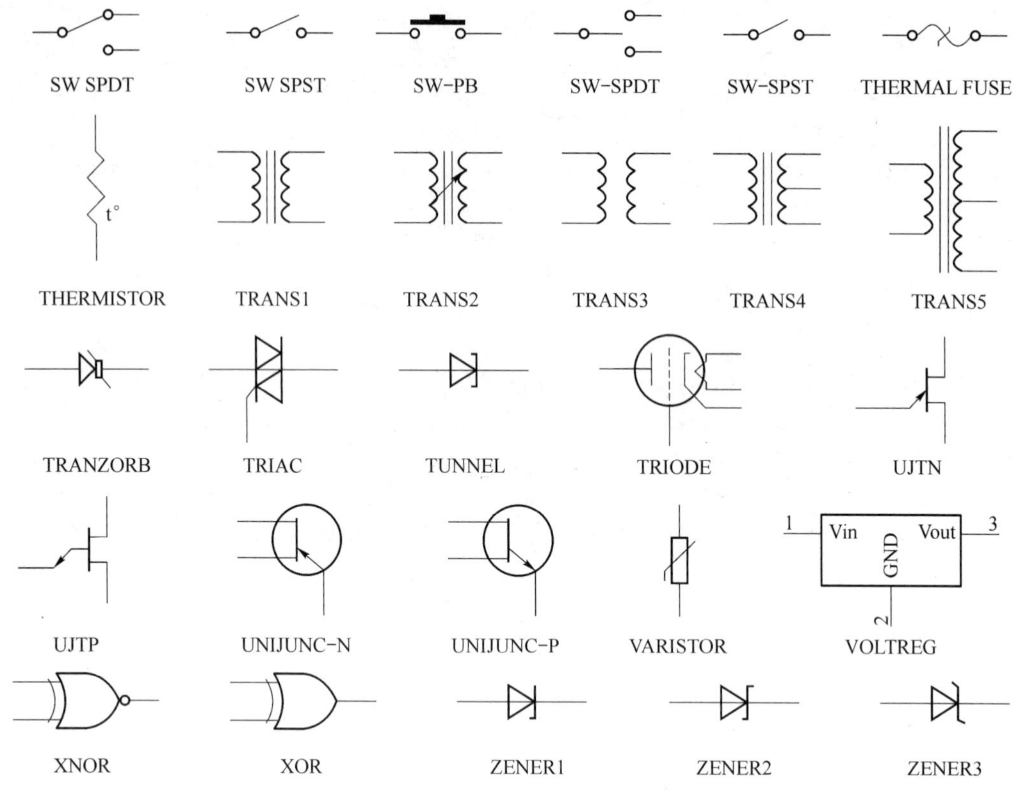
SW SPDT
SW SPST
SW-PB
SW-SPDT
SW-SPST
THERMAL FUSE
t°
THERMISTOR
TRANS1
TRANS2
TRANS3
TRANS4
TRANS5
TRANZORB
TRIAC
TUNNEL
TRIODE
UJTN
1
Vin
GND
Vout
3
2
UJTP
UNIJUNC-N
UNIJUNC-P
VARISTOR
VOLTREG
XNOR
XOR
ZENER1
ZENER2
ZENER3

附录 2　Protel 99 SE 常用元件封装（Advpcb. ddb）

说明：附录中某些元件下面的元件名代表一类元件，如 AXIAL0. 3 ~ AXIAL1. 0 表示从 AXIAL0. 3 到 AXIAL1. 0 之间的 8 个电阻封装。

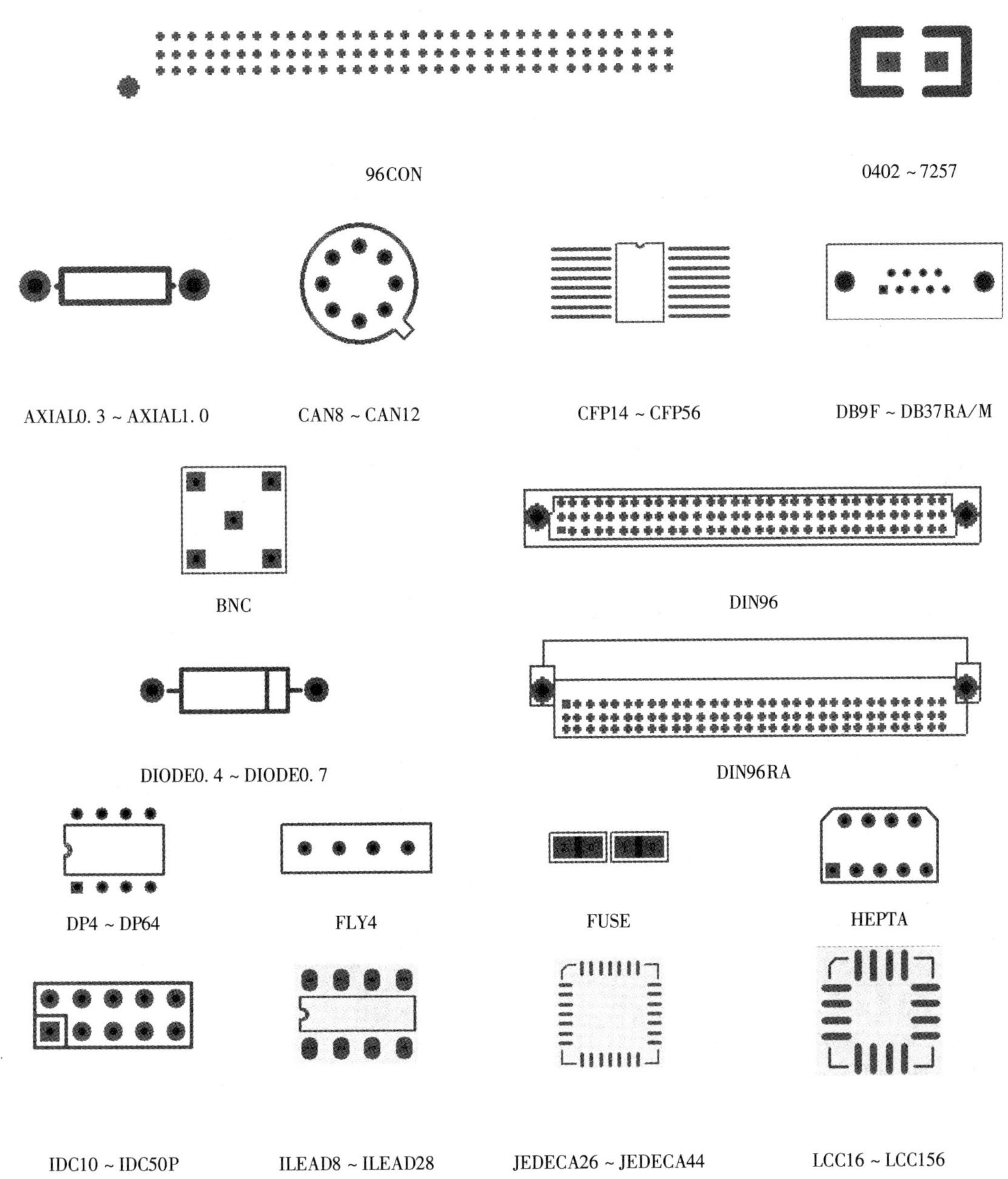

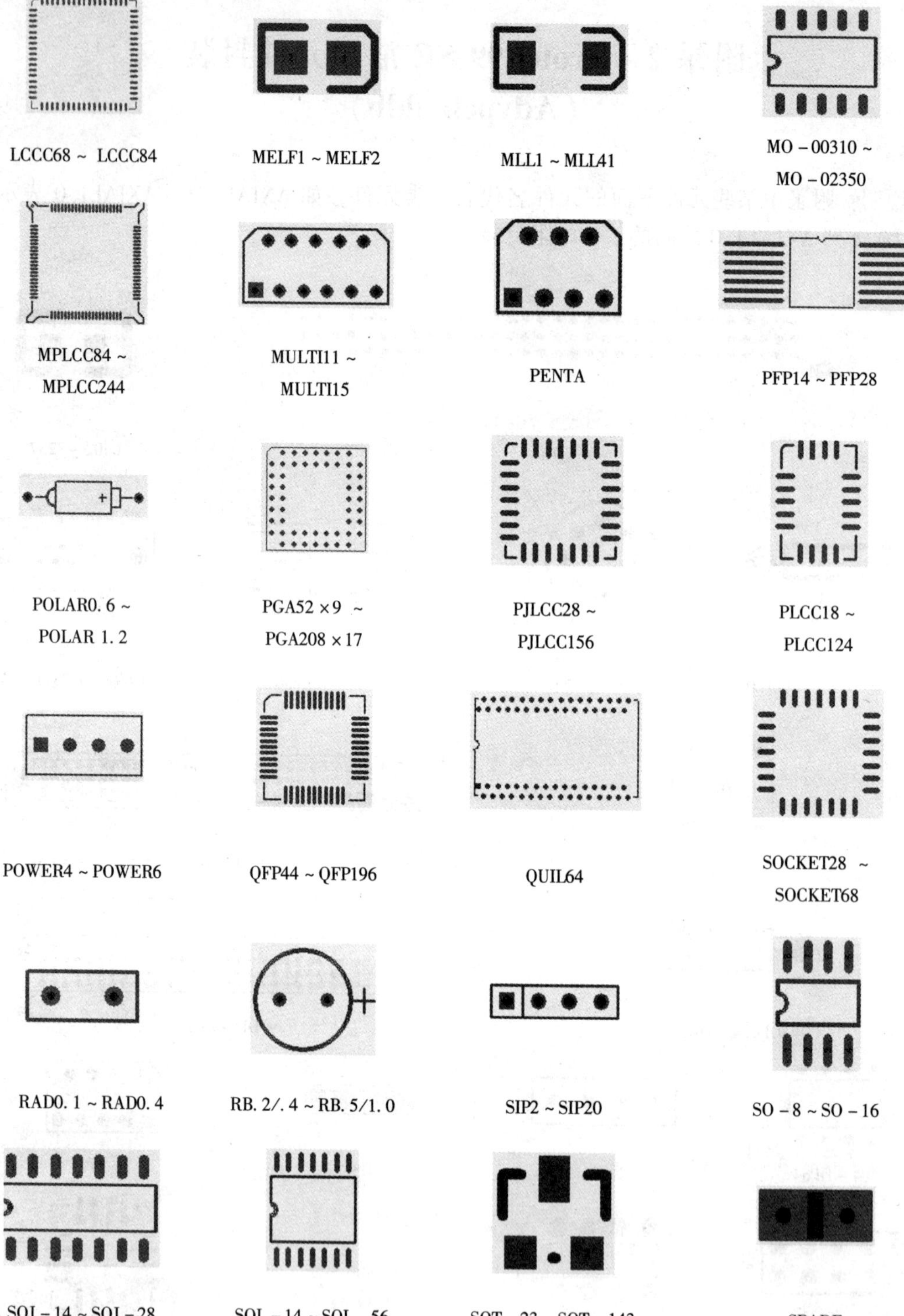
LCCC68 ~ LCCC84
MELF1 ~ MELF2
MLL1 ~ MLL41
MO - 00310 ~ MO - 02350
MPLCC84 ~ MPLCC244
MULTI11 ~ MULTI15
PENTA
PFP14 ~ PFP28
POLAR0. 6 ~ POLAR 1. 2
PGA52 × 9 ~ PGA208 × 17
PJLCC28 ~ PJLCC156
PLCC18 ~ PLCC124
POWER4 ~ POWER6
QFP44 ~ QFP196
QUIL64
SOCKET28 ~ SOCKET68
RAD0. 1 ~ RAD0. 4
RB. 2/. 4 ~ RB. 5/1. 0
SIP2 ~ SIP20
SO - 8 ~ SO - 16
SOJ - 14 ~ SOJ - 28
SOL - 14 ~ SOL - 56
SOT - 23 ~ SOT - 143
SPADE

TAPE84 – 15 ~ TAPE804 – 10

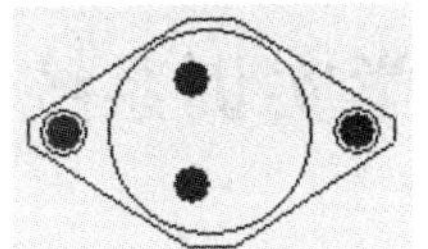

TO – 3

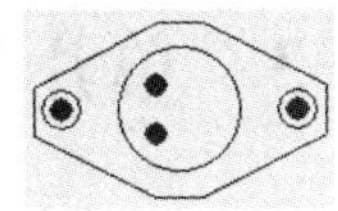

TO – 66

TO – 220

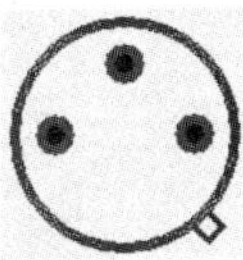

TO – 5

TO – 18

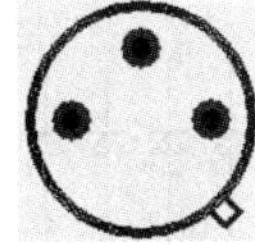

TO – 39

TO – 46

TO – 52

TO – 72

TO – 92A

TO – 92B

TO – 126

VR1 ~ VR5

XTAL1

附录3　单片机教学实训系统

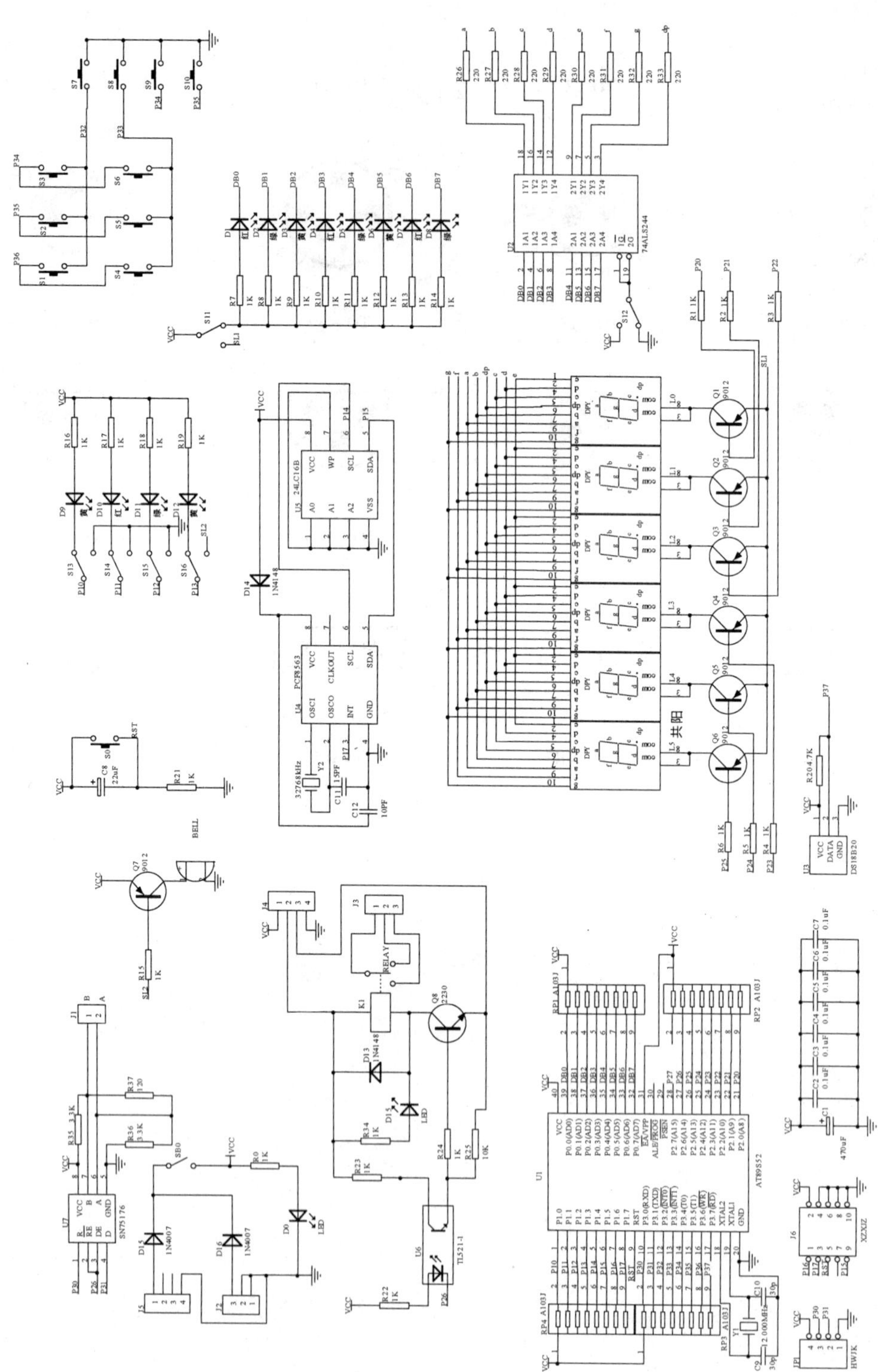

参 考 文 献

[1] 张伟. 从零开始——Protel 99 SE 基础培训教程 [M]. 北京：人民邮电出版社，2009.
[2] 胡烨，姚鹏翼，陈明，等. Protel 99 SE 原理与 PCB 设计教程 [M]. 北京：机械工业出版社，2006.
[3] 王文魁，等. 单片机技术应用教程 [M]. 北京：中国铁道出版社，2014.
[4] 郭勇，董志刚. Protel 99 SE 印制电路板设计教程 [M]. 北京：机械工业出版社，2005.
[5] 张伟. Protel 99 SE 基础教程 [M]. 北京：人民邮电出版社，2010.
[6] 赵月飞，郭会平，胡任喜，等. Protel 99 SE 基础与实例教程 [M]. 北京：机械工业出版社，2010.
[7] 孙艳霞. Protel 99 SE 电路板设计教程 [M]. 北京：中国铁道出版社，2011.